计算机专业·任务驱动应用型教材

影视后期合成

邹汪平　秦潇璇　车　颖　**主编**

吕明明　蒋　芃　张蕊儿　林丽源　**副主编**

電子工業出版社

Publishing House of Electronics Industry

北京·BEIJING

内容简介

本书以 After Effects 2022 为平台，介绍了影视后期合成的相关知识。本书共 11 个项目，包括初识 After Effects、After Effects 基础操作、图层、动画、文字与文本动画、蒙版和遮罩、抠像、视频效果、调色、跟踪与稳定，以及渲染输出。本书在内容上以项目任务为框架，提出具体的思政目标，结合技能目标，通过讲解案例的详细操作步骤帮助读者尽快掌握相关技能。

本书可作为影视类和计算机类相关专业的专业课教材，也可作为图形图像制作、影视广告设计、包装设计等设计领域的从业人员的参考用书，还可作为相关培训机构的辅导用书。

图书在版编目（CIP）数据

影视后期合成 / 邹汪平，秦潇璇，车颖主编. —北京：电子工业出版社，2023.3

ISBN 978-7-121-44853-9

Ⅰ. ①影… Ⅱ. ①邹… ②秦… ③车… Ⅲ. ①图像处理软件－高等学校－教材 Ⅳ. ①TP391.413

中国国家版本馆CIP数据核字（2023）第005423号

责任编辑：薛华强　　特约编辑：李新承

印　　刷：北京缤索印刷有限公司

装　　订：北京缤索印刷有限公司

出版发行：电子工业出版社

　　　　　北京市海淀区万寿路 173 信箱　　邮编：100036

开　　本：787×1 092　1/16　印张：14.75　字数：396.5 千字

版　　次：2023 年 3 月第 1 版

印　　次：2023 年 3 月第 1 次印刷

定　　价：69.80 元

凡所购买电子工业出版社图书有缺损问题，请向购买书店调换。若书店售缺，请与本社发行部联系，联系及邮购电话：（010）88254888，88258888。

质量投诉请发邮件至 zlts@phei.com.cn，盗版侵权举报请发邮件至dbqq@phei.com.cn。

本书咨询联系方式：（010）88254569，xuehq@phei.com.cn，QQ1140210769。

前言

Adobe After Effects（简称 After Effects）是由 Adobe 公司推出的一款图形视频处理软件、数字影视特效合成软件、视频后期特效制作软件，主要用来创建动态图形以及制作视觉特效。它支持 2D 图层和 3D 图层，是基于非线性编辑的软件。After Effects 通过图层来控制音频与影片的合成，以及通过有选择性地隐藏图层或分组来管理轨道。利用 After Effects，用户可以非常方便地处理视频，如创建高品质的影片字幕、片头和过渡等。

随着版本的不断升级，After Effects 的功能也在不断扩展和增强，其操作方法和应用服务正向着智能化和多元化的方向发展。After Effects 2022 是目前较新的版本，其功能也比较丰富，本书将以此版本为平台进行讲解。

一、本书特点

本书认真学习宣传贯彻党的二十大精神，强化现代化建设人才支撑。本书秉持“尊重劳动、尊重知识、尊重人才、尊重创造”的思想，以人才岗位需求为目标，突出知识与技能的有机融合，让学生在学习过程中举一反三，创新思维，以适应高等职业教育人才建设需求。

实例丰富

本书的实例无论是数量还是种类，都非常丰富。本书结合大量的影视后期合成实例详细讲解了 Adobe After Effects 的知识要点，让读者在学习案例的过程中潜移默化地掌握影视后期合成的操作技巧。

突出提升技能

本书从全面提升读者的影视后期合成实际应用能力的角度出发，结合大量的案例来讲解如何利用 Adobe After Effects 进行影视后期合成，使读者了解 Adobe After Effects 并能够独立地完成各种影视后期合成的操作。

本书中的部分案例源自企业项目，经过编者的精心提炼和改编，不仅能促使读者学好知识点，还能够帮助读者掌握实际的操作技能。

技能与思政教育紧密结合

本书在讲解影视后期合成的相关专业知识的同时，紧密结合思政教育的主旋律，从专业知识的角度触类旁通地强化对学生的思政教育。

项目式教学，实操性强

本书的编者都是高校中从事影视后期合成教学与研究的一线人员，具有丰富的教学实践经验与教材编写经验，多年的教学工作使他们能够准确地把握学生的心理与实际需求。本书是编者总结多年的实践经验与教学心得的成果。

本书在内容上以项目任务为框架，把影视后期合成的相关知识分解并融入各项目的任务中，增强了本书的实用性。

二、本书的基本内容

本书共11个项目，包括初识After Effects、After Effects基础操作、图层、动画、文字与文本动画、蒙版和遮罩、抠像、视频效果、调色、跟踪与稳定，以及渲染输出。

三、关于本书的服务

1. 关于本书的技术问题及本书相关信息的发布

读者若遇到有关本书的技术问题，可以将问题发送到电子邮箱714491436@qq.com，编者将及时回复，也欢迎读者加入图书学习QQ交流群（747131702）进行交流探讨。

2. After Effects软件的获取

读者可以从网络中下载本书所需的软件，或者从当地电脑城、软件经销商处购买软件。

3. 电子教学资源

为满足教师的教学需求，本书配备了丰富的教学资源，包括电子课件、源文件等，读者可以登录华信教育资源网注册后免费下载相关资源。

本书由邹汪平、秦潇璇、车颖担任主编，吕明明、蒋芃、张蕊儿、林丽源担任副主编，河北军创家园文化发展有限公司为本书的出版提供了必要的帮助，对他们的付出表示真诚的感谢。

编　者

目录 CONTENTS

项目一 初识 After Effects

思政目标

- 了解 After Effects 的框架内容，对其发展历史能够有较清楚的认识，培养探究精神。
- 逐步培养读者勤于动手、乐于实践的学习习惯。

技能目标

- 能够建立完善 After Effects 的基本概念体系。
- 能够自己操作 After Effects 界面。

项目导读

After Effects 是 Adobe 公司专门为制作影视特效开发的高级后期合成软件，由于具备不依赖硬件、独立运行的兼容性，以及强大的特效功能，所以越来越被广泛地应用于影视后期特效的制作中。

任务一 After Effects 概述

任务引入

小白是传媒学院大三的一名学生，在影视后期制作课上，老师要求他们对拍摄完的影片或使用软件制作的动画进行后期处理，例如添加特效、文字等，使其成为完整的影片。但是，目前市场上有很多视频处理软件，例如 Fusion、Premiere、After Effects、C4D（Cinena 4D）等，每个软件都有其鲜明的特点，他应该如何找到适合自己的软件呢？

知识准备

一、After Effects介绍

After Effects 简称 AE，是 Adobe 公司推出的一款图形视频处理软件，属于层类型后期软件，适合从事设计和制作视频特效的机构，包括电视台、动画制作公司、个人后期制作工作室及多媒体工作室。

After Effects 可以帮助用户高效且精确地创建多种引人注目的动态图形和震撼人心的视觉效果。利用与其他 Adobe 软件的紧密集成、高度灵活的 2D 和 3D 合成，以及数百种预设的效果和动画，为用户的电影、视频、DVD 和 Macromedia Flash 作品增添令人耳目一新的效果。

和 Adobe Premiere 等基于时间轴的软件不同，After Effects 提供了一条基于帧的视频设计途径。After Effects 是第一个实现高质量像素定位的软件，使用 After Effects 能够实现高度平滑的运动。After Effects 为多媒体制作者提供了许多有价值的功能，包括出色的蓝屏融合功能、特殊效果制作功能和 Cinpak 压缩功能等。After Effects 支持无限多个图层，能够直接导入 Illustrator 文件和 Photoshop 文件。After Effects 有多种插件，包括 Final Effects，该插件能提供虚拟移动图像及多种类型的粒子系统，还能制作出独特的迷幻效果。

与影视合成软件 NUKE 相比，After Effects 学起来更加容易，这款软件本身的功能并没有那么强，但其插件的功能确实超过其他软件。除了插件以外，它还有很多模板，这些模板能为用户节省很多时间。此外，After Effects 能够和 C4D 兼容、互导。

二、常用术语

1. 合成图像

合成图像是 After Effects 的一个重要概念。在一个新项目中制作和编辑视频特效，首先要新建一个合成图像，在合成图像窗口中可以对各种素材进行编辑和处理。合成图像与时间轴相对应，以图层作为操作的基本单元，在合成图像中可以包含任意数量的图层。After Effects 允许在一个工作项目中同时运行多个合成图像，每个合成图像既可以独立工作，又可以嵌套使用。

2. 图层

After Effects 中的图层借鉴了 Photoshop 中图层的概念，使 After Effects 既可以非常方便地导入 Photoshop 和 Illustrator 中的图层文件，又可以将视频文件、音频文件、文字和静态图像等作为图层显示在合成图像中。

3. 帧

帧是传统影视和数字视频中的基本信息单元。大家在电视中看到的活动画面其实是由一系列图片构成的，相邻图片之间的差别很小。如果这些图片高速播放，由于人眼具有视觉暂留现象，所以会感觉这些连续播放的图片是动态的，而且是连贯、流畅的，这些连续播放的图片中的一幅称为一帧。

4. 帧速率

帧速率是指在视频播放时每秒渲染生成的帧数。电影的帧速率为 24 帧 / 秒，PAL 制式的电视系统的帧速率为 25 帧 / 秒，NTSC 制式的电视系统的帧速率为 30 帧 / 秒。

5. 帧尺寸

帧尺寸是形象化的分辨率，即图像的长度和宽度。PAL 制式的电视系统的帧尺寸一般为 720px×576px，NTSC 制式的电视系统的帧尺寸一般为 720px×480px，HDV 高清系统的帧尺寸一般为 1280px×720px 或 1440px×1280px。

6. 关键帧

关键帧是编辑动画和处理特效的核心元素。关键帧主要用于记录动画或特效的特征及参数，中间画面的参数由计算机自动运算并添加。

7. 场

场是电视系统中的概念。电视受信号带宽的限制，会以隔行扫描的方式显示图像，这种扫描方式将一帧画面按照水平方向分成许多行，通过两次扫描交替显示奇数行和偶数行，每扫描一次称为一场。也就是说，一帧画面是由两次扫描完成的。以 PAL 制式的电视系统为例，其帧速率为 25 帧 / 秒，场速率为 50 帧 / 秒。随着视频技术和逐行扫描技术的发展，场的问题已经得到了很好的解决。

8. 时间码

时间码是影视后期编辑和特效处理中的视频时间标准。时间码通常用于识别和记录视频数据流中的每一帧，根据动画和电视工程师协会（SMPTE）使用的时间码标准，其格式为小时 : 分 : 秒 : 帧。如果一段视频的时间码为 00:02:10:06，那么其播放的时间是 2 分 10 秒 6 帧。

9. 帧长宽比和像素长宽比

帧长宽比是指图像的一帧长度和宽度之比，例如大家平常所说的 4∶3 和 16∶9 是指视频画面的长宽比。像素长宽比是指帧画面内每个像素的长度和宽度的比。以 PAL 制式的电视系统为例，对于帧尺寸为 720px×576px 的图像，如果帧长宽比为 4∶3，那么像素长宽比为 1∶1.067；如果帧长宽比为 16∶9，那么像素长宽比为 1∶1.422。

10. 通道

通道是图形图像学中的一个名词，是指采用 8 位二进制数存储于图像文件中，代表各像素点透明度附加信息的专用通道。其中白色表示不透明，黑色表示透明，灰色根据其不同深度呈现不同程度的半透明状态。通道通常应用于各种合成、抠图等操作中，是存储选择区域的地方。

三、常用的视频文件格式

1. AVI 格式

AVI（Audio Video Interleaved）是一种不需要专门硬件参与就可以实现大量视频压缩的数字视频压缩格式。AVI 格式的文件中混合了音频数据与视频数据，也就是说，音频数据与视频数据交错存储于同一个文件中。在 Microsoft 公司的 Video for Windows 支持下，可以用视频软件播放 AVI 视频，因此 AVI 格式是视频编辑中经常使用的视频文件格式。

2. MOV 格式

MOV 是 QuickTime 封装格式（又称为影片格式）。MOV 格式是 Apple 公司开发的一种音频、视频文件封装格式，主要用于存储常用的数字媒体类型。

3. MPEG 格式

MPEG 格式的平均压缩比为 50∶1，最高可达 200∶1，压缩效率非常高，图像和声音的质量也很好，并且在计算机上有统一的标准格式，兼容性好。MPEG-1 被广泛应用于 VCD 的制作和视频片段的下载，而 MPEG-2 被广泛应用于 DVD 的制作和高要求的视频图像制作方面。

4. WMV 格式

WMV 是一种可以在 Internet 上实时传播的多媒体格式。WMV 格式采用 MPEG-4 压缩算法，因此压缩率和图像的质量都很不错。

5. TGA 序列文件

TGA 序列文件是一组后缀为数字且按顺序排列的单帧文件组。在 After Effects 中渲染输出 TGA 序列文件时，可以输出带有透明通道的视频文件，这种视频文件可以直接导入其他编辑软件。同样，在 After Effects 中导入 TGA 序列文件时，可以直接将其放置在图层上方，用于显示透明通道。

四、常用的音频文件格式

1. WAV 格式

WAV 是 Windows 操作系统中用于记录声音的音频文件格式。

2. MP3 格式

MP3 格式采用 MPEG Audio Layer3 技术，将音乐以 1∶10 甚至 1∶12 的压缩比压缩成容量较小的音频文件，压缩后的文件大小只有原来文件大小的 1/15 ～ 1/10，而音色基本不变。

3. MP4 格式

MP4 格式是在 MP3 格式的基础上发展起来的，其压缩比更高，文件更小，而且音质更好，真正达到了 CD 的标准。

五、After Effects的基本工作流程

After Effects 的基本工作流程如下：

（1）整理素材文件，例如视频、图片、序列图片、音频、Premiere 项目文件等；

（2）将素材导入“项目”面板；

（3）将“项目”面板中的素材拖到“时间轴”面板中作为层；

（4）在“时间轴”面板中对层进行编辑。例如用关键帧定义层属性，包括特性灯光、摄像机的动画影像、合成模式等；

（5）预览“合成”面板中的内容；

（6）输出视频文件。

任务二　After Effects 2022 界面

任务引入

小白已经对视频处理软件有了一定的了解，最终决定使用 After Effects 2022 进行影视后期制作。但是要想熟练地使用 After Effects 2022 软件，首先要熟悉该软件的操作界面，这样才能更好、更快地进行影视后期制作。那么怎样调出所需面板？如何根据习惯自定义工作区？“项目”面板、“合成”面板和“时间轴”面板有什么功能？这些面板上的按钮有什么作用？

知识准备

单击桌面上的 After Effects 2022 图标Ae，进入 After Effects 2022 的主页，如图 1-1 所示。

单击“新建项目”按钮，可以在 After Effects 2022 中创建一个项目。

单击“打开项目”按钮，会弹出“打开”对话框，进而打开一个现有项目。

单击Ae按钮，可以打开 After Effects 2022 界面；也可以直接单击“关闭”按钮，关闭 After Effects 2022 的主页，进入 After Effects 2022 界面，如图 1-2 所示。单击按钮，可以打开 After Effects 2022 的主页。

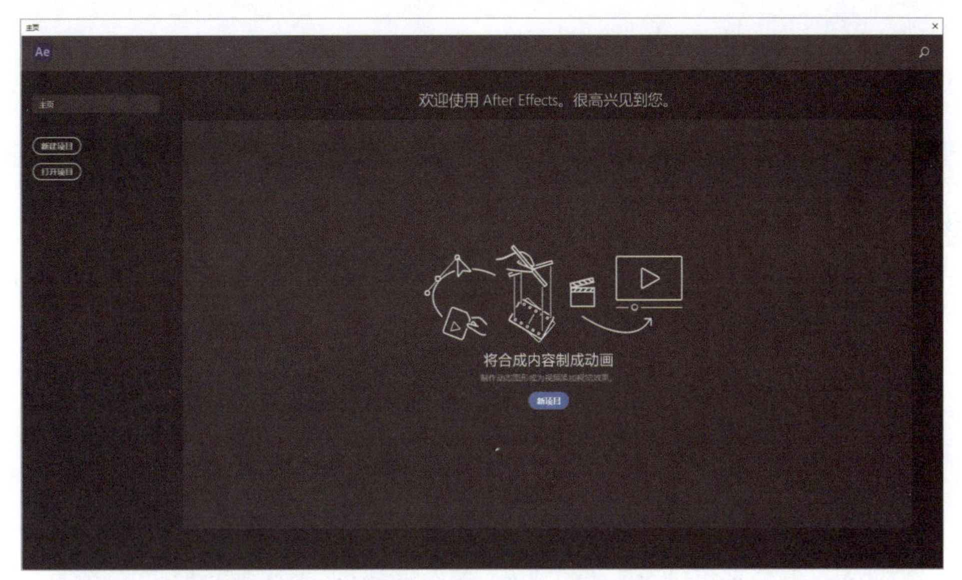

图 1-1　After Effects 2022 的主页

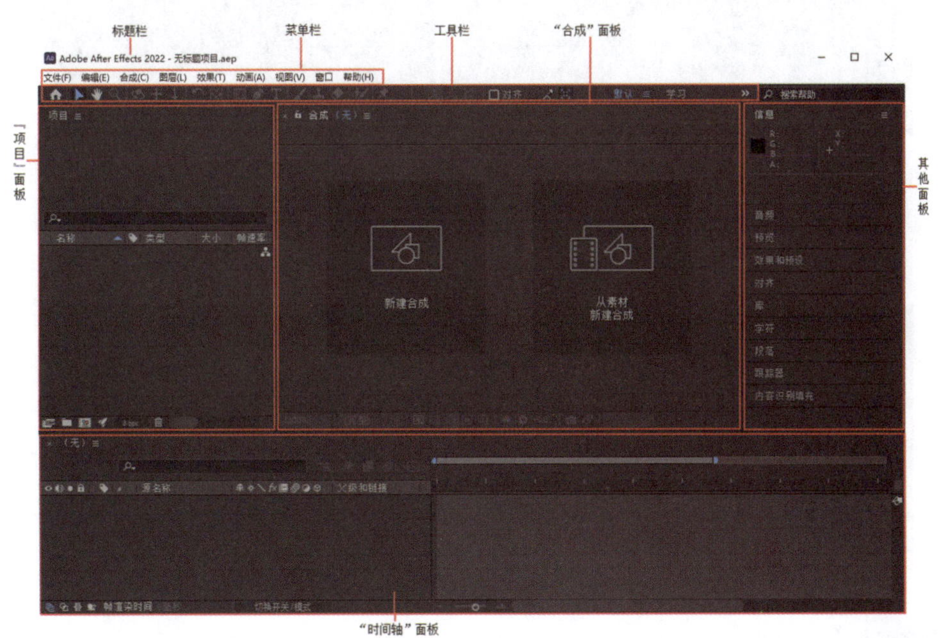

图 1-2　After Effects 2022 界面

一、工作区

工作区栏位于工具栏的右侧，可以拖动工具栏和工作区栏之间的垂直分隔符，用于自定义它们的宽度。在菜单栏中选择“窗口”→“工作区”命令，或者单击工作区栏中的»按钮，即可弹出“工作区”下拉菜单，如图 1-3 所示，进而选择所需的工作区，After Effects 2022 界面中的面板会根据所选工作区进行调整。例如，如果选择“动画”工作区，则会打开“信息”“预览”“效果和

图 1-3　“工作区”下拉菜单

预设”“动态草图”等面板。

用户可以选择适合特定任务的布局排列面板，用于创建和自定义工作区。

案例——自定义工作区

01 在界面中选中面板时，面板会高亮显示，拖动该面板，将其停靠在其他面板、面板组或窗口的边缘，系统会将该面板放置于邻近的面板组中，并且调整所有组的大小以容纳新面板。例如，将“信息”面板停靠在“项目”面板的上方，如图 1-4 所示。

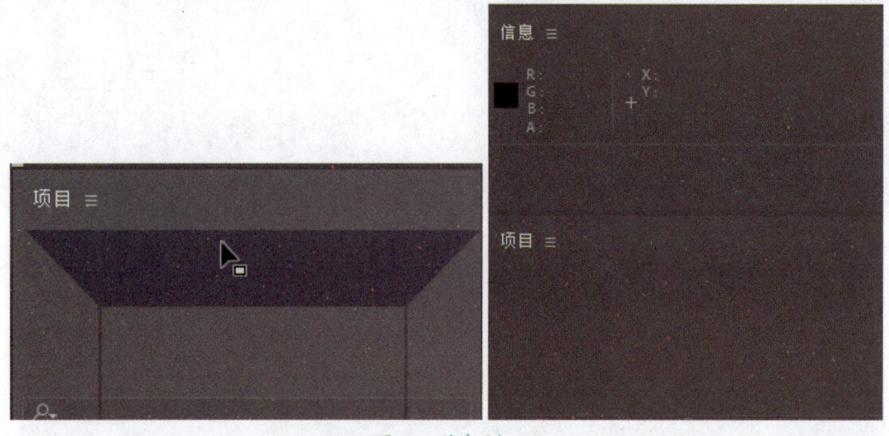

图 1-4 停靠面板

02 将“信息”面板放置到“项目”面板的分组区上，可以使这两个面板堆叠，形成一个面板组，如图 1-5 所示。

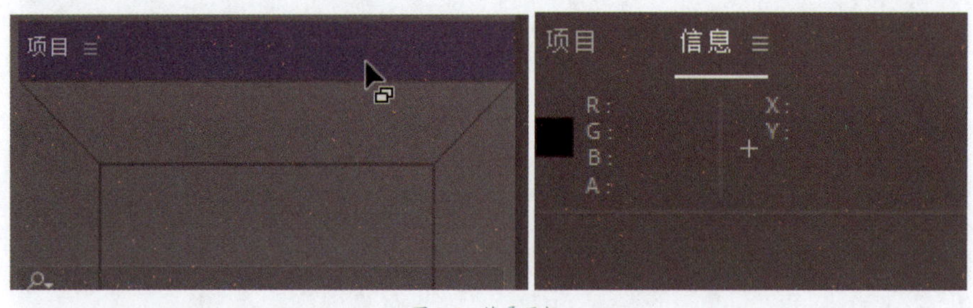

图 1-5 堆叠面板

03 将鼠标指针放置在两个面板组之间，鼠标指针会变为双箭头，按住鼠标左键并拖动，可以调整面板组的大小。

04 即使面板是打开的，它也可能位于其他面板之下而无法被看到。在“窗口”菜单中选择一个面板并将其放置于它所属的面板组的前面。

05 单击面板右侧的☰按钮，弹出的下拉菜单如图 1-6 所示，通过该下拉菜单可以对面板进行管理。

06 在菜单栏中选择“窗口”→“工作区”→“另存为新工作区”命令，打开“新建工作区”对话框，如图 1-7 所示，在“名称”文本框中输入工作区的名称，单击“确定”按钮，将定义好的工作区保存，方便下次使用。保存的工作区可以在“窗口”→“工作区”子菜单中找到。

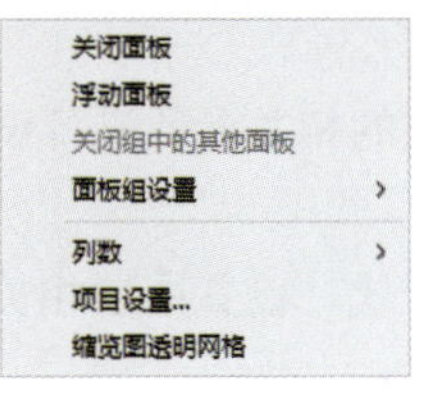

图 1-6　下拉菜单

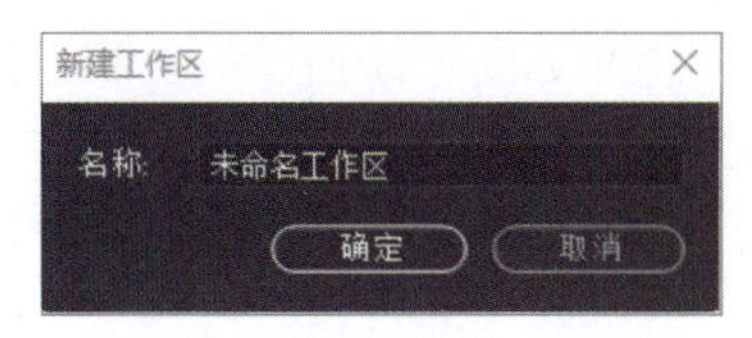

图 1-7　“新建工作区”对话框

注意

如果在其他系统中打开一个带有自定义工作区的项目，那么 After Effects 会在当前系统中查找同名的工作区，如果找不到匹配项，则会使用本地工作区。

二、菜单栏

菜单栏中包含软件的所有功能命令。After Effects 2022 有 9 种菜单，分别为“文件”菜单、“编辑”菜单、“合成”菜单、“图层”菜单、“效果”菜单、“动画”菜单、“视图”菜单、“窗口”菜单和“帮助”菜单，如图 1-8 所示。

文件(F)　编辑(E)　合成(C)　图层(L)　效果(T)　动画(A)　视图(V)　窗口　帮助(H)

图 1-8　菜单栏

1.“文件”菜单

“文件”菜单如图 1-9 所示，包含项目文件的保存、导入和导出等功能。

2.“编辑”菜单

“编辑”菜单如图 1-10 所示，包含基本编辑操作的标准菜单项，以及对“首选项”的访问功能。

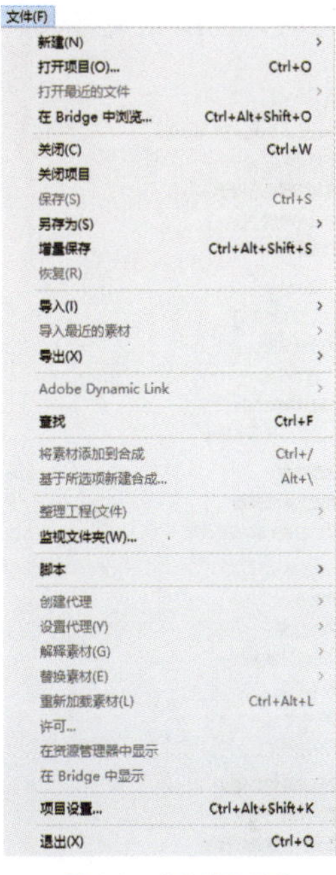

图 1-9　“文件”菜单

图 1-10　“编辑”菜单

3.“合成”菜单

“合成”菜单如图 1-11 所示，主要用于新建合成，以及对合成的相关参数进行设置。

4.“图层”菜单

“图层”菜单如图 1-12 所示，主要用于创建图层、设置图层样式、设置图层相关属性等。

图 1-11 “合成”菜单

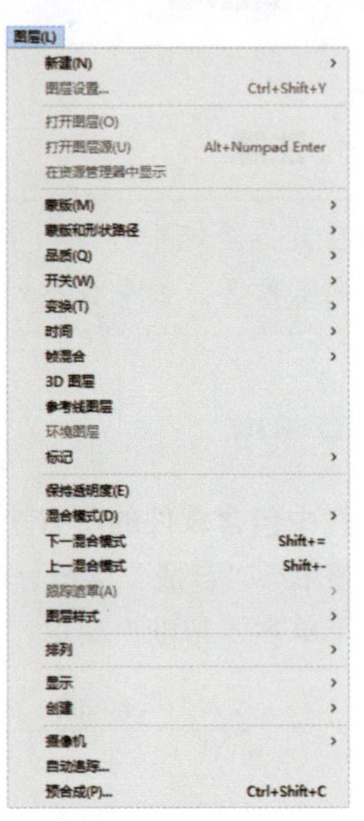

图 1-12 “图层”菜单

5.“效果”菜单

“效果”菜单如图 1-13 所示，主要用于给选定的素材添加效果。

6.“动画”菜单

“动画”菜单如图 1-14 所示，主要用于设置关键帧、跟踪运动等动画相关参数。

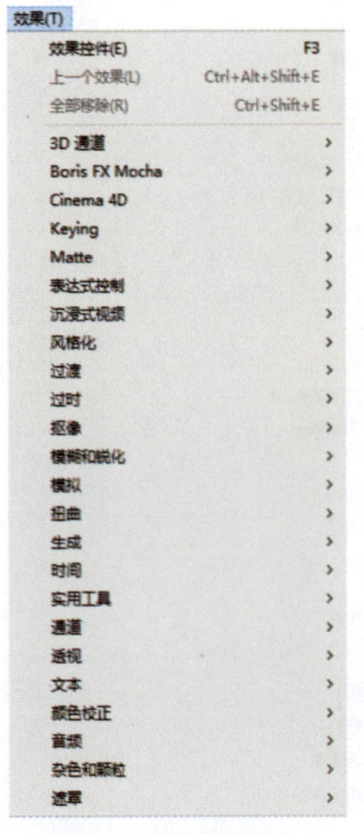

图 1-13 “效果”菜单

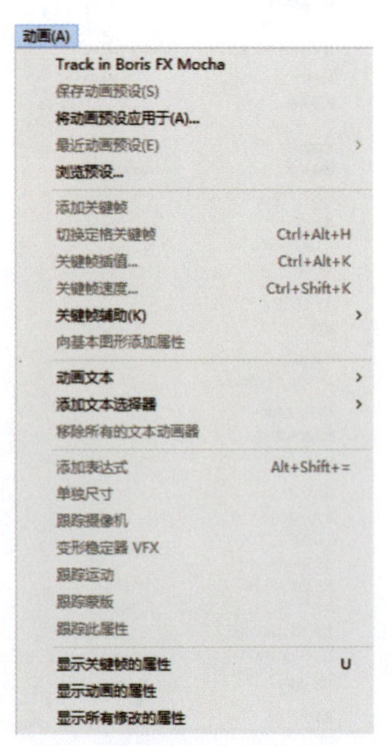

图 1-14 “动画”菜单

7. “视图”菜单

“视图”菜单如图 1-15 所示，主要用于对“合成”面板中的视图进行操作。

8. “窗口”菜单

“窗口”菜单如图 1-16 所示，主要提供对 After Effects 2022 中所有面板和窗口的访问功能。在“窗口”菜单中勾选某个未在界面中显示的面板，系统会自动在界面中打开该面板；反之会关闭该面板。

9. “帮助”菜单

“帮助”菜单如图 1-17 所示，主要提供对 After Effects 2022 帮助系统的访问功能，可以用作学习指南。

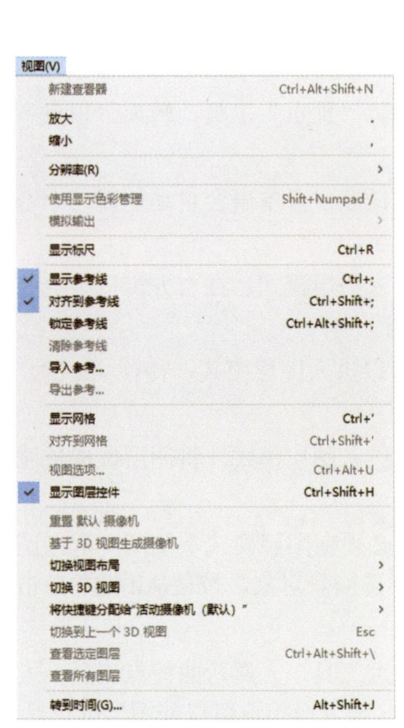

图 1-15　“视图”菜单

窗口
工作区(S)
将快捷键分配给"默认"工作区
扩展
Lumetri 范围
信息 Ctrl+2
元数据
内容识别填充
动态草图
基本图形
媒体浏览器
字符 Ctrl+6
学习
对齐
工具 Ctrl+1
平滑器
库
摇摆器
效果和预设 Ctrl+5
段落 Ctrl+7
画笔 Ctrl+9
绘画 Ctrl+8
蒙版插值
跟踪器
进度
音频 Ctrl+4
预览 Ctrl+3
合成: 合成 1
图层: (无)
效果控件: <空文本图层>
时间轴: 合成 1
流程图: (无)
渲染队列 Ctrl+Alt+0
素材: (无)
项目 Ctrl+0
Create Nulls From Paths.jsx
VR Comp Editor.jsx

图 1-16　“窗口”菜单

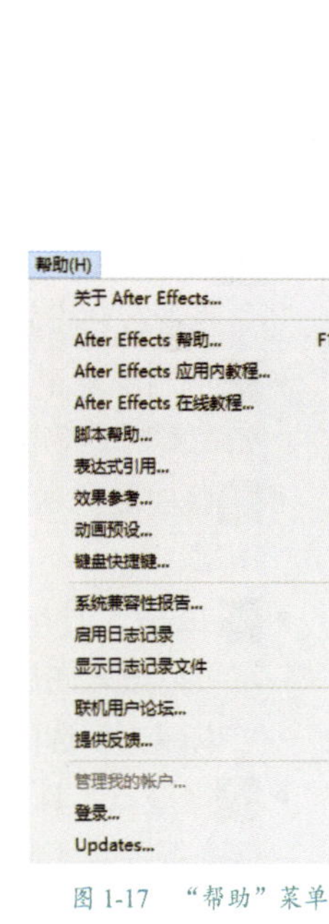

图 1-17　“帮助”菜单

三、工具栏

工具栏默认位于界面的左上方、菜单栏的下方，如图 1-18 所示，它包括合成和编辑项目时经常使用的工具。直接单击工具栏中的按钮即可进行相应的操作，例如移动、旋转、输入文字等，如果按钮的右下角有一个小三角形，那么单击这个小三角形可以查看隐藏的工具。

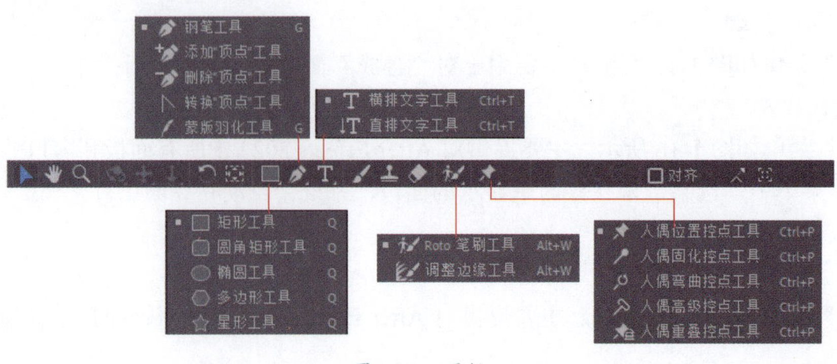

图 1-18　工具栏

- 选取工具：用于选中素材和对象。
- 手形工具：在“合成”面板中按住鼠标左键对素材进行拖动，可以调整其显示位置。
- 缩放工具：放大“合成”面板中的画面，按住 Alt 键可以缩小“合成”面板中的画面。
- 旋转工具：单击激活该按钮，选中素材，按住鼠标左键并拖动，可以旋转素材。
- 向后平移锚点工具：单击激活该按钮，选中要改变锚点的图片，拖动中心点，可以移动锚点。
- 形状工具组：包括矩形工具、圆角矩形工具、椭圆工具、多边形工具和星形工具，主要用于在形状图层上绘制形状，以及在素材上绘制遮罩。
- 钢笔工具组：包括钢笔工具、添加“顶点”工具、删除“顶点”工具、转换“顶点”工具、蒙版羽化工具，用于绘制自由形状或遮罩。
- 文本工具组：包括横排文字工具和直排文字工具。在任意位置单击会自动创建一个空白文本图层。
- 画笔工具：必须在图层模式下使用。双击图层可以进入图层模式，在右方窗口中会有一些参数和设置，和 Photoshop 中的参数和设置几乎一样。
- 仿制图章工具：必须在图层模式下使用。双击图层可以进入图层模式，按住 Alt 键，先在素材上单击，然后松开 Alt 键进行涂抹即可。
- 橡皮擦工具：必须在图层模式下使用。双击图层可以进入图层模式，将图层擦成透明图层。
- Roto 工具组：包括 Roto 笔刷工具和调整边缘工具，必须在图层模式下使用。双击图层可以进入图层模式，选择 Roto 笔刷工具，拖动鼠标框选前景对象，按住 Alt 键并单击可以减去框选的部分。
- 操控点工具组：包括人偶位置控点工具、人偶固化控点工具、人偶弯曲控点工具、人偶高级控点工具、人偶重叠控点工具。在图层中创建点，通过操控点可以使图层变形。
- 本地轴：移动某个轴，3 个轴的位置都会发生变化。
- 世界轴：移动某个轴，其他两个轴的位置不会发生变化。
- 视窗轴：无论怎么移动对象，对象轴都不会发生变化，因为这个轴的位置是基于视窗的。
- 对齐：在移动某个图层时，有时会出现一条与其他图层相连的线，表示这两个图层之间的某个轴是对齐的。

- 边缘吸附：两个图层通过边缘进行吸附。
- 中心点吸附：两个图层通过中心点进行吸附。如果取消中心点吸附，那么会通过图层之间距离最近的那个点进行吸附。

四、“项目”面板

“项目”面板主要用于组织和管理素材，是 After Effects 2022 的“仓库”，所有的素材和合成都会在该面板中显示，如图 1-19 所示。

导入 After Effects 2022 中的所有文件、创建的所有合成文件等都可以在“项目”窗口中找到，并且可以清楚地看到每个文件的类型、尺寸、时间长短、文件路径等，在选中某个文件时可以在“项目”面板的预览窗口中查看对应的缩略图和属性。

- 解释素材：单击此按钮，打开“解释素材”对话框，如图 1-20 所示，在该对话框中可以设置 Alpha 和场。Alpha 主要用于判断素材是否带有透明通道（如果是 PNG 格式的图，那么选择“直接 - 无遮罩”单选按钮即可自动查找有无遮罩）。场分为上场和下场，具体是上场还是下场，以素材为准，一般情况下给出素材时会说明，如果没有说明，则表示不带场。

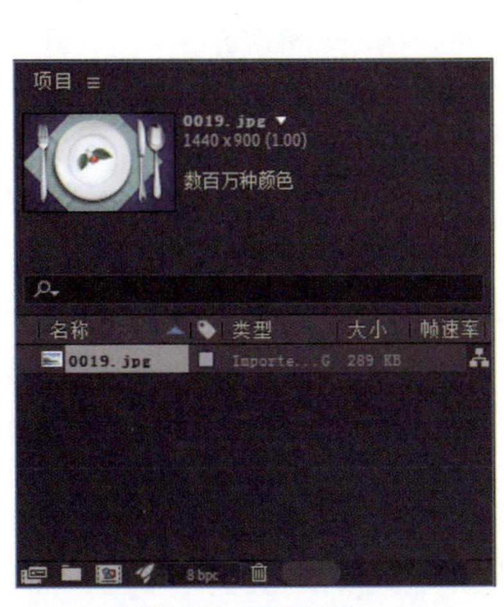

图 1-19　“项目”面板

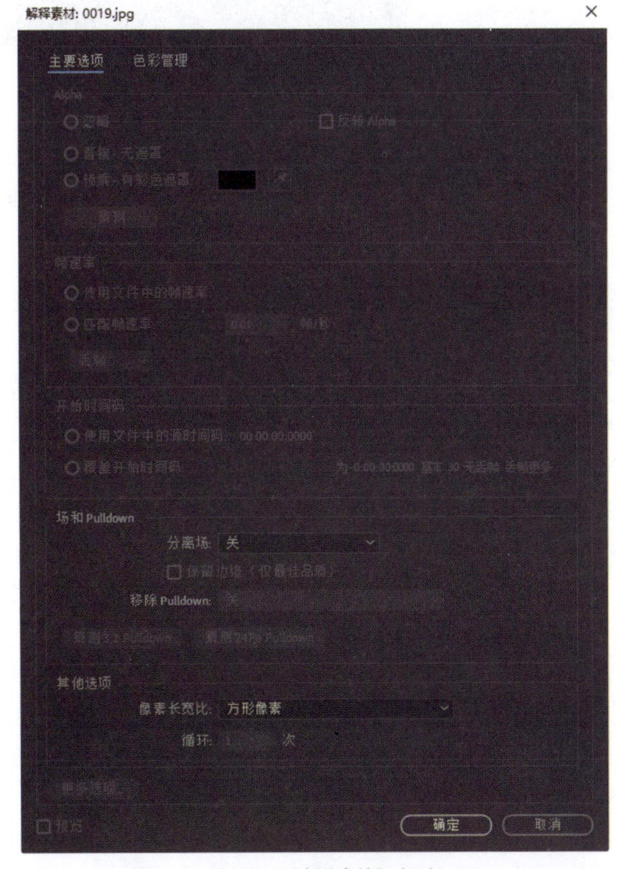

图 1-20　“解释素材”对话框

- 新建文件夹：主要用于对素材进行分类操作。

- 新建合成：单击此按钮，打开“合成设置”对话框，在该对话框中设置合成参数，具体操作参考项目二中的任务三。
- 项目设置：单击此按钮，打开“项目设置”对话框，如图 1-21 所示。利用该对话框可以对项目的视频渲染和效果、时间显示样式、颜色、音频等进行操作设置。

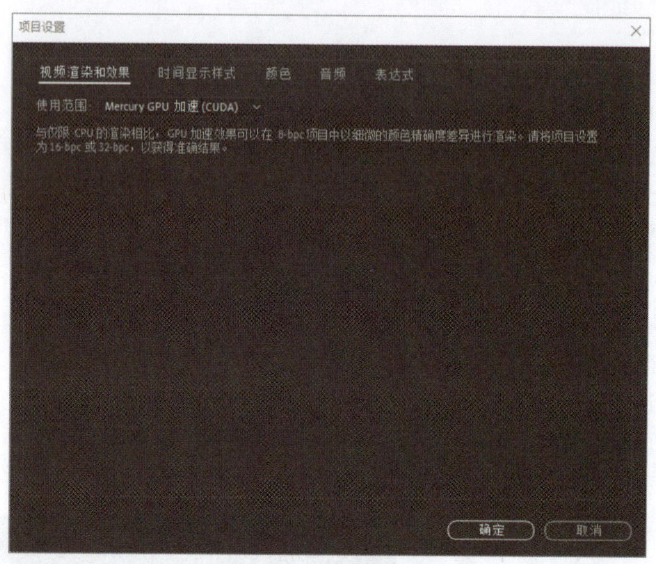

图 1-21 “项目设置”对话框

- 

颜色深度：单击此按钮，打开“项目设置”对话框中的“颜色”选项卡，在该选项卡中设置颜色深度，包括每通道 8 位、每通道 16 位和每通道 32 位；按住 Alt 键单击此按钮，可以循环颜色深度。

特别提示

在 After Effects 2022 中，可以使用的颜色深度包括 8-bpc、16-bpc 或 32-bpc。8-bpc 像素的每个颜色通道可以具有从 0（黑色）到 255（纯饱和色）的值。16-bpc 像素的每个颜色通道可以具有从 0（黑色）到 32 768（纯饱和色）的值。如果 3 个颜色通道都采用最大纯色值，那么结果是白色。32-bpc 像素可以具有低于 0.0 的值和超过 1.0（纯饱和色）的值，因此 After Effects 2022 中的 32-bpc 颜色是高动态范围（HDR）颜色。HDR 颜色可以比白色更明亮。

- 删除：选中素材或合成文件，单击此按钮可以将其删除；也可以直接将素材或合成文件拖到此按钮上将其删除。
- 面板菜单：该按钮位于“项目”面板的上方，单击此按钮会打开“项目”面板的相关菜单，如图 1-22 所示。

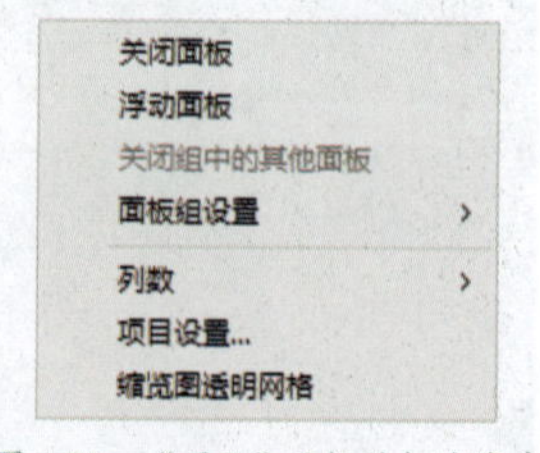

图 1-22 “项目”面板的相关菜单

  - 关闭面板：将当前面板关闭。
  - 浮动面板：将当前面板设置为浮动面板，此时面板为独立的，可以进行移动。
  - 关闭组中的其他面板：如果组中存在其他面板，选择该选项，则将其他面板关闭。

➢ 面板组设置：选择此选项，打开如图 1-23 所示的级联菜单，其中包括关闭面板组、浮动面板组、最大化面板组、堆叠的面板组、堆栈中的单独面板和小选项卡。

➢ 列数：选择此选项，打开如图 1-24 所示的级联菜单，勾选的内容将显示在“项目”面板中。

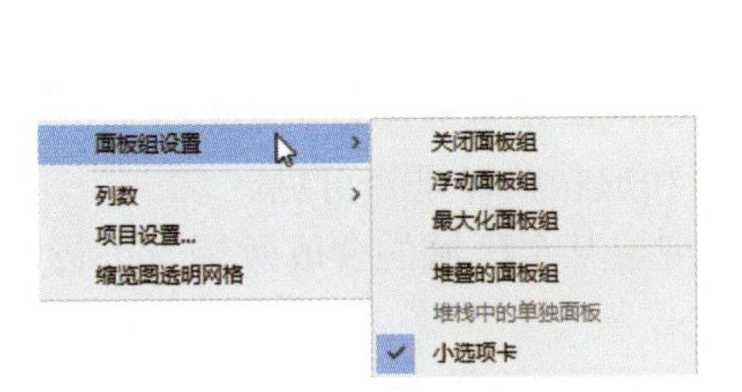

图 1-23　“面板组设置”菜单

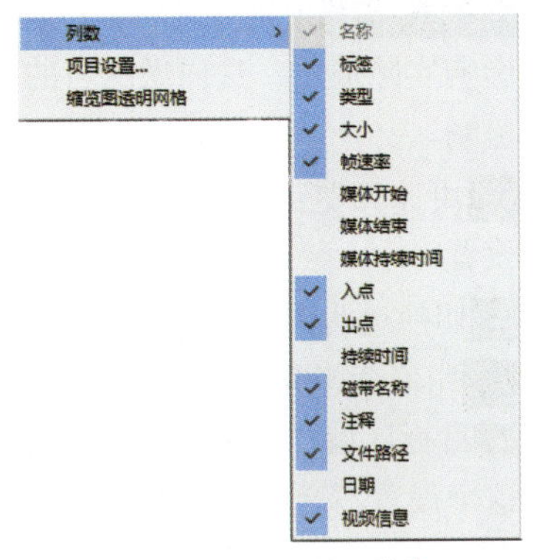

图 1-24　“列数”菜单

➢ 项目设置：选择此选项，打开“项目设置”对话框，如图 1-21 所示。利用该对话框可以对项目的视频渲染和效果、时间显示样式、颜色、音频等进行操作设置。

➢ 缩览图透明网格：当素材具有透明背景时，选择此选项，在缩览图的透明背景中可以显示网格。

五、“合成”面板

“合成”面板是对所需素材进行集成、编辑、调整与设置的环境，它是视频的预览区域，能够直接观察要处理的素材文件的显示效果，如图 1-25 所示。

使用“合成”面板预览合成并手动修改其内容。“合成”面板中包含合成帧及帧外部的一个剪贴板区域，用户可使用该区域将图层移到合成帧中，以及从合成帧中移出图层。图层的背景范围（不在合成帧中的部分）显示为矩形轮廓。

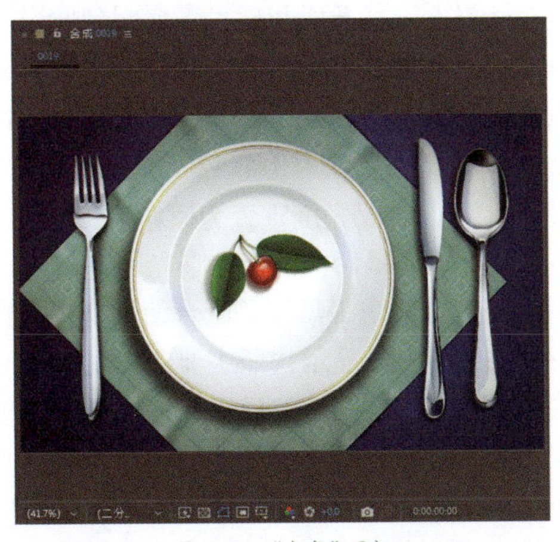

图 1-25　“合成”面板

After Effects 2022 的“合成”面板中的合成帧类似于 Flash Professional 中的“舞台”。

- (41.7%) 放大率弹出式菜单：主要用于指定预览合成的显示比例。通常将其设置为“适合”，如果要更改，可以直接在该下拉菜单中选择所需的比例，但是更常用的方法是通过鼠标滚轮进行缩放。如果要拖动中间的预览位置，则可以直接在英文模式下按快捷键 H，切换到预览窗口进行拖动。
- (二分... 预览分辨率：设置预览分辨率，可以在进行合成时将预览分辨率调低，但不影响实际输出，这样做的目的是在损失预览清晰度的情况下减轻显卡的负担，使预览更流畅。
- 快速预览：单击此按钮，打开如图 1-26 所示的选项菜单，可根据需要对预览进行设置。
- 切换透明网格：主要用于确定透明区域范围，在黑色背景下尤其常用。
- 切换蒙版和形状路径的可见性：用于设置蒙版和形状路径是否可见。
- 目标区域：通常用于裁剪合成区域，在只需要观看某个区域的合成效果时进行设置。这个设置不会影响输出效果。
- 选择网格和参考线选项：单击此按钮，打开如图 1-27 所示的菜单，其中包括标题 / 动作安全、对称网格、网格、参考线、标尺等选项。

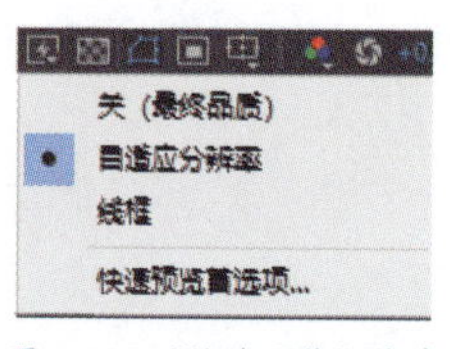

图 1-26 “快速预览”菜单

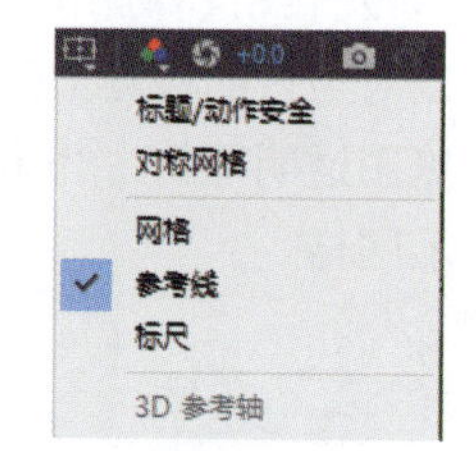

图 1-27 “选择网格和参考线选项”菜单

  - 标题 / 动作安全：设置构图范围，在不安全区域进行构图，在其他设备上播放时可能会被无意裁剪掉。
  - 对称网格：通常用于对称构图，以便观察是否左右对称。
  - 网格：可以更精确地控制合成的坐标。
  - 参考线：主要作为对齐参考，参考线和标尺需要配合使用。
  - 标尺：主要用于显示一个具有 X 轴和 Y 轴的屏幕坐标系以及拉出参考线。
- 显示通道及色彩管理设置：与 Photoshop 中的通道相同，具有值的通道显示白色，没有值的通道显示黑色。After Effects 中共有红色、绿色、蓝色、Alpha、RGB 5 种通道。
- 重置曝光度：单击此按钮，将曝光度重置为原始值。
- +0.0 调整曝光度：在数字上滑动鼠标指针调整曝光度。
- 拍摄快照 / 显示快照：这两个工具需要配合使用。拍摄快照主要用于将当前效果保存下来，使其成为一份快照历史。显示快照主要用于调出快照历史，显示快照效果。通常使用方法如下：首先拍摄一张快照，然后进行一些合成处理，最后通过显示快照进行合成前后的对比，以便观察效果的变化情况。
- 0:00:00:00 预览时间：可以直接定位到需要预览的时间点，与“时间轴”面板中的预览时间相同。
- 面板菜单：该按钮位于“合成”面板的上方，单击此按钮会打开“合成”面板的相关菜单，如图 1-28 所示。

➢ 视图选项：选择此选项，打开如图 1-29 所示的“视图选项”对话框，用于设置图层控制、手柄、效果控件、关键帧等。

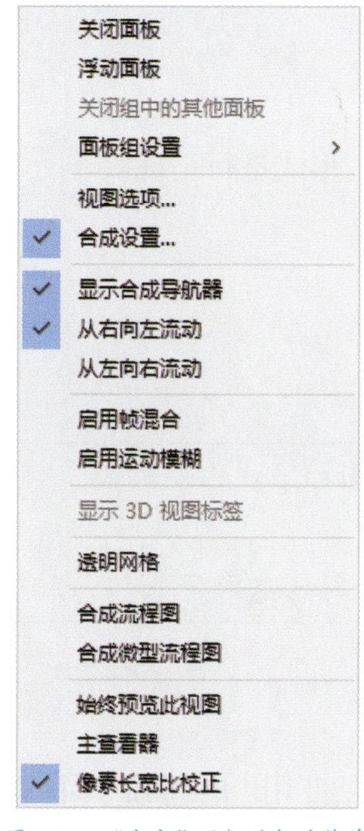

图 1-28　“合成”面板的相关菜单

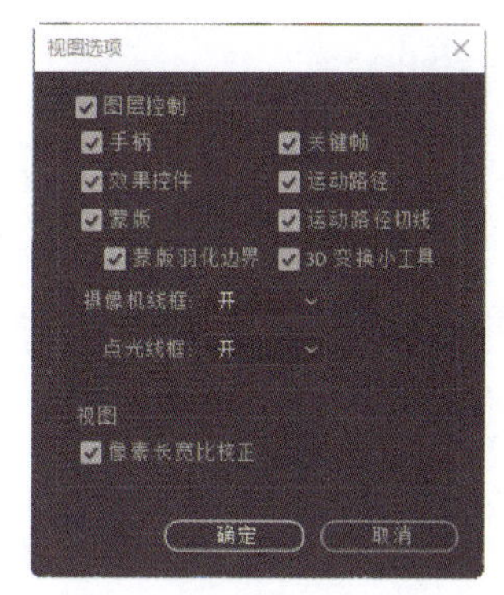

图 1-29　“视图选项”对话框

➢ 合成设置：选择此选项，打开“合成设置”对话框，如图 1-30 所示。利用该对话框可以查看和修改合成参数。

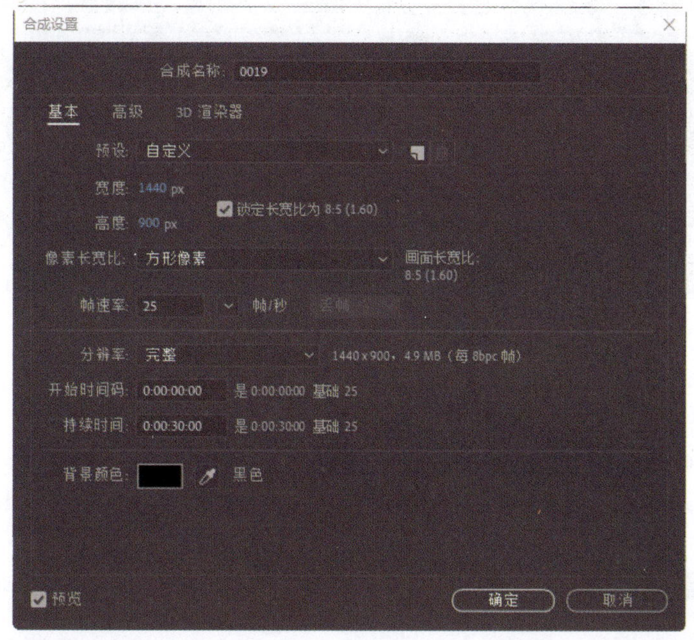

图 1-30　“合成设置”对话框

➢ 显示合成导航器：显示 / 隐藏合成导航器。
➢ 从右向左流动：设置由右侧向左侧的流动方式。
➢ 从左向右流动：设置由左侧向右侧的流动方式。
➢ 启用帧混合：打开合成中的帧混合开关。
➢ 启用运动模糊：打开合成中的运动模糊开关。
➢ 显示 3D 视图标签：显示 3D 视图提示。
➢ 透明网格：取消背景颜色的显示，将背景以网格的形式进行呈现。
➢ 合成流程图：显示当前合成的流程图。
➢ 合成微型流程图：显示简易的微型合成流程图。

特别提示

当“合成”面板的下方出现红条时无法进行预览，原因如下：
- 文件计算量过大，计算机缓存跟不上操作；
- 按 Caps Lock 键导致切换到大写状态，此时切换到小写状态即可。

六、“时间轴”面板

每个合成都有自己的“时间轴”面板，如图 1-31 所示。使用“时间轴”面板可以执行许多任务，例如动态化图层属性、排列图层及设置混合模式。在“时间轴”面板中，堆积在底部的图层会先被渲染，2D 图像图层会显示在“合成”面板的最深层及最终合成中。

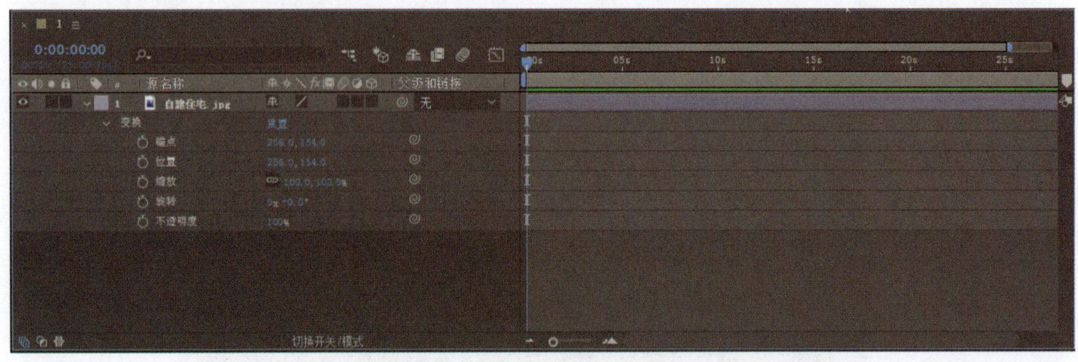

图 1-31 “时间轴”面板

合成的当前时间由当前时间指示器（CTI，时间图形中的垂直红线）指示。合成的当前时间会显示在“时间轴”面板左上角的预览时间中。

“时间轴”面板的左侧有图层控制的列，“时间轴”面板的右侧（时间图形）有图层的时间标尺、标记、关键帧、表达式、持续时间条（在图层条模式下）及图表编辑器（在图表编辑器模式下）。

- 0:00:00:00 预览时间：可以直接定位到需要预览的时间点，与“合成”面板中的预览时间相同。
- 合成微型流程图：单击此按钮，打开“合成微型流程图”面板。
- 3D 图层开关：单击此按钮，可以将图层转换为 3D 图层。

- 隐藏隐蔽图层：隐藏设置为“隐蔽”的所有图层。
- 帧混合开关：为设置了“帧混合”的所有图层启用帧混合。
- 运动模糊开关：为设置了“运动模糊”的所有图层启用运动模糊。
- 图表编辑器：单击此按钮，可以显示图表编辑器，如图 1-32 所示。

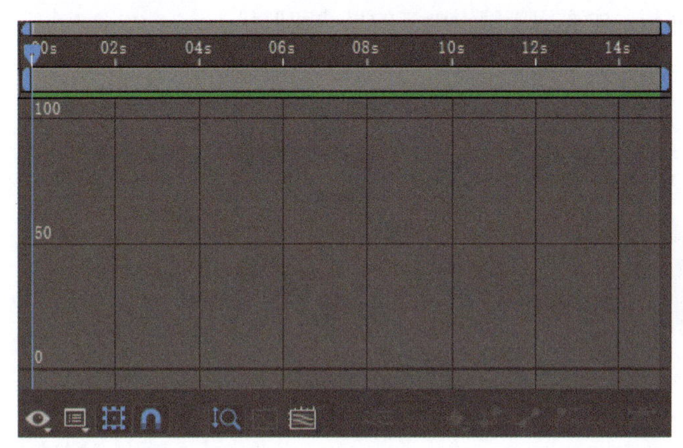

图 1-32　图表编辑器

- 视频：启用或禁用图层视觉效果。
- 音频：启用或禁用图层声音。
- 独奏：在预览和渲染中包括当前图层，忽略没有设置此开关的图层。
- 锁定：锁定图层内容，从而防止所有更改。
- 隐蔽：单击此按钮，将图层设置为隐蔽图层，单击“隐藏隐蔽图层”按钮，可以隐藏隐蔽图层。
- 折叠变换 / 连续栅格化：如果图层是预合成，则折叠变换；如果图层是形状图层、文本图层或以矢量图形文件（例如 Adobe Illustrator 文件）为源素材的图层，则连续栅格化。为矢量图层启用此开关会导致 After Effects 重新栅格化图层的每个帧，从而提高图像的品质，但也会增加预览和渲染所需的时间。
- 品质：单击此按钮，可以在图层渲染品质的“最佳”和“草稿”选项之间切换，包括渲染到屏幕以进行预览。
- 效果：使用效果渲染图层。此开关不影响图层中各种效果的设置。
- 帧混合：有 3 种状态，分别为帧混合、像素运动和关闭。
- 运动模糊：为图层启用或禁用运动模糊功能。
- 调整图层：将图层标识为调整图层。
- 3D 图层：将图层标识为 3D 图层。

七、其他面板

（1）“信息”面板：主要用于显示鼠标指针在视频中的相关信息，包括 X 轴和 Y 轴的值与 RGB 色彩值。

（2）“预览”面板：主要用于控制时间播放。

（3）“音量”面板：主要用于控制左 / 右通道和主控音量。

（4）“字符”面板：主要用于对文字的字体、尺寸、颜色、间距、行距、字高、字宽等属性进行设置。

（5）“效果和预设”面板：包含“效果”菜单中的所有效果。使用该面板可以快速查找所需的效果，也可以进行效果的分类。

（6）“画笔”面板：主要用于编辑画笔的尺寸和形状。

（7）“绘画”面板：主要用于设置绘制的图形的颜色、透明度等属性。

项目总结

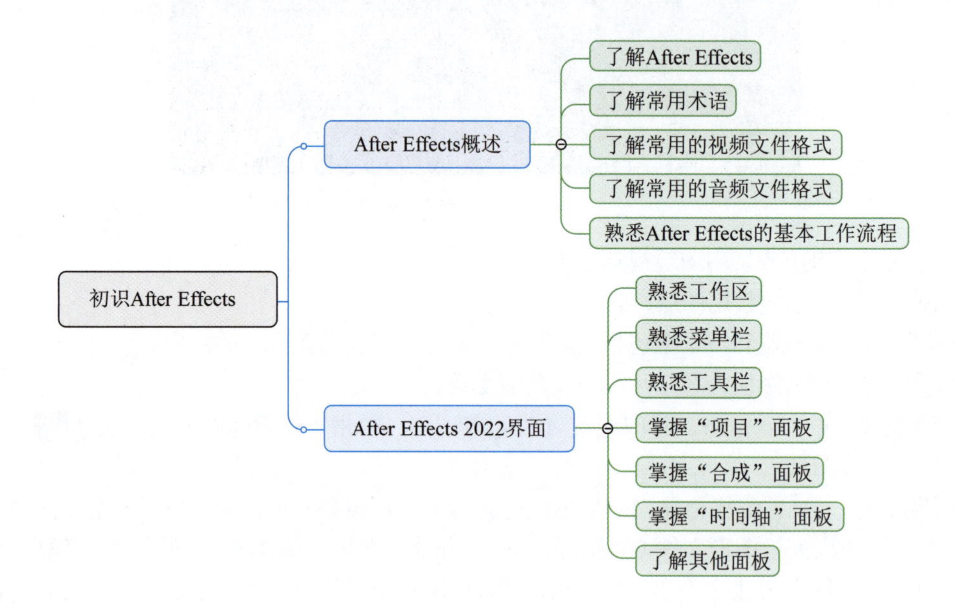

项目二 After Effects 基础操作

思政目标

- 培养读者对本课程的兴趣及自主探索能力。
- 充分发挥主观能动性，主动提升自身技能，提高独立思考、推陈出新的能力。

技能目标

- 能够进行文件的新建、保存等。
- 能够导入各种素材文字。
- 能够对创建合成。
- 能够利用标尺、参考线等辅助功能对素材进行定位。

项目导读

在利用 After Effects 制作视频效果之前，需要掌握 After Effects 的一些基本操作，这样有助于更快、更有效地创建出好的作品。

本项目主要讲解文件的管理、合成的创建及一些辅助功能。

任务一　文件的管理

任务引入

小白已经对 After Effects 2022 的操作界面有了初步认识，那么如何制作视频文件呢？做好的视频文件如何保存到指定位置？如何打开已有的 After Effects 文件？

知识准备

一、新建文件

用户可以通过新建命令创建不同类型的文件。

1. 新建项目文件

用户可以通过以下 3 种方式创建项目文件。

- 单击主页中的“新建项目”按钮。
- 在菜单栏中选择“文件”→“新建”→“新建项目”命令，如图 2-1 所示。

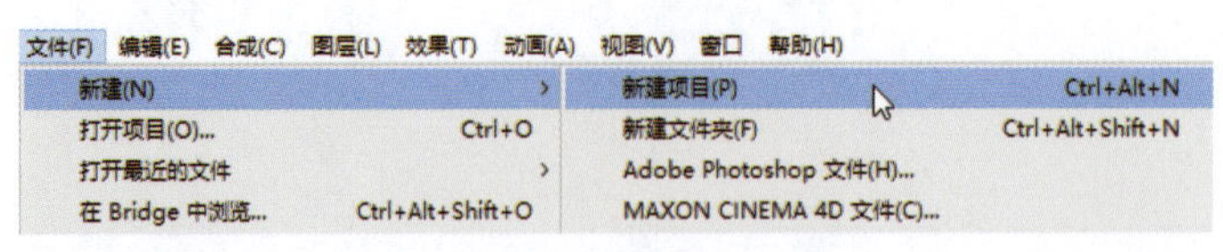

图 2-1　选择“新建项目”命令

- 在键盘上按组合键 Ctrl+Alt+N。

如果软件中已存有项目文件，那么在新建项目文件时会弹出如图 2-2 所示的提示框，如果单击“保存”按钮，则会打开“另存为”对话框，指定保存路径和文件名，保存项目文件；如果单击“不保存”按钮或“取消”按钮，则会直接新建一个项目文件。

2. 新建文件夹

用户可以通过以下 3 种方式创建文件夹。

- 单击“文件”→“新建”→“新建文件夹”命令。
- 在键盘上按组合键 Ctrl+Alt+Shift+N。
- 在“项目”面板中单击“新建文件夹”按钮。

新建的文件夹显示在“项目”面板中，如图 2-3 所示，按 Enter 键可以对文件夹进行重命名。

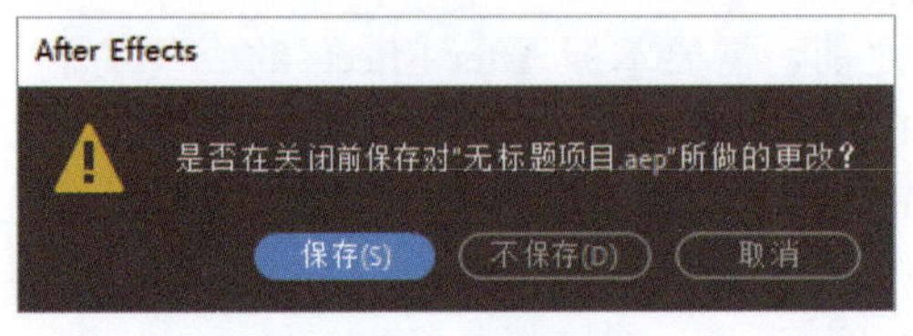

图 2-2　提示框

图 2-3　新建文件夹

3. 新建 Adobe Photoshop 文件

（1）在菜单栏中选择“文件”→“新建”→“Adobe Photoshop 文件”命令，打开“另存为”对话框，系统默认的保存类型为 *.psd，设置保存路径和文件名，如图 2-4 所示，单击“保存”按钮。

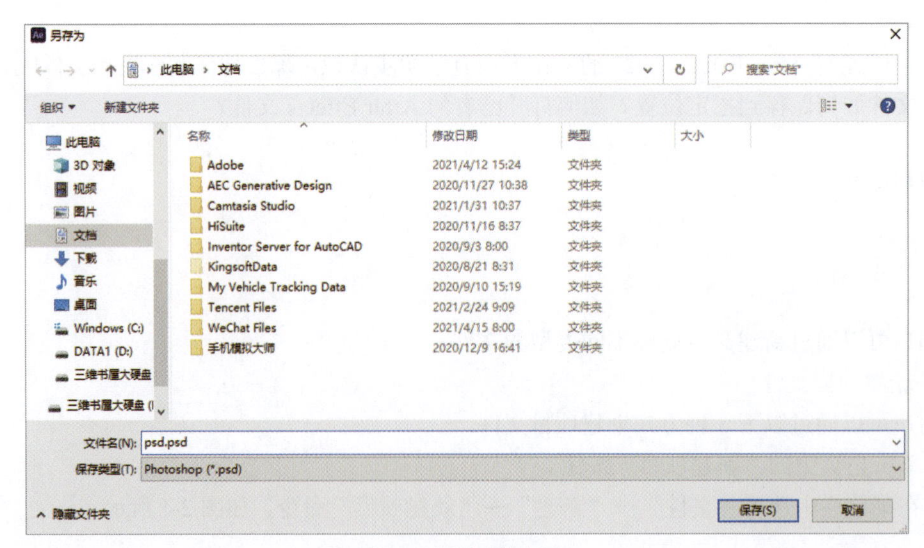

图 2-4　“另存为”对话框

（2）如果计算机中安装了 Adobe Photoshop 软件，那么系统默认打开 Adobe Photoshop 软件，此时 After Effects 软件和 Adobe Photoshop 软件会关联在一起。

（3）在 After Effects 的“项目”面板中双击第（1）步创建的 PSD 文件，打开“素材”面板，将会显示在 Adobe Photoshop 软件中进行的操作，如图 2-5 所示。

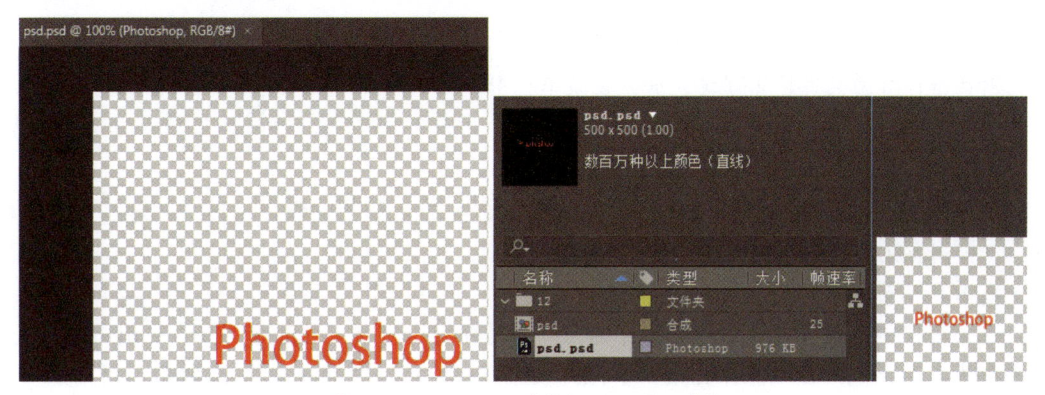

图 2-5　Adobe Photoshop 文件与 After Effects 文件

二、保存文件

保存文件的目的不同，保存文件的方法也不同。

1. 保存项目文件

在菜单栏中选择“文件”→“保存”命令（组合键：Ctrl+S），打开“另存为”对话框，选择存储文件的位置，在“文件名”文本框中输入文件名，如图 2-6 所示，单击“保存”按钮，即可保存文档并关闭对话框。

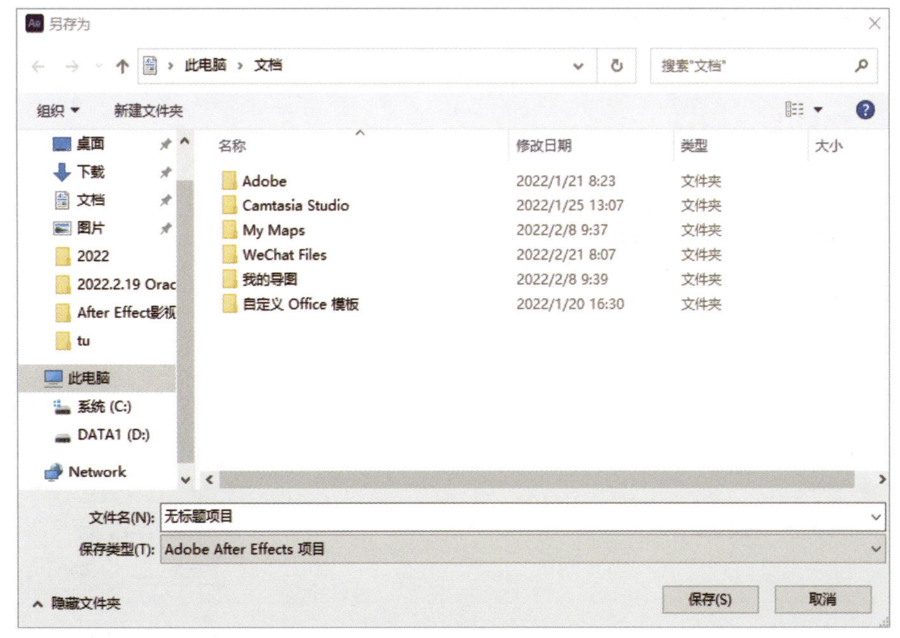

图 2-6　“另存为”对话框

*.aep 文件是 After Effects 动画的源文件，如果以后需要修改动画内容，可以再次打开该文件进行修改。

提示

如果是第一次保存该文件，那么在菜单栏中选择“文件”→“保存”命令时会弹出“另存为”对话框；如果文件已保存过，那么在菜单栏中选择“文件”→“保存”命令时会直接保存文件。

如果要将当前编辑的页面以另一个文件名保存，那么在菜单栏中选择“文件”→“另存为”→“另存为”命令（组合键：Ctrl+Shift+S）。

2. 保存模板文件

在菜单栏中选择“文件”→“另存为”→“另存为”命令（组合键：Ctrl+Shift+S），打开“另存为”对话框，在“保存类型”下拉列表中选择“Adobe After Effects 模板项目”选项，设置保存路径和文件名称，单击“保存”按钮，即可将文件保存为项目模板文件。

三、打开项目文件

用户可以打开已保存的文件继续编辑，在编辑过程中可以随时保存文件。

在菜单栏中选择“文件”→“打开项目”命令（组合键：Ctrl+O），打开“打开”对话框，如图 2-7 所示，找到需要打开的文件，双击该文件；或者选中该文件，单击“打开”按钮，即可打开该文件。

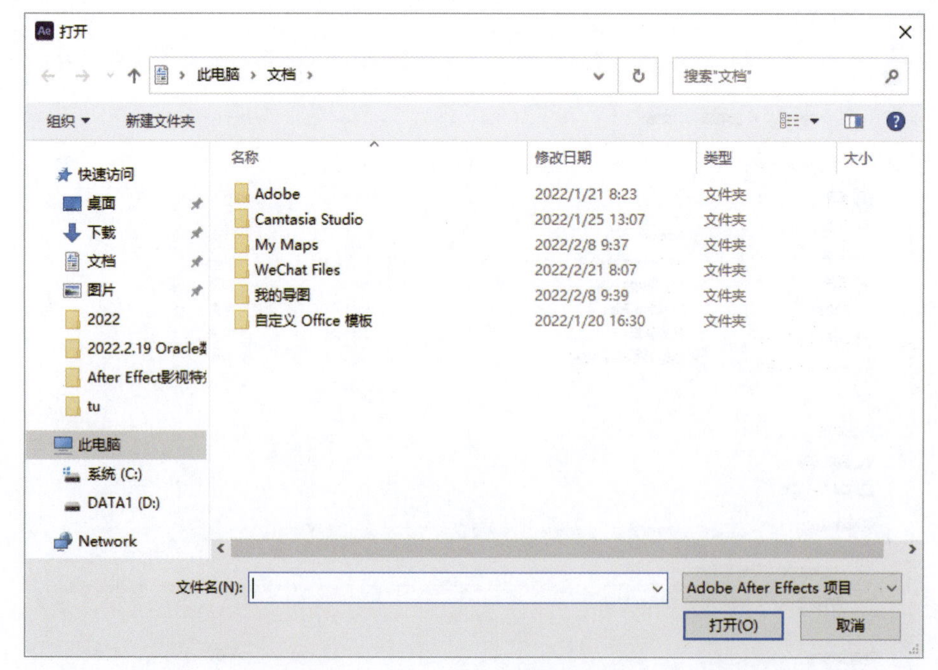

图 2-7 “打开”对话框

任务二 导入和管理素材

任务引入

小白根据老师的要求创建了项目文件，但是创建的项目文件的里面什么都没有，如何才能将拍摄的视频片段、照片、图片及音频等素材导入新建的项目文件中呢？ 素材类型多样，格式不一，导入方法是否一样呢？

知识准备

用户可以导入各种文件、文件集合或文件组件作为单个素材项目的源文件，包括移动图像文件、静止图像文件、静止图像序列和音频文件，也可以在 After Effects 中创建素材项目，例如，纯色和预合成。

虽然 After Effects 内部应用 RGB 色彩空间，但它可以导入和转换 CMYK 图像。然而，在为视频、影片和其他非打印媒体创建图像时，建议用户尽量在 Illustrator、Photoshop 等软件中应用 RGB 色彩空间。应用 RGB 色彩空间可以提供更宽的色域，可以更准确地反映最终输出效果。

在将静止图像导入 After Effects 之前需要做好充分准备，以便缩短渲染时间。在原始软件中准备静止图像比在 After Effects 中修改静止图像更容易、更快捷。用户在将静止图像导入 After Effects 之前需要对其进行以下操作：

- 确保操作系统支持计划使用的文件格式。
- 裁剪不希望在 After Effects 中显示的图像部分。
- 如果要将区域指定为透明的，那么创建 Alpha 通道，或者使用 Photoshop、Illustrator 等软件中的透明度工具。
- 如果最终输出的是广播视频，那么避免对图像或文本使用细水平线（例如，1 像素线），因为它们可能因隔行而闪烁。
- 如果最终输出的是广播视频，那么确保图像的重要部分处于动作安全和字幕安全区域。在 Illustrator 或 Photoshop 中使用影片和视频预设创建文档时，安全区域显示为参考线。
- 如果最终输出的是广播视频，那么在广播安全范围内保留颜色。
- 在保存文件时，使用正确的命名方式给文件命名。
- 将像素尺寸设置为在 After Effects 中使用的分辨率和帧长宽比。如果计划按时间缩放图像，那么设置图像的尺寸，使其在项目中达到最大尺寸时能够提供足够的细节。在导入和渲染文件时，After Effects 支持的最大图像尺寸为 30 000px×30 000px。导入或导出的图像尺寸受为 After Effects 提供的实际 RAM 量的影响。After Effects 支持的最大合成尺寸也是 30 000px×30 000px。

在菜单栏中选择“文件”→“导入”→“文件”命令（组合键：Ctrl+I），打开“导入文件”对话框，选择要导入的图像，如图 2-8 所示，单击“导入”按钮，即可导入图像。

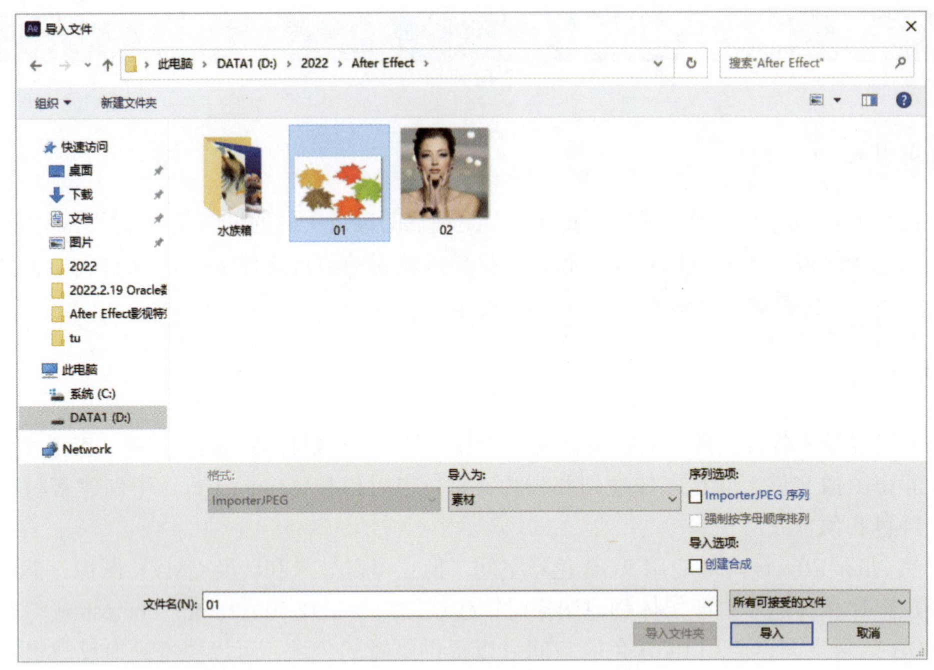

图 2-8　“导入文件”对话框

用户也可以直接将文件和文件夹拖入“项目”面板，可以导入图像和序列。

在导入文件时，After Effects 不是将图像数据本身复制到项目中，而是创建指向素材项目的源文件的引用链接，从而保证项目文件相对较小。

如果删除、重命名或移动导入的源文件，则会断开指向该源文件的引用链接。在断开指向源文件的引用链接后，源文件的名称在“项目”面板中显示为斜体，而“文件路径”列会显示该文件缺失。如果素材项目可用，则可以重新建立引用链接，通常只需要双击该素材项目并再次选择源文件。

案例——导入素材文件

通过“导入”命令可以将单个静止图像导入 After Effects。

01 在菜单栏中选择“文件”→“导入”→“文件”命令（组合键：Ctrl+I），打开“导入文件”对话框，如图 2-9 所示。

02 在“导入文件”对话框中选择 01.jpg 文件，单击“导入”按钮，导入该文件，并将其显示在“项目”面板中，如图 2-10 所示。

图 2-9　导入文件

03 如果在“导入文件”对话框中勾选“创建合成”复选框，单击“导入”按钮，那么选中的文件会作为合成导入，并且在“时间轴”面板中显示，如图 2-10 所示。

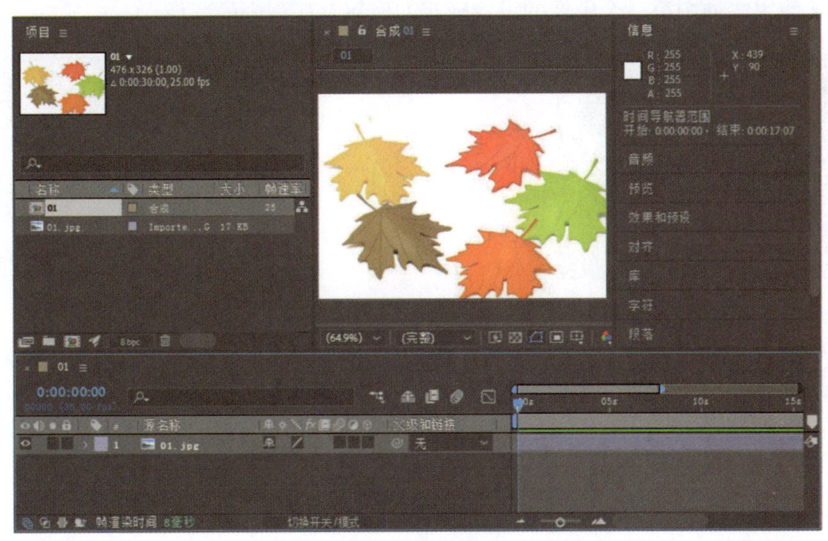

图 2-10 导入为合成文件

案例——导入素材序列

通过“导入”命令可以将一系列静止图像作为一个序列导入。

01 在菜单栏中选择“文件”→“导入”→“文件”命令（组合键：Ctrl+I），打开“导入文件”对话框。

02 在“导入文件”对话框中选择“水族箱”文件夹中的 fish01.gif 文件，如图 2-11 所示，单击“导入”按钮，导入该文件并将其显示在“项目”面板中，如图 2-12 所示。

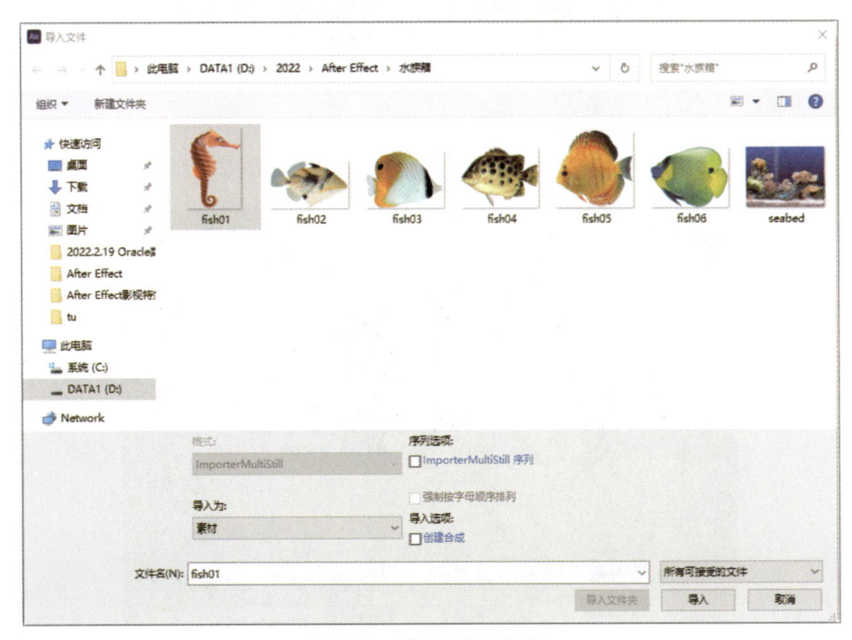

图 2-11 “导入文件”对话框

03 如果在“导入文件”对话框中勾选“ImporterMultiStill序列”复选框，单击“导入”按钮，那么该文件所在的文件夹中的所有文件都会以序列的形式导入After Effects，如图2-13所示。After Effects使用序列中第一个图像的设置确定如何解释序列中的图像。

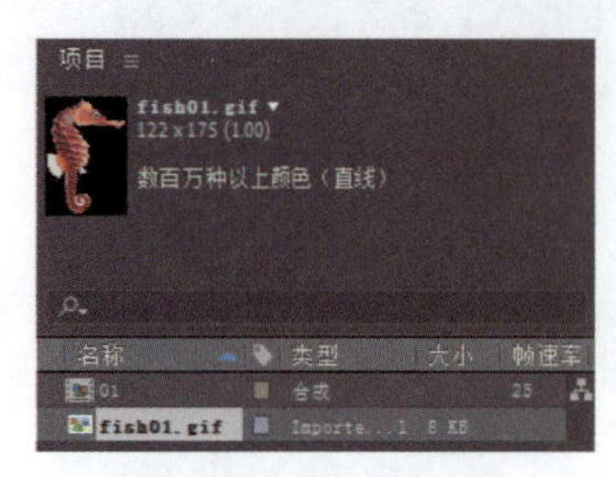

图2-12　导入文件

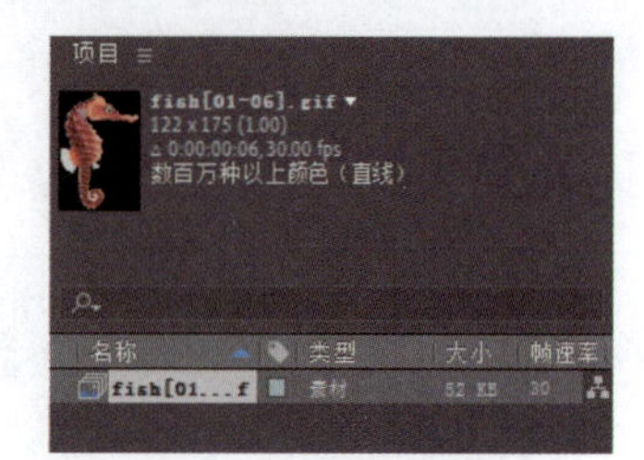

图2-13　导入序列文件

提示

如果只想导入单个文件，为了防止After Effects导入不需要的文件，或者防止After Effects将多个文件解释为一个序列，那么在“导入文件”对话框中取消勾选“ImporterMultiStill序列”复选框。

04 如果在“导入文件”对话框中勾选“强制按字母顺序排列”复选框，单击“导入”按钮，则会导入一个编号之间存在间隔的序列，例如，Seq1、Seq2、Seq3、Seq5。如果取消勾选该复选框，那么在导入编号中带间隙的序列时，系统会警告用户存在缺失的帧，如图2-14所示，单击“确定”按钮，用占位符代替缺失的帧。

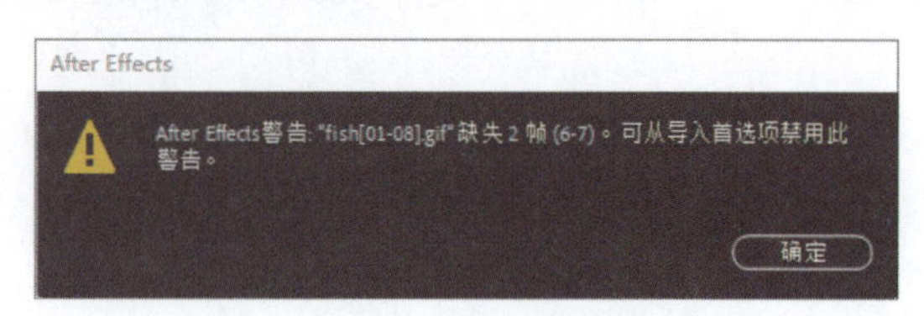

图2-14　警告对话框

05 如果在“导入文件”对话框中勾选“创建合成”复选框，单击“导入”按钮，那么选中的文件会作为合成导入，并且在“时间轴”面板中显示，如图2-15所示。

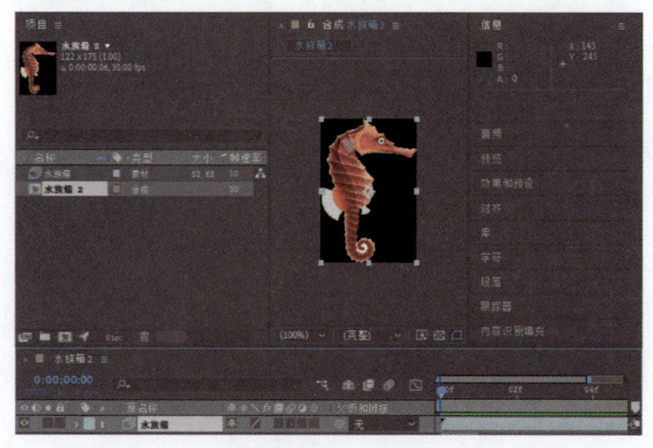
图2-15　导入为合成

提示

当渲染包含编号顺序的合成时，输出模块会将起始帧编号作为第一个帧号。例如，如果从第 25 帧开始渲染，那么文件名为 00025。

06 如果在“导入文件”对话框中选择“水族箱”文件夹，单击“导入文件夹”按钮，则会导入所选文件夹中的所有文件，如图 2-16 所示。

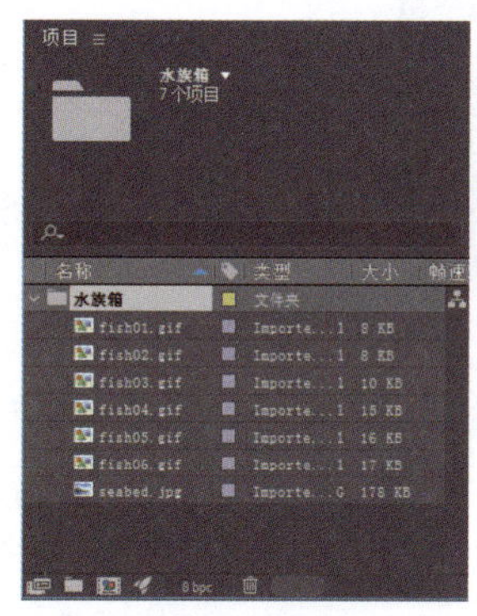

图 2-16 导入文件夹

案例——导入分层素材

如果导入的图像文件属于分层文件（例如，Adobe Photoshop 或 Adobe Illustrator 文档），那么将其作为合成导入，将每个文件中的每个图层作为单独的序列导入，并且在“时间轴”面板中将其显示为单独的图层。

01 在菜单栏中选择“文件”→“导入”→“文件”命令（组合键：Ctrl+I），打开“导入文件”对话框。

02 选择广告海报.psd 文件，在“导入为”下拉列表中选择“合成”，勾选“Photoshop 序列”复选框，如图 2-17 所示。

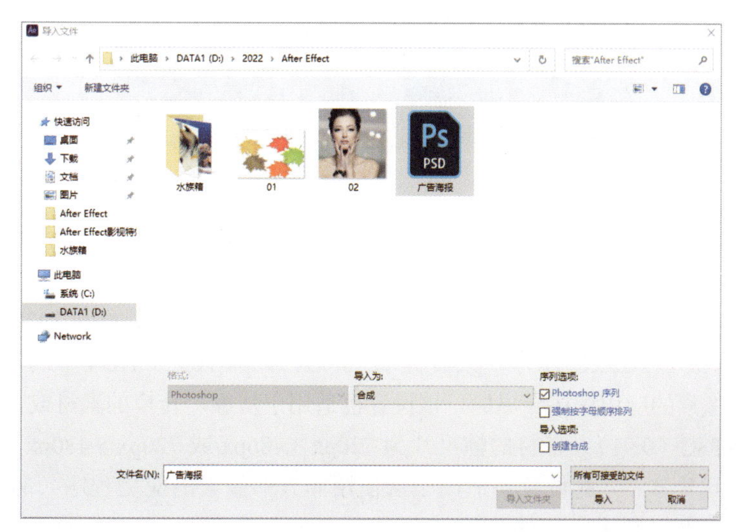

图 2-17 “导入文件”对话框

03 单击“导入”按钮，打开“广告海报.psd”对话框，在“导入种类”下拉列表中选择“合成”，选择“可编辑的图层样式”单选按钮，如图 2-18 所示，单击“确定”按钮，导入该文件并将其显示在“项目”面板中，如图 2-19 所示。

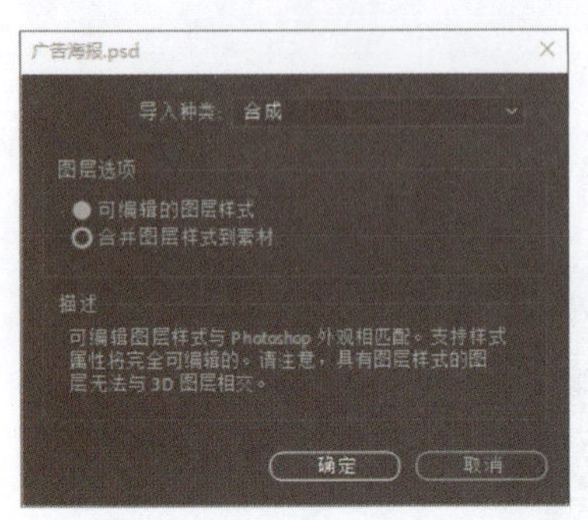

图 2-18 “广告海报.psd”对话框

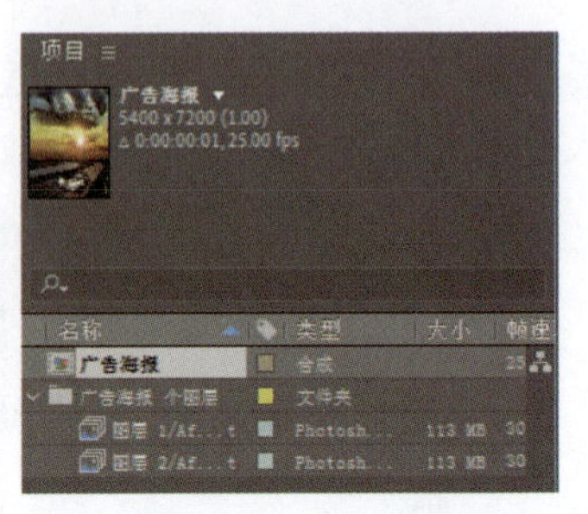

图 2-19 导入的分层素材

案例——导入纯色素材

01 在菜单栏中选择“文件”→“导入”→“纯色”命令，打开“纯色设置”对话框，如图 2-20 所示。

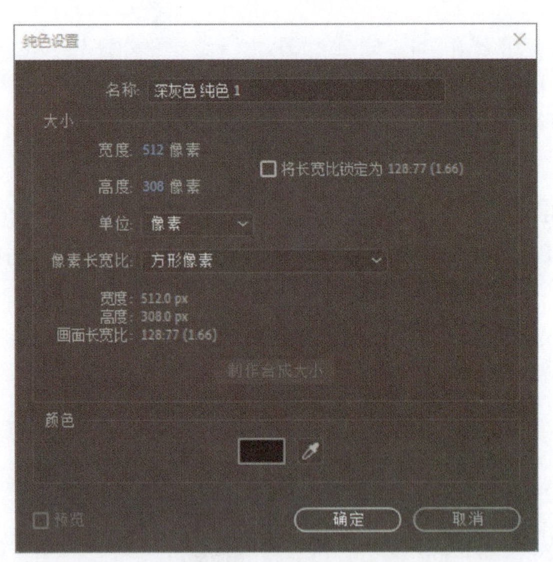

图 2-20 “纯色设置”对话框

像素长宽比是指图像中一个像素的宽度与高度之比。在“纯色设置”对话框中，“像素长宽比”下拉列表中的选项说明如下。

- 方形像素：素材的帧尺寸为 640px×480px 或 648px×486px，素材为 1920px×1080px HD（非 HDV 或 DVCPRO HD），或者为 1280px×720px HD 或 HDV，或者素材是从不支持非方形像素的应用程序导出的。该设置也适用于从影片转换的素材或自定义项目。
- D1/DV NTSC（0.91）：素材的帧尺寸为 720px×486px 或 720px×480px，并且所需结果的帧长宽比为 4∶3。此设置也适用于从使用非方形像素的应用程序（例如，3D 动画应用程序）导出的素材。

- D1/DV NTSC 宽银幕（1.21）：素材的帧尺寸为 720px×486px 或 720px×480px，并且所需结果的帧长宽比为 16:9。
- D1/DV PAL（1.09）：素材的帧尺寸为 720px×576px，并且所需结果的帧长宽比为 4:3。
- D1/DV PAL 宽银幕（1.46）：素材的帧尺寸为 720px×576px，并且所需结果的帧长宽比为 16:9。
- HDV 1080/DVCPRO HD 720（1.33）：素材的帧尺寸为 1440px×1080px 或 960px×720px，并且所需结果的帧长宽比为 16:9。
- DVCPRO HD 1080（1.5）：素材的帧尺寸为 1280px×1080px，并且所需结果的帧长宽比为 16:9。
- 变形 2:1（2）：使用变形胶片镜头拍摄的素材，或者从长宽比为 2:1 的胶片帧变形转换的素材。

02 设置“名称”为“红色”，设置“单位”为“像素”，将“宽度”设置为 800 像素，将“高度”设置为 500 像素。

03 单击“颜色”色块，打开“纯色”对话框，选中红色，如图 2-21 所示。单击“确定”按钮，返回“纯色设置”对话框，单击“确定”按钮，创建红色素材，如图 2-22 所示。

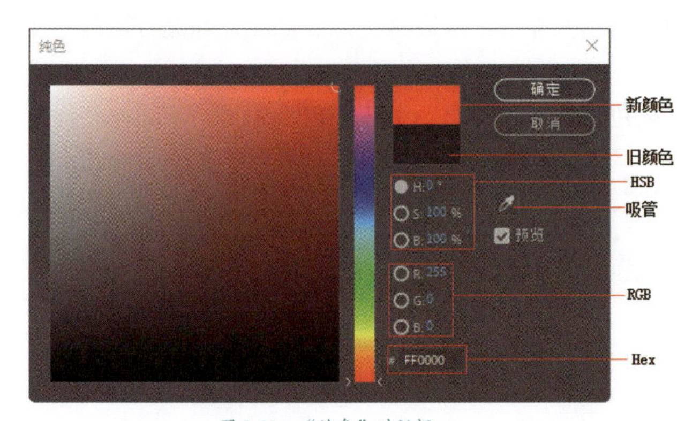

图 2-21　“纯色”对话框

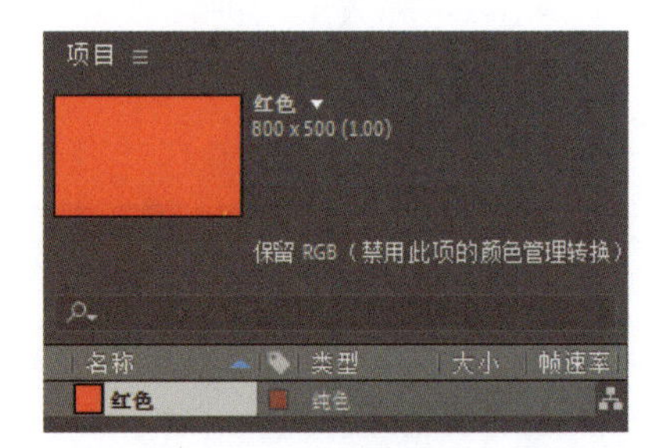

图 2-22　创建红色素材

在“纯色”对话框中可以使用其中一种颜色模型选中颜色，或者使用颜色滑块和色域选择颜色，圆形标记指示颜色在色谱中的位置。

- 吸管：单击“吸管”按钮，将鼠标指针移至要对其采样的像素上，“吸管”按钮旁边的色板会动态更改为使用吸管工具采集的颜色。
- 颜色滑块：沿颜色滑块拖动三角形，或者在颜色滑块内单击可调整色谱中所显示的颜色。
- 大方形色谱：在大方形色谱内单击或拖动，可以选择颜色。圆形标记指示颜色在色谱中的位置。
- HSB：对于 HSB，将色相（H）指定为与在色轮上的位置相对应的 0° ～ 360° 的角度。将饱和度（S）和亮度（B）指定为百分比（0% ～ 100%）。
  - H：在颜色滑块中显示所有色相。在颜色滑块中选择一种色相，会在大方形色谱中显示所选色相的饱和度和亮度，其中饱和度从左向右增加，亮度从下向上增加。
  - S：在大方形色谱中显示所有色相，其最高亮度位于大方形色谱顶端，其最低亮度位于大方形色谱底端。在颜色滑块中显示在色谱中选择的颜色，其最高饱和度位于颜色滑块顶端，其最低饱和度位于颜色滑块底端。

➢ B：在大方形色谱中显示所有色相，其最高饱和度位于大方形色谱顶端，其最低饱和度位于大方形色谱底端。在颜色滑块中显示在大方形色谱中选择的颜色，其最高亮度位于颜色滑块顶端，其最低亮度位于颜色滑块底端。

• RGB：通过对红色（R）、绿色（G）、蓝色（B）组件进行设置和叠加，可以得到各种各样的颜色。

➢ R：在颜色滑块中显示红色组件，其最高亮度位于颜色滑块顶端，其最低亮度位于颜色滑块底端。在将颜色滑块设置为最高亮度时，在大方形色谱中显示由绿色和蓝色组件创建的颜色。使用颜色滑块增加红色的亮度，可以将更多红色混合到大方形色谱所显示的颜色中。

➢ G：在颜色滑块中显示绿色组件，其最高亮度位于颜色滑块顶端，其最低亮度位于颜色滑块底端。在将颜色滑块设置为最高亮度时，在大方形色谱中显示由红色和蓝色组件创建的颜色。使用颜色滑块增加绿色的亮度，可以将更多绿色混合到大方形色谱所显示的颜色中。

➢ B：在颜色滑块中显示蓝色组件，其最高亮度位于颜色滑块顶端，其最低亮度位于颜色滑块底端。在将颜色滑块设置为最低亮度时，在大方形色谱中显示由绿色和红色组件创建的颜色。使用颜色滑块增加蓝色的亮度，可以将更多蓝色混合到大方形色谱所显示的颜色中。

• Hex：输入十六进制形式的值，取值范围为 #000000 ～ #FFFFFF。其中，#000000 代表黑色，#FFFFFF 代表白色。

任务三　合成

任务引入

老师提供给小白一些素材，要求他利用这些图片和视频完成一个广告，但是小白毫无头绪，不知道怎么开始，通过请教同学才知道，在 After Effects 中合成是一切工作的开始，它类似于 Flash Professional 中的影片剪辑或 Premiere Pro 中的序列，新建合成是学习 After Effects 的第一步。那么怎样才能新建合成或通过素材创建合成呢？

知识准备

一、新建合成

在制作一个动画或一个视频时，对图层的任何操作都是在合成中进行的，简单项目可能只包括一个合成，复杂项目可能包括数百个合成，用于组织大量素材或多个效果。

在菜单栏中选择“合成”→“新建合成”命令（组合键：Ctrl+N），或者在“合成”面板中单击“新建合成”按钮，或者在“项目”面板中单击“新建合成”按钮，打开“合成设置”对话框，如图 2-23 所示。

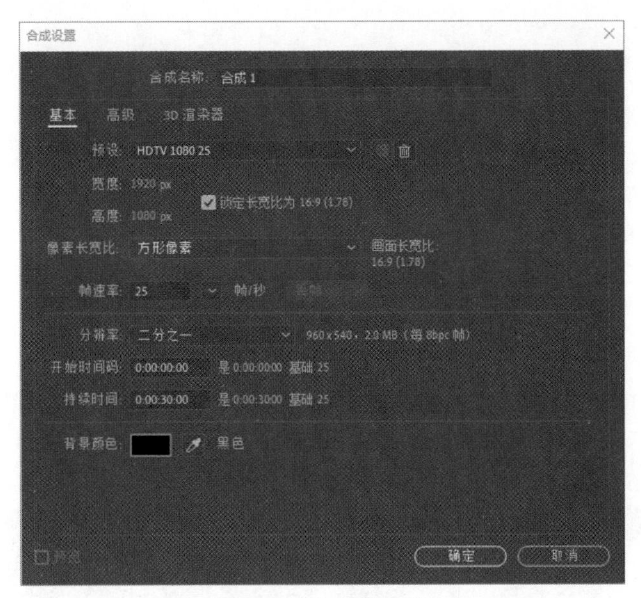

图 2-23 “合成设置”对话框

“合成设置”对话框中的主要参数如下。

- 帧速率：合成帧速率，主要用于确定每秒显示的帧数，以及确定在时间标尺和时间显示中如何将时间划分给帧。换而言之，合成帧速率主要用于指定每秒从源素材项目对图像进行多少次采样，以及在设置关键帧时依据的时间划分方法。合成帧速率通常由目标输出类型决定。例如，NTSC 视频的帧速率为 29.97 帧 / 秒（fps），PAL 视频的帧速率为 25fps，运动图片影片的帧速率通常为 24fps。DVD 视频的帧速率可以与 NTSC 视频或 PAL 视频的帧速率相同，也可以是 23.976fps。卡通、CD-ROM 视频和 Web 视频的帧速率通常为 10 ～ 15fps。
- 分辨率：渲染到源图像中的像素数比例。每个视图都有两个比例，一个针对水平维度，另一个针对垂直维度。每个合成都有自己的“分辨率”设置，在预览和最终输出渲染合成时会影响合成的图像质量。
  - ➢ 完整：渲染合成中的每个像素。此设置可提供最佳图像质量，但是渲染所需的时间最长。
  - ➢ 二分之一：渲染完整分辨率图像中包含的四分之一像素，即列的二分之一和行的二分之一。
  - ➢ 三分之一：渲染完整分辨率图像中包含的九分之一像素，即列的三分之一和行的三分之一。
  - ➢ 四分之一：渲染完整分辨率图像中包含的十六分之一像素，即列的四分之一和行的四分之一。
  - ➢ 自定义：以用户指定的分辨率渲染图像。
- 背景颜色：使用色板或吸管可选中合成背景颜色。在将一个合成添加到另一个合成中（嵌套）时，会保留作为包含方的合成的背景颜色，嵌套合成的背景会变为透明的。如果要保留嵌套合成的背景颜色，则需要创建一个纯色图层，并且将其作为嵌套合成中的背景图层。

案例——新建红色背景合成

01 在菜单栏中选择“合成”→“新建合成”命令（组合键：Ctrl+N），或者在“合成”面板中单击“新建合成”按钮，或者在“项目”面板中单击“新建合成”按钮，打开“合成设置”对话框，如图 2-24 所示。

02 在“合成名称”文本框中输入“红色背景合成”，设置“预设”为“PAL D1/DV”，系统会自动将“像素长宽比”修改为“D1/DV PAL（1.09）”，并且自动调整“高度”和“宽度”的值。

03 设置“分辨率”为“二分之一”，将“持续时间”设置为 20 秒。

04 单击“背景颜色”色块，打开“背景颜色”对话框，选中红色，单击“确定”按钮，返回到“合成设置”对话框，设置好的参数如图 2-25 所示。

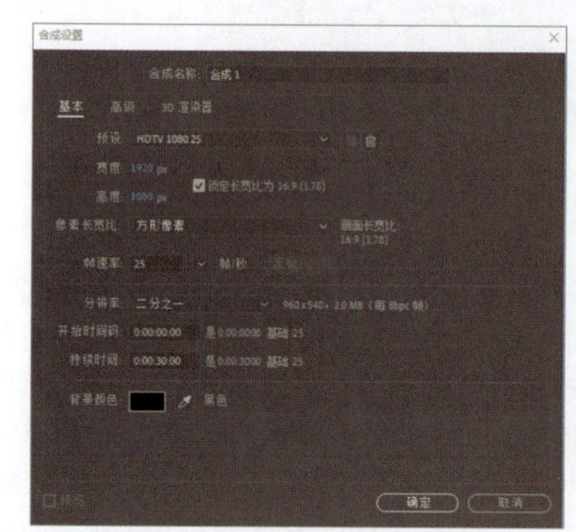

图 2-24 “合成设置”对话框

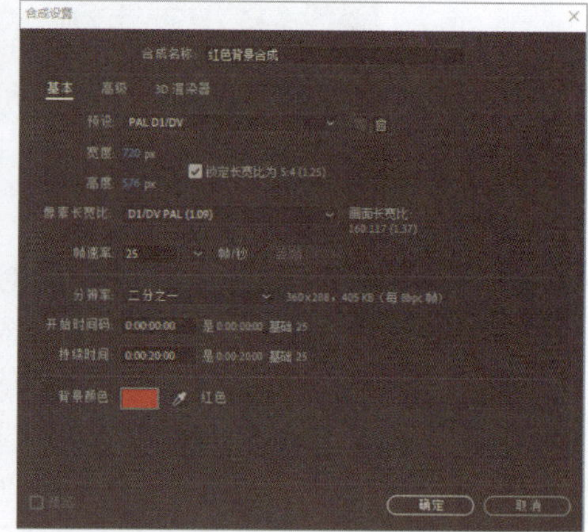

图 2-25 “合成设置”对话框中的参数设置

05 在“合成设置”对话框中单击“确定”按钮，创建红色背景合成，如图 2-26 所示。

图 2-26 红色背景合成

提示

在不更改“合成设置”对话框中参数设置的情况下创建合成，新合成会使用以前设置合成参数时的参数设置。

二、从素材新建合成

从素材新建合成有以下 3 种方法。

方法 1：直接从素材新建合成。

01 单击“合成”面板中的“从素材新建合成”按钮，打开“导入文件”对话框。

02 在“导入文件”对话框中选中“02.jpg”文件，单击“导入”按钮，选中的文件会作为合成被导入，并且在“时间轴”面板中显示，如图 2-27 所示。

图 2-27　直接从素材新建合成

方法 2：根据单个素材项目新建合成。

01 在菜单栏中选择“文件”→“导入”→“文件”命令（组合键：Ctrl+I），打开“导入文件”对话框，选中“02.jpg”文件，单击“导入”按钮，导入素材。

02 在“项目”面板中选中上一步导入的 02.jpg 文件，将其拖动到“项目”面板底端的“新建合成”按钮上，创建合成，如图 2-28 所示。包括帧尺寸（宽度和高度）和像素长宽比在内的合成设置会自动与素材项目的特性相匹配。

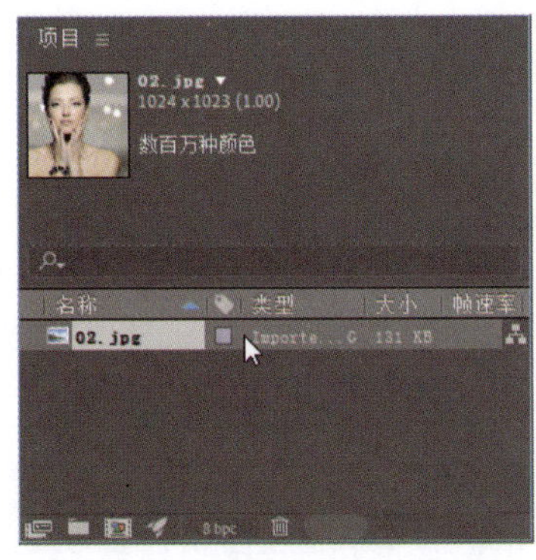

选中文件

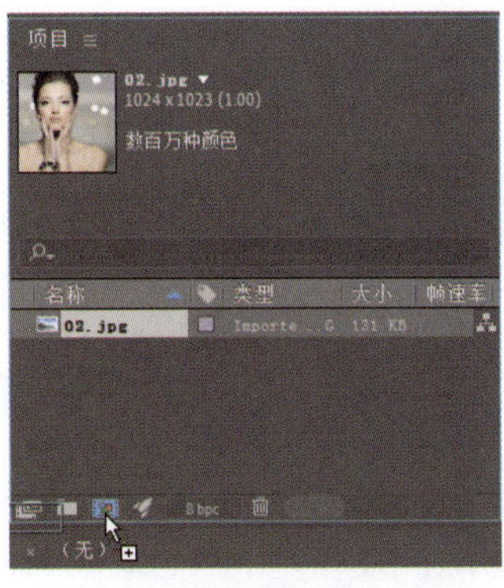

拖动文件

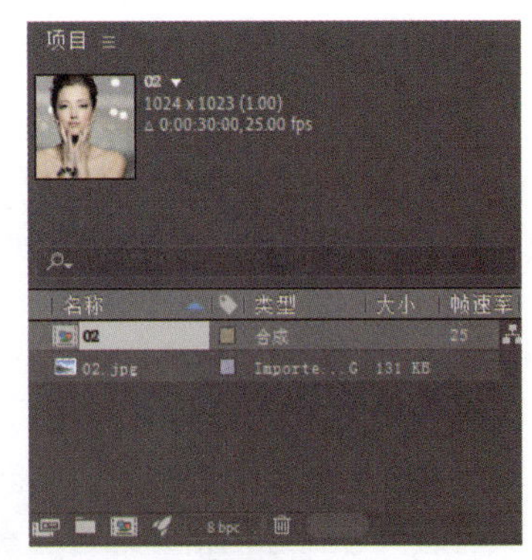

创建合成

图 2-28　根据单个素材项目新建合成

方法 3：根据多个素材项目新建合成。

01 在菜单栏中选择“文件”→“导入”→“文件”命令（组合键：Ctrl+I），打开“导入文件”对话框，选择“水族箱”文件夹中的“fish01.gif”～“fish06.gif”文件，单击“导入”按钮，导入多个素材。

02 在“项目”面板中框选上一步导入的所有文件，将其拖动到“项目”面板底端的“新建合成”按钮上，打开“基于所选项新建合成”对话框，如图 2-29 所示。

03 选择“单个合成”单选按钮，设置“使用尺寸来自”为“fish01.gif”，设置“静止持续时间”为 5 秒，其他参数采用默认设置，单击“确定”按钮，创建合成，如图 2-30 所示。

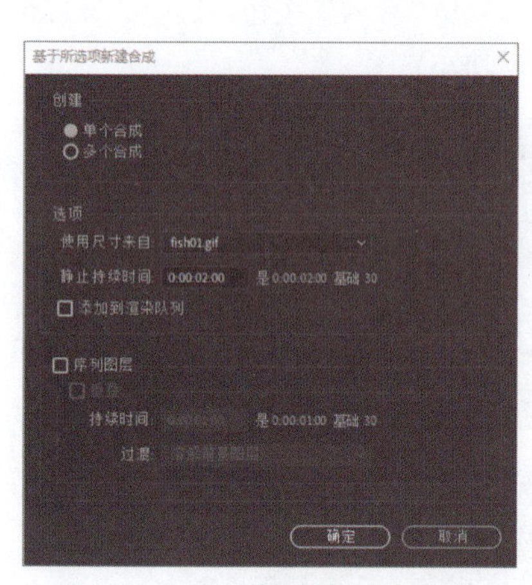

图 2-29 “基于所选项新建合成”对话框

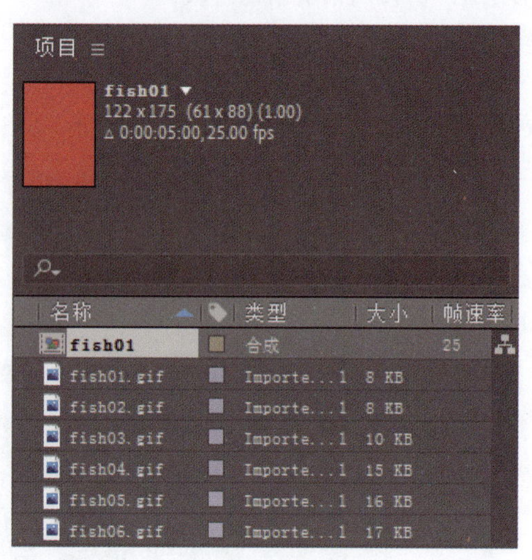

图 2-30 根据多个素材项目新建合成

“基于所选项新建合成”对话框中的主要参数如下。

- 创建：如果选择“单个合成”单选按钮，那么将所有素材项目创建为单个合成；如果选择“多个合成”单选按钮，那么将所有素材项目分别创建为合成。
- 使用尺寸来自：选择新合成从中获取合成设置（包括帧尺寸和像素长宽比）的素材项目。
- 静止持续时间：将要添加的静止图像的持续时间。
- 添加到渲染队列：将新合成添加到渲染队列中。
- 序列图层：按顺序排列图层，可以选择使其在时间上重叠，设置过渡的持续时间及选择过渡类型。

任务四　辅助功能

任务引入

小白将素材导入项目中并创建了新的合成，可是导入的素材在“合成”面板中的位置不是很合理，怎么才能精确地定位素材的位置呢？小白想到在 Photoshop 中可以通过标尺、参考线来定位图片的位置，那么在 After Effects 中如何打开标尺、参考线呢？

知识准备

一、网格

网格可以帮助用户精确地定位位置。

在菜单栏中选择“视图”→“显示网格”命令（组合键：Ctrl+'），可以在“合成”面板中的素材上显示网格，如图 2-31 所示。

在菜单栏中选择“视图”→“对齐网格”命令（组合键：Ctrl+Shift+'），移动图像，系统会自动寻找网格边缘，使得图像与网格对齐，如图 2-32 所示。

图 2-31 显示网格

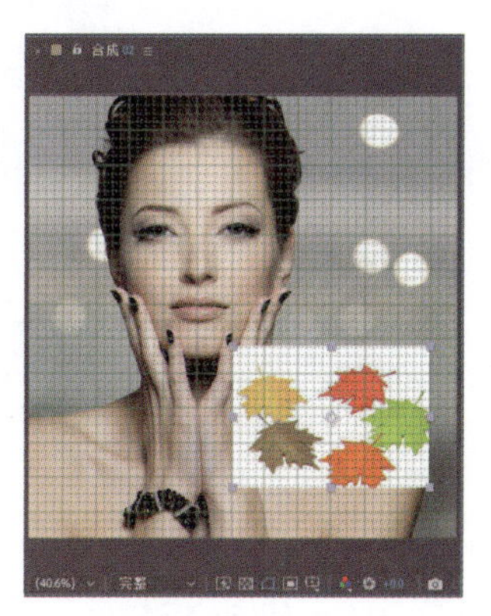

图 2-32 对齐网格

在菜单栏中取消选择“视图”→“显示网格”命令（组合键：Ctrl+'），则“合成”面板中的素材上不显示网格。

二、标尺和参考线

在使用 After Effects 进行特效剪辑的时候，往往会借助到该软件的标尺或者参考线。

1. 标尺

在菜单栏中选择“视图”→“显示标尺”命令（组合键：Ctrl+R），则“合成”面板中将显示标尺，如图 2-33 所示。

图 2-33 显示标尺

在菜单栏中取消选择“视图”→“显示标尺”命令（组合键：Ctrl+R），则“合成”面板中将不显示标尺。

2. 参考线

在菜单栏中选择“视图”→“显示参考线”命令（快捷键：Ctrl+;），则“合成”面板中将显示参考线，如图 2-34 所示。

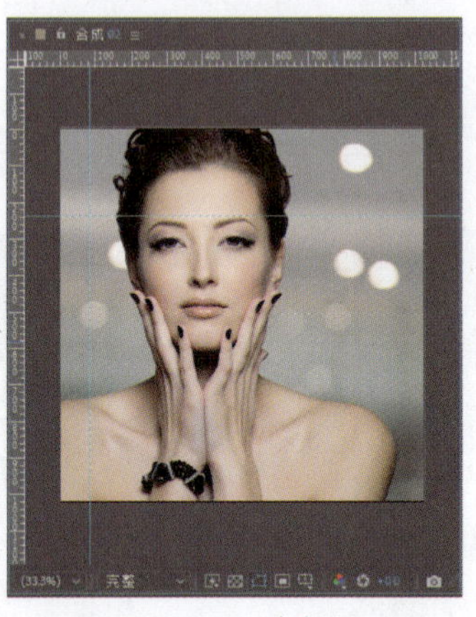

图 2-34　显示参考线

在从水平标尺拖移时，鼠标指针变成双箭头，当拖到适当的位置，便可以在鼠标指针所在位置创建水平参考线，如图 2-35 所示。

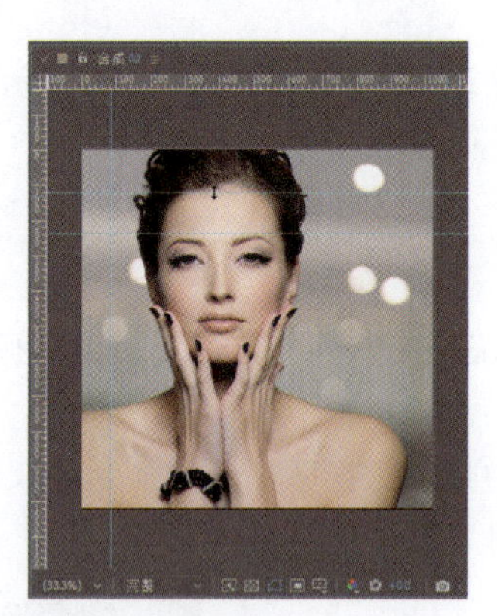

图 2-35　创建水平参考线

采用相同的方法，从垂直标尺拖移到适当位置，便可以在鼠标指针所在位置创建垂直参考线。

按住 Shift 键并从水平或垂直标尺拖动，可以创建与标尺刻度对齐的参考线。

在菜单栏中取消选择“视图”→“显示参考线”命令（组合键：Ctrl+;），则“合成”面板中将不显示参考线。

在菜单栏中选择“视图”→“清除参考线”命令，可以清除“合成”面板中的所有参考线。

三、安全框

安全框是画面中可以被用户看到的范围，安全框以外的部分，电视设备将不显示；安全框以内的部分，可以保证被完全显示。

在“合成”面板中单击“选择网格和参考线选项”，在打开的菜单中选择“标题 / 动作安全”选项，可以在“合成”面板中显示安全框，如图 2-36 所示。

图 2-36　显示安全框

再次选择“标题 / 动作安全”选项，即不选中该选项，则“合成”面板中将不显示安全框。

四、目标区域

如果只想导出视频中的某个区域，可以使用目标区域来实现。

（1）在“合成”面板的预览窗口下面单击“目标区域”按钮，选中后该按钮会变成蓝色的按钮。

（2）拖动鼠标在预览窗口中画出一个矩形，框选出一个目标区域，如图 2-37 所示。

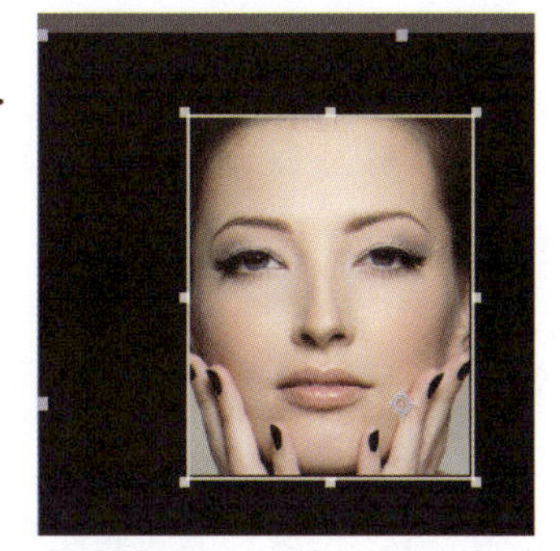

图 2-37　创建目标区域

（3）把鼠标指针放到这个区域的边框线上，拖动边框，调整区域的大小，如图 2-38 所示。

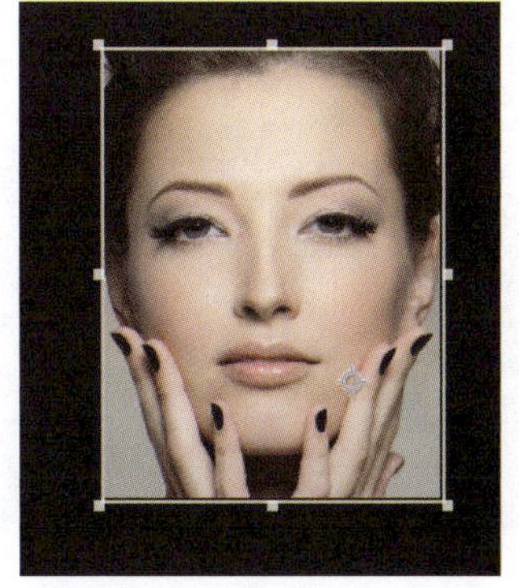

图 2-38　调整目标区域

再次单击“目标区域”按钮▣，该按钮变成白色，表示不显示目标区域。

项目总结

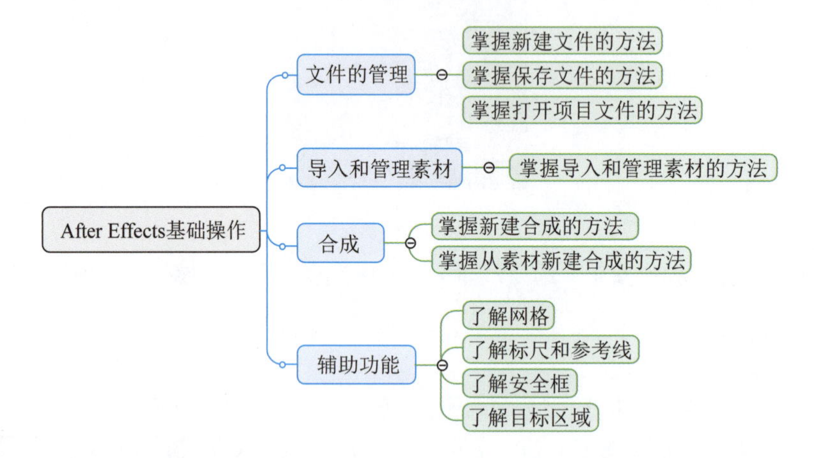

项目实战

实战一　导入图片并创建合成

01 在菜单栏中选择“文件”→“导入”→“文件”命令（组合键：Ctrl+I），打开“导入文件”对话框。

02 在“导入文件”对话框中选择“蝴蝶.gif”文件，勾选“创建合成”复选框，单击“导入”按钮，导入图片并创建合成，如图2-39所示。

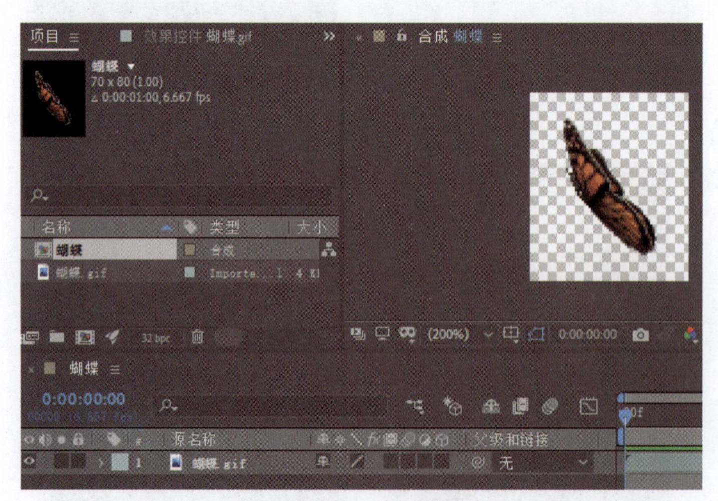

图2-39　导入图片并创建合成

实战二　导入蓝色素材

01 在菜单栏中选择“文件”→“导入”→“纯色”命令，打开“纯色设置”对话框。设置“名称”为“蓝色”，设置“单位”为“像素”，设置“像素长宽比”为“D1/DV PAL 宽银幕（1.46）”，将“宽度”设置为“1920 像素”，将“高度”设置为“1080 像素”，勾选“将长宽比锁定为 16:9（1.78）”复选框，如图 2-40 所示。

02 单击“颜色”色块，打开“纯色”对话框，选中蓝色，单击“确定”按钮，返回“纯色设置”对话框，再单击“确定”按钮，创建蓝色素材，如图 2-41 所示。

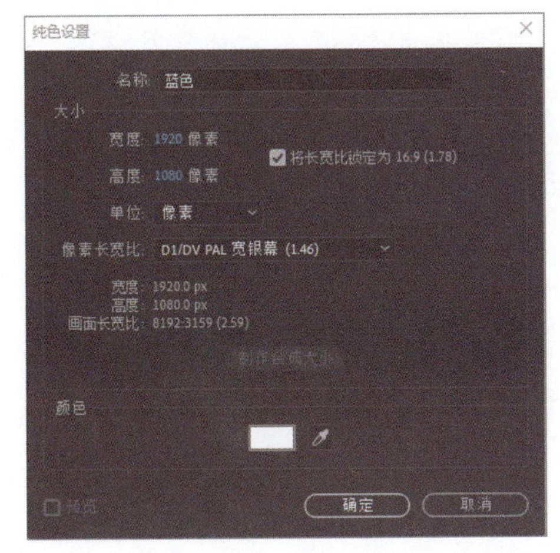

图 2-40　“纯色设置”对话框

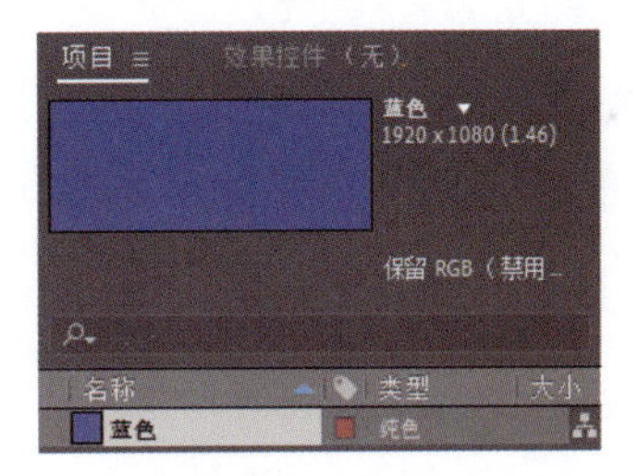

图 2-41　蓝色素材

项目三 图层

思政目标

- 培养职业责任心，树立正确的价值观念。
- 树立心系社会并有时代担当的精神追求。

技能目标

- 能够进行图层的选择、复制、粘贴和重命名操作。
- 能够对图层的顺序进行调整。
- 能够修改图层属性并为其更改动画设置。
- 能够修改图层的混合模式。

项目导读

图层是After Effects的重要组成部分，几乎所有的特效及动画都是在图层中完成的。

本项目主要讲解图层的类型、图层的基本操作、图层属性和图层样式，使读者掌握各种图层的使用方法。

任务一　图层的类型

任务引入

小白已经对合成有所了解和掌握，并且已将素材导入并创建了合成，他发现导入的素材会在合成中自动创建成图层。那么在 After Effects 中常用的图层有哪些呢？如何根据作品需求创建不同的图层呢？

知识准备

典型的合成包括代表视频和音频的素材项目、动画文本、矢量图形、静止图像、光等组件的多个图层。

在 After Effects 中常用的图层有文本图层、纯色图层、灯光图层、摄像机图层、空对象图层、形状图层和调整图层等，如图 3-1 所示。

（1）文本图层：可以为作品添加文字效果，例如，字幕、解说等。在文本图层中可以调整文字的大小和对齐方式、文字的间距和字距以及颜色等。

（2）纯色图层：常用于制作纯色背景效果。如果没有纯色图层，背景是透明的，它的本质是一个载体，类似于 Photoshop 中的新建图层。它还可以遮罩其他图层或者混合样式。

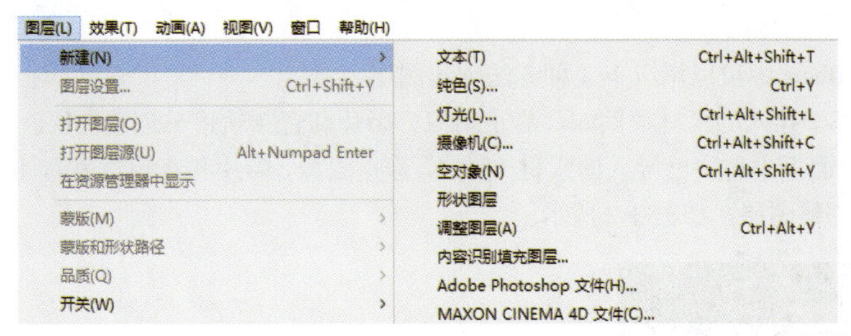

图 3-1　图层的类型

（3）灯光图层：主要用于模拟真实的灯光、阴影等，使视频的层次感更强。灯光图层有以下 4 个类型。

- 点光源：直接光源，即只在一个点（位置）发射灯光，就像一个灯泡。灯光图层作用于 360°。
- 聚光灯：聚光灯也称为筒灯，它的光有方向性，可以通过调节光源的范围增大光线的影响范围。
- 环境光：环境光是一个通用光源，环境光没有衰减，亮度可以作用于整个场景。
- 平行光：平行光有点像聚光灯和环境光的混合，平行光能投射到整个构图，但是只能向一个方向投射。

（4）摄像机图层：主要用于三维合成制作中，控制合成时的最终视角，通过对摄像机设置动画可模拟三维镜头运动。

（5）空对象图层：空对象除了一个定点框之外什么也没有，在渲染的时候也不会被渲染，它同时控制多个图层进行整体变换。

（6）形状图层：该图层是 After Effects 中最重要的图层之一，主要通过形状工具或者钢笔工具创建各种形状。

（7）调整图层：其工作原理类似于固态层，它是一个空白的图像，当放在另一个图层上时，通过该图层添加效果，可以使该图层下方的所有图层共同享有添加的效果。如果在调整图层绘制蒙版，只会影响它下面图层重叠的区域。

任务二　图层的基本操作

任务引入

小白已经对 After Effects 中常用的图层有所了解，那么创建图层有哪些方法呢？如何选择图层？如何调整图层的顺序呢？

知识准备

图层的基本操作包括新建图层、选择图层、复制图层、重命名图层、调整图层的顺序、隐藏、显示和删除图层等。

1. 新建图层

在 After Effects 中可以用以下 3 种方法创建图层。

方法 1：基于导入的素材（例如，静止图像、影片和音频轨道）创建图层。

在“项目”面板中选中已导入的素材（例如，静止图像、影片和音频轨道），将其拖动到“时间轴”面板中创建图层，如图 3-2 所示。

选中文件

拖动到“时间轴”面板中

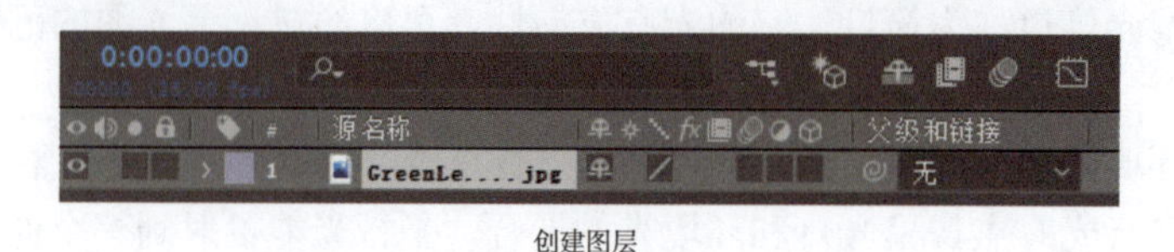

创建图层

图 3-2　基于导入的素材创建图层

方法 2：通过菜单命令创建图层。

下面以创建纯色图层为例来介绍通过菜单命令创建图层的具体步骤。

（1）在菜单栏中选择“图层”→“新建”→“纯色”命令（组合键：Ctrl+Y），打开“纯色设置”对话框，设置相应的参数，如图 3-3 所示，单击“确定”按钮，创建纯色图层，如图 3-4 所示。

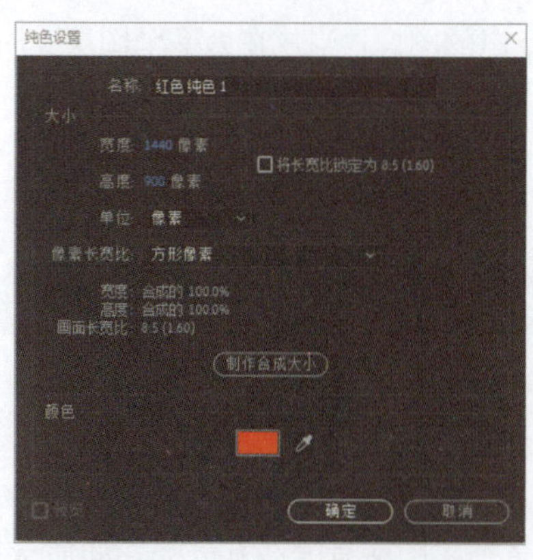

图 3-3　“纯色设置”对话框

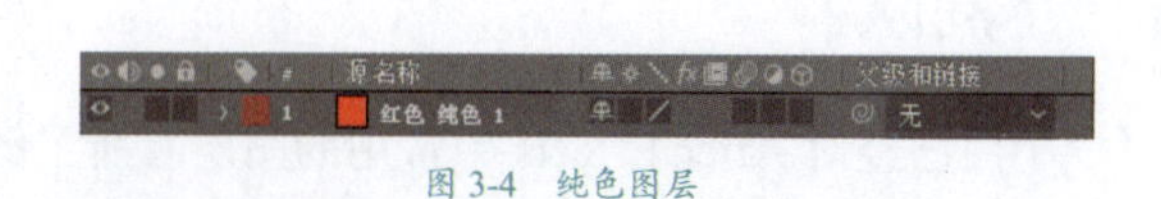

图 3-4　纯色图层

（2）创建可视元素的合成图层，例如，形状图层和文本图层。

（3）创建用于执行特殊功能的图层，例如，摄像机图层、灯光图层、调整图层和空对象图层。

方法 3：通过“时间轴”面板创建图层。

在“时间轴”面板上右击，在弹出的快捷菜单中选择相应的命令，如图 3-5 所示，即可创建图层。

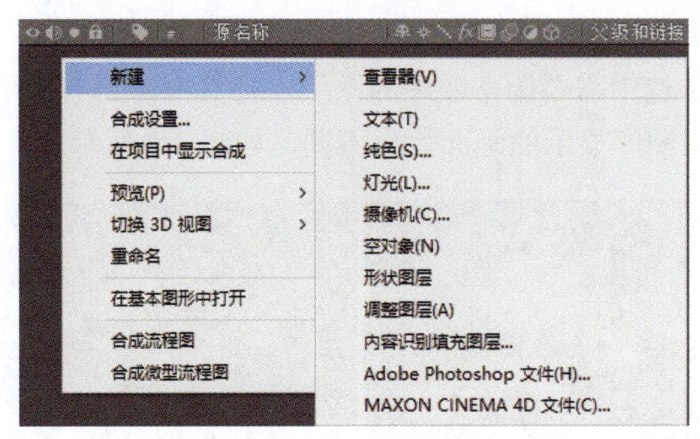

图 3-5　快捷菜单

2. 选择图层

用户可以通过以下 4 种方法选择图层。

方法 1：在“时间轴”面板中单击图层名称，即可选中相应的图层。

方法 2：在主键盘右侧的小键盘上按图层对应的数字，即可选中相应的图层。

方法 3：在“合成”面板中单击图层，即可选中相应的图层。

方法 4：在“时间轴”面板中框选所需的多个图层；或者按住 Ctrl 键依次选中多个图层；或者按住 Shift 键依次选中开始图层和结束图层，即可选中这两个图层之间的所有图层。

3. 复制图层与创建图层副本

（1）复制图层。在“时间轴”面板中选中要复制的图层，按组合键 Ctrl+C，再按组合键 Ctrl+V，即可复制得到一个新图层，图层序号顺排。

（2）创建图层副本。在“时间轴”面板中选中要复制的图层，按组合键 Ctrl+D，即可得到该图层的副本。

4. 重命名图层

方法 1：在“时间轴”面板中选中要重命名的图层，按主键盘上的 Enter 键，使图层名称处于可编辑状态，输入新的名称，再次按 Enter 键或单击其他位置确认，即可完成图层的重命名操作，如图 3-6 所示。

方法 2：在“时间轴”面板中选中要重命名的图层并右击，在弹出的快捷菜单中选择“重命名”命令，如图 3-7 所示，使图层名称处于可编辑状态，输入新的名称，再次按 Enter 键或单击其他位置确认，即可完成图层的重命名操作。

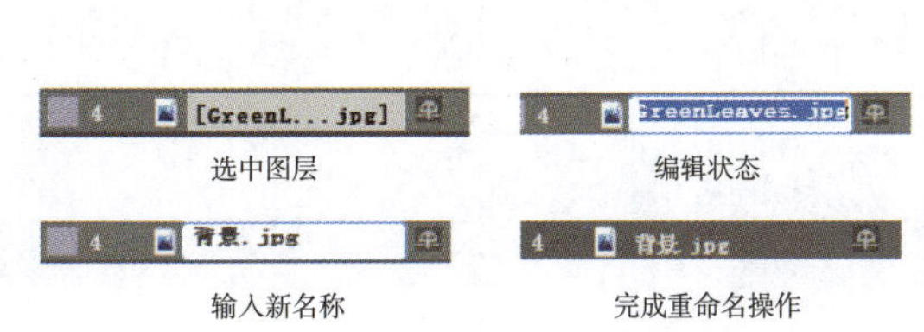

图 3-6　重命名图层的过程

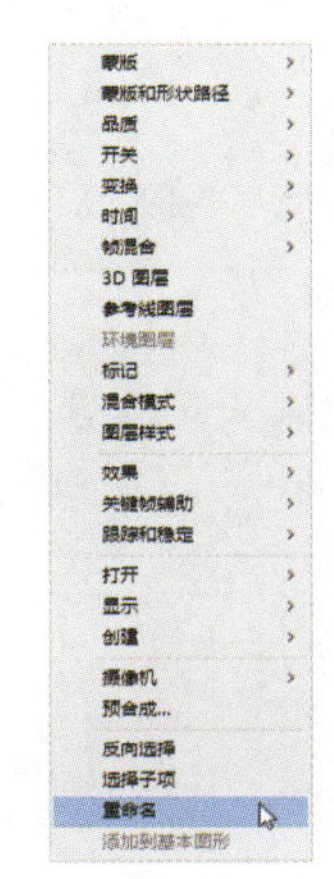

图 3-7　选择“重命名”命令

5. 调整图层的顺序

在“时间轴”面板中选中需要调整顺序的图层，将其拖动到某个图层的上方或下方，即可调整其顺序，不同的图层顺序显示的画面效果不同，如图 3-8 所示。

图 3-8　调整图层的顺序

6. 隐藏、显示和删除图层

（1）隐藏和显示图层。

单击图层左侧的按钮，按钮变成后，即可隐藏图层。单击按钮，按钮变成后，即可显示图层。“合成”面板中的素材会随着图层的隐藏与显示发生变化，如图 3-9 所示。

（2）删除图层。

在“时间轴”面板中选中要删除的一个或多个图层，按 Backspace 键或 Delete 键，即可删除选中的图层。

图 3-9　隐藏和显示图层

案例——五色花环

本案例绘制一个五色花环，并且对操作步骤进行详细讲解，使读者熟练掌握图层的创建、复制、重命名、顺序调整等基本操作。

01 在菜单栏中选择“合成”→“新建合成”命令（组合键：Ctrl+N），或者在“合成”面板中单击“新建合成”按钮，或者在“项目”面板中单击“新建合成”按钮，打开“合成设置”对话框。

02 在“合成设置”对话框中取消勾选“锁定长宽比为”复选框，设置“像素长宽比”为“方形像素”，设置“宽度”为“500px”、“高度”为“500px”，单击“颜色”色块，打开“背景颜色”对话框，设置颜色的RGB值为（255，255，255），单击“确定”按钮，返回“合成设置”对话框，其他参数采用默认设置，单击“确定”按钮，新建合成。

03 在菜单栏中选择“图层”→“新建”→“形状图层”命令，创建“形状图层1”图层，如图3-10所示。

图3-10　创建“形状图层1”图层

04 在“时间轴”面板中选中上一步创建的“形状图层1”图层，按Enter键，将该图层重命名为“红色圆”，再次按Enter键确认。

05 在工具栏中单击形状工具组中的“椭圆工具”按钮，单击工具栏中的“填充”字样，打开“填充选项”对话框，选择“纯色”选项，如图3-11所示，单击“确定”按钮。单击工具栏中的“填充颜色”色块，打开“形状填充颜色”对话框，设置颜色的RGB值为（255，0，0），如图3-12所示，单击“确定”按钮。

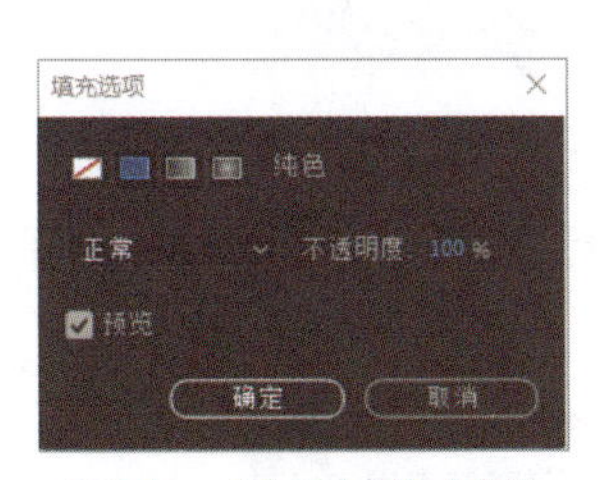

图3-11　“填充选项”对话框

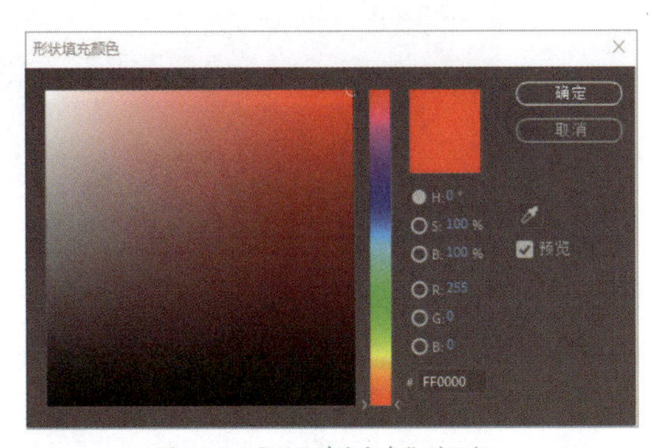

图3-12　“形状填充颜色”对话框

06 单击工具栏中的“描边”字样，打开“描边选项”对话框，选择“无”选项，如图3-13所示，单击“确定”按钮。

07 在“合成”面板中的适当位置绘制一个椭圆，并且在“时间轴”面板中单击椭圆名称左侧的节点按钮显示图形的属性，如图3-14所示。

08 在“时间轴”面板中“红色圆”图层的“内容”→“椭圆1”→“椭圆路径1”节点下的“大小”属性中，单击取消激活“约束比例”按钮，设置“大小”为“100.0,100.0”，表示设置椭圆的长轴和短轴都为100px，即将椭圆设置为直径为100px的圆，如图3-15所示。

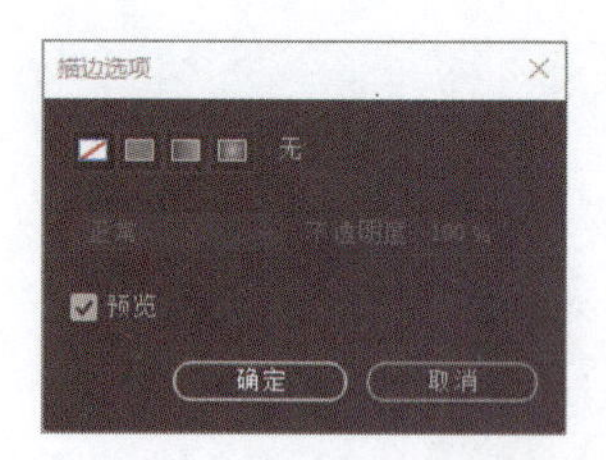

图 3-13 “描边选项”对话框

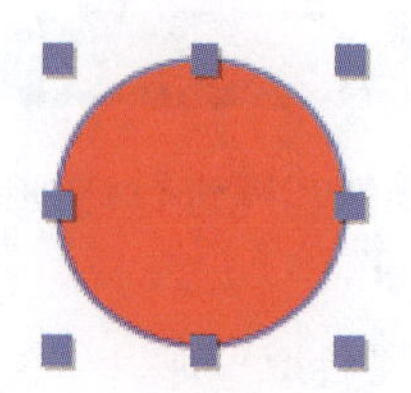

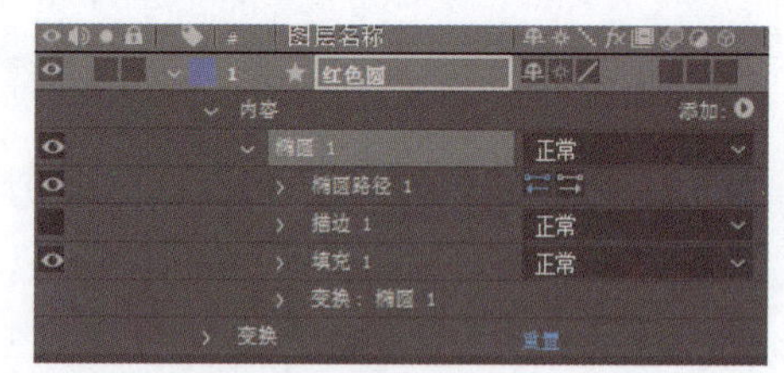

图 3-14 椭圆及其属性

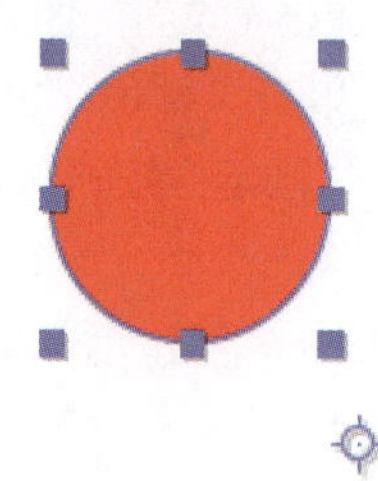

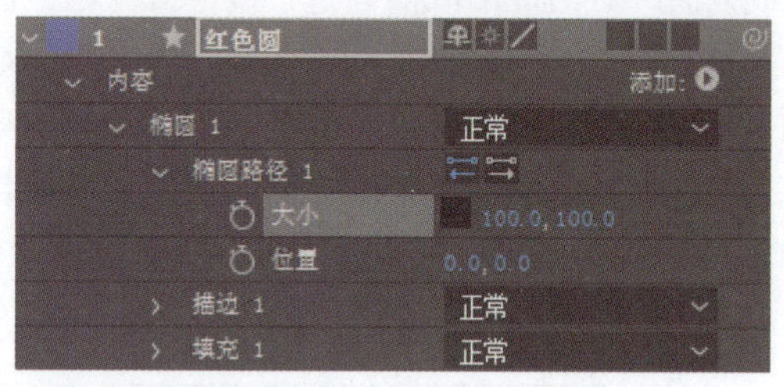

图 3-15 更改椭圆属性

提示

在绘制椭圆时按住 Shift 键可绘制圆。

09 在“时间轴”面板中选中“红色圆”图层，按组合键 Ctrl+C，再按 4 次组合键 Ctrl+V，可将该图层复制 4 次，如图 3-16 所示。

#	图层名称	父级和链接
1	红色圆 5	无
2	红色圆 4	无
3	红色圆 3	无
4	红色圆 2	无
5	红色圆	无

图 3-16 复制图层

10 在“时间轴”面板中分别选中复制后的图层，按主键盘上的 Enter 键，分别将其重命名为“黄色圆”“绿色圆”“蓝色圆”“粉色圆”，如图 3-17 所示。

#	图层名称	父级和链接
1	粉色圆	无
2	蓝色圆	无
3	绿色圆	无
4	黄色圆	无
5	红色圆	无

图 3-17 更改图层名称

11 在“时间轴”面板中选中“黄色圆”图层，单击工具栏中的“填充颜色”色块，打开“形状填充颜色”对话框，设置颜色为黄色，单击“确定”按钮，完成对“黄色圆”图层的填充颜色的设置；采用相同的方法，分别对“绿色圆”图层、“蓝色圆”图层、“粉色圆”图层的填充颜色进行设置。

12 在“时间轴”面板中选中“黄色圆”图层，单击工具栏中的“选取工具”按钮，拖动“黄色圆”到适当的位置。采用相同的方法，移动其他图层的圆到适当的位置，如图 3-18 所示。

图 3-18　移动圆到适当的位置

13 选中“粉色圆”图层，将其拖到所有图层的下方。采用相同的方法，调整其他图层的位置，如图 3-19 所示。

图 3-19　调整图层的位置

14 在菜单栏中选择“文件”→“保存”命令（组合键：Ctrl+S），打开“另存为”对话框，设置保存路径，设置文件名为“五色花环”，单击“保存”按钮，保存项目。

任务三　图层属性

任务引入

小白已经将素材导入，并根据需要创建了图层，接下来他想更改上一图层的透明度以显示下一图层的图像，还想把各个素材分别放置在背景图像的不同位置以得到所需的效果。那么应该如何更改图层的透明度呢？如何调整图层的位置呢？

知识准备

每个图层都具有属性，用户可以修改其属性并为其添加动画效果。

每个图层都具有一个基本属性组，单击图层名称或属性组名称左侧的节点按钮，即可展开基本属性组，如图 3-20 所示。

用户可以通过快捷键设置仅显示特定属性或属性组。例如，在属性组折叠的状态下按 R 键，即可仅显示“旋转”属性，如图 3-21 所示。

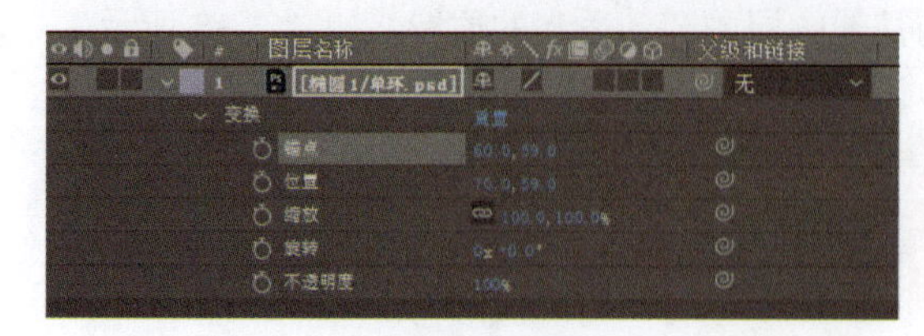

图 3-20 展开基本属性组

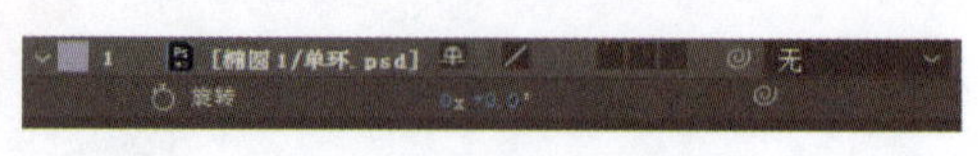

图 3-21 仅显示“旋转”属性

另外，也可以在菜单栏中选择“图层”→“变换”下的子命令来设置图层属性，如图 3-22 所示。

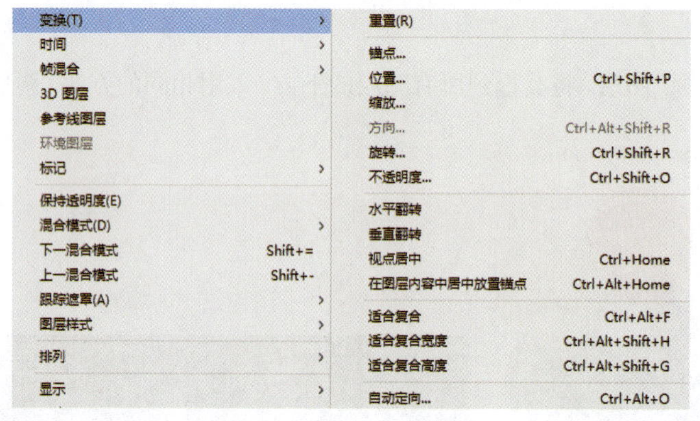

图 3-22 “变换”下的子命令

- 重置：将属性组中的属性重置为默认值。如果要重置单个属性，那么右击属性名称，在弹出的快捷菜单中选择“重置”命令。
- 锚点：主要用于控制素材的旋转中心，即素材的旋转中心点的位置。
- 位置：主要用于控制素材在“合成”面板中的相应位置，为了获得更好的效果，可结合应用“位置”和“锚点”参数。
- 缩放：主要用于控制素材的大小，可以通过拖动的方法改变素材的大小，也可以通过修改参数的方法改变素材的大小。在“合成”面板中按住 Shift 键并拖动任意一个图层手柄，即可按比例缩放图层；直接拖动边角图层手柄可以自由缩放图层；拖动一侧的图层手柄则仅可以缩放一个维度。
- 旋转：主要用于控制素材的旋转角度，根据定位点的位置，使用“旋转”属性，可以使素材产生相应的旋转变化。
- 不透明度：主要用于控制素材的透明度。
- 水平 / 垂直翻转：将图层“缩放”属性值的水平或垂直组件乘 -1，图层会围绕其锚点翻转。将锚点从图层的中心移开，在翻转图层时，图层可能会移动。
- 在图层内容中居中放置锚点：执行此命令，可以将形状图层的锚点设置为单个形状的中心或形状图层中一组形状的中心；可以将文本图层的锚点设置为文本内容的中心；还可以将图层的锚点设置为蒙蔽区域内可见区域的中心。

用户可以通过以下几种方式设置属性值。

- 将鼠标指针置于带下画线的值上，向左或向右拖动。

- 单击带下画线的值，输入新值，按 Enter 键。
- 右击带下画线的值，在弹出的快捷菜单中选择“编辑值”命令。
- 向左或向右拖动滑块。
- 单击角度控件中的一点，或拖动角度控制线。
- 要将属性值增加或减少 1 个单位，单击带下画线的值，按 ↑ 键或 ↓ 键。如果要增加或减少 10 个单位，那么在按 ↑ 键或 ↓ 键时按住 Shift 键；如果要增加或减少 0.1 个单位，那么在按 ↑ 键或 ↓ 键时按住 Ctrl 键。

案例——金鱼吐泡泡

本案例绘制金鱼吐泡泡，并且对操作步骤进行详细讲解，使读者熟练掌握图层的位置移动、缩放等操作。

01 在菜单栏中选择“文件”→“导入”→“文件”命令（组合键：Ctrl+I），打开“导入文件”对话框，选中“金鱼.jpg”文件，勾选“创建合成”复选框，单击“导入”按钮，导入素材并创建合成，系统会采用素材名称作为合成名称。

02 选中上一步创建的合成，按主键盘上的 Enter 键，将其重命名为“金鱼吐泡泡”，再次按 Enter 键或单击其他位置确认。

03 在菜单栏中选择“图层”→“新建”→“形状图层”命令，创建一个形状图层，将其重命名为“泡泡”。

04 单击工具栏上的形状工具组中的“椭圆工具”按钮，在工具栏中单击“填充”字样，打开“填充选项”对话框，设置“填充”为“径向渐变”，单击“确定”按钮。在工具栏中单击“填充颜色”色块，打开“渐变编辑器”对话框，单击左侧下方的色标，设置颜色值为 #A2F2F9，如图 3-23 所示；单击左侧上方的不透明度色标，设置“不透明度”为 80%，如图 3-24 所示。

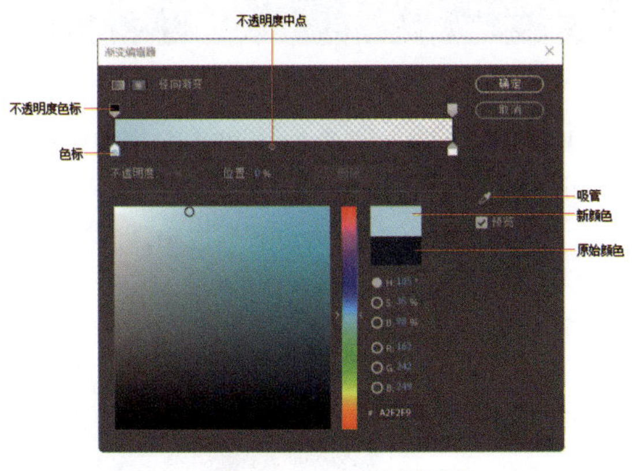

图 3-23 设置“填充颜色”

图 3-24 设置“不透明度”

提示

渐变由色标和不透明度色标定义。每个色标都具有一个渐变位置，以及颜色或不透明度值。在色标之间插入值。在默认情况下，插值是线性的，可以拖动两个色标之间的不透明度中点或颜色中点改变插值。

05 单击右侧下方的色标，设置颜色值为 #FFFFFF；单击右侧上方的不透明度色标，设置“不透明度”为“20%”，单击“确定”按钮。

06 设置“描边”为纯色、“描边颜色”的值为 #FFFFFF、“描边大小”为“1 像素”。

07 在金鱼嘴部的适当位置按住 Shift 键绘制一个圆，如图 3-25 所示。

图 3-25　绘制一个圆

08 单击工具栏中的“选取工具”按钮（快捷键：V），在“时间轴”面板中展开“泡泡”图层的“内容”→“椭圆 1”→“椭圆路径 1”节点，设置“大小”为“20”，在“描边 1”节点下设置“不透明度”为“50%”，在“渐变填充 1”节点下设置“结束点”为（17.0,10.0）、“高光角度”为“0x-120.0°”、“不透明度”为“80%”，如图 3-26 所示。

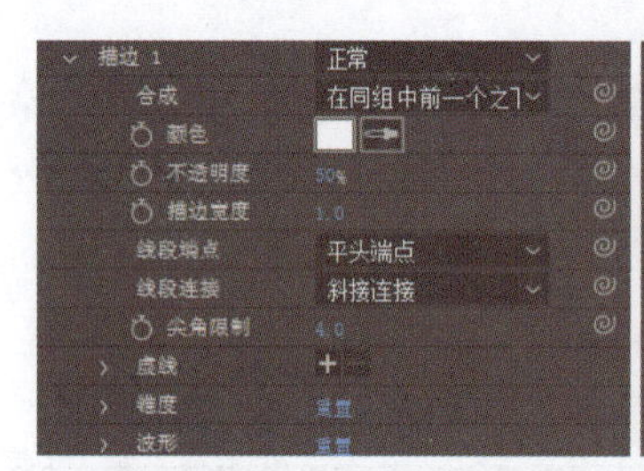

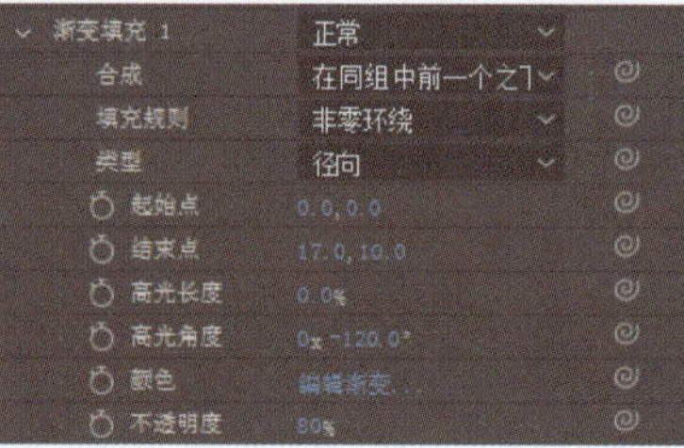

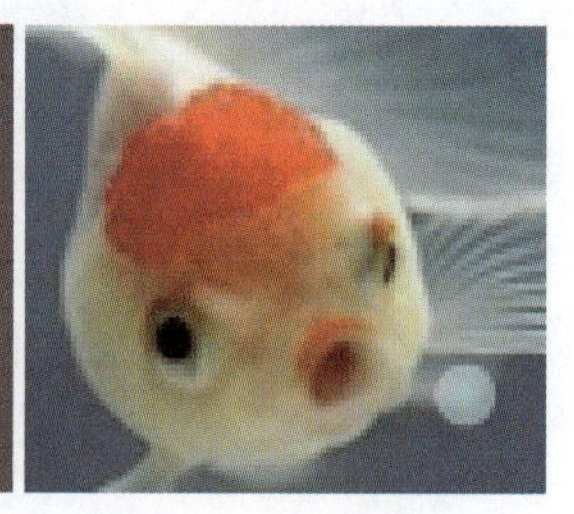

图 3-26　设置图形参数

09 在工具栏中单击形状工具组中的“椭圆工具”按钮，按住 Shift 键，在步骤 7 绘制的圆上绘制一个小圆（“大小”为“3.0,3.0”），如图 3-27 所示。

10 在“时间轴”面板中单击“泡泡”图层的“变换”节点下的“位置”选项，在数值上按住鼠标左键并拖动，从而调整该图层的位置，也可以直接输入数值调整该图层的位置（第一个数值表示沿水平方向调整位置，第二个数值表示沿竖直方向调整位置），如图 3-28 所示。

图 3-27　绘制一个小圆

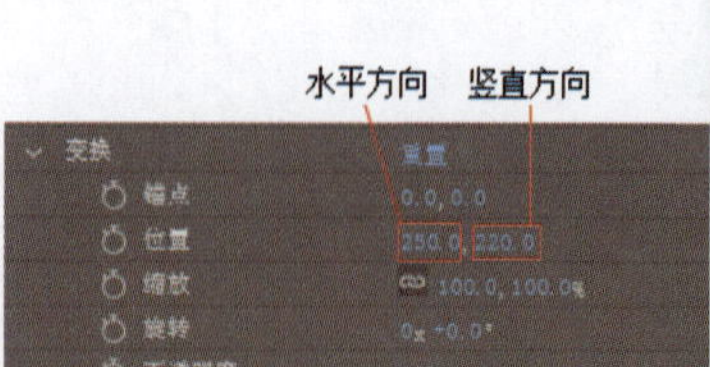

图 3-28　调整“泡泡”图层的位置

11 在“时间轴”面板中选中“泡泡”图层，按组合键Ctrl+C，再按组合键Ctrl+V，复制图层，采用默认名称“泡泡2”。

12 在“时间轴”面板中，选中“泡泡2”图层的“内容”节点下的“椭圆2”选项，按Delete键将其删除；在“变换”节点下设置“缩放”为“70.0,70.0%”（也可以按住鼠标左键并拖动，从而调整缩放大小），设置“不透明度”为“60%”，并且在“位置”选项的数值上按住鼠标左键并拖动，从而调整“泡泡2”图层到适当的位置，如图3-29所示。

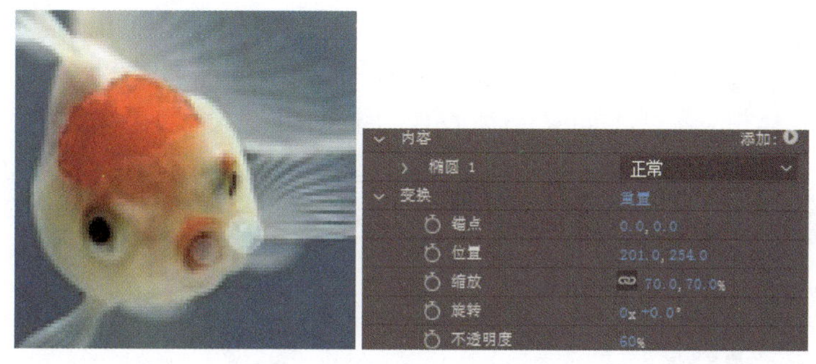

图3-29　调整“泡泡2”图层的参数

13 在“时间轴”面板中选中“泡泡”图层，按组合键Ctrl+C，再按组合键Ctrl+V，复制图层，采用默认名称“泡泡3”。

14 在“时间轴”面板中“泡泡3”图层的“变换”节点下设置“缩放”为“120.0, 120.0%”（也可以按住鼠标左键并拖动，从而调整缩放大小），并且在“位置”选项的数值上按住鼠标左键并拖动，从而调整“泡泡3”图层到适当的位置，如图3-30所示。

15 重复上述步骤，创建其他泡泡图层，并且修改其参数，最终效果如图3-31所示。

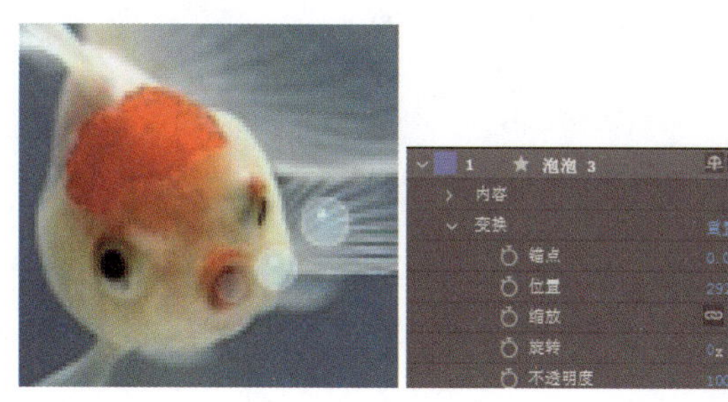

图3-30　调整“泡泡3”图层的参数

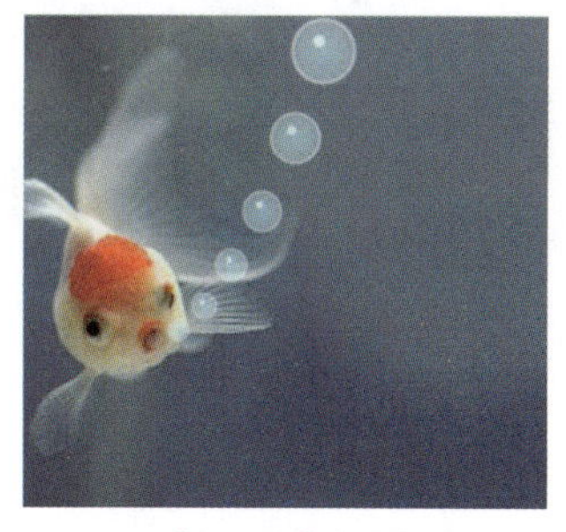

图3-31　最终效果

16 在菜单栏中选择“文件”→“保存”命令（组合键：Ctrl+S），打开“另存为”对话框，设置保存路径，输入文件名“金鱼吐泡泡”，单击“保存”按钮，保存项目。

任务四　图层样式

任务引入

小白已经调整好图层的位置以及透明度，他还需要在画面上添加一些按钮，但是他绘制出来的按钮没有立体感。他就这一问题咨询了老师，老师告诉他，可以利用图层样式为图层添加阴影、渐变叠加等效果来为按钮增加立体感。那么应该如何为图层添加图层样式呢？

知识准备

After Effects 提供了多种图层样式（例如，阴影、发光和斜面），用于更改图层的外观。用户可以在 After Effects 中应用图层样式并设置其属性，从而制作动画。

用户可以使用两种方法为图层添加图层样式，一种是在菜单栏中选择“图层”→“图层样式”下的命令，另一种是右击图层，在弹出的快捷菜单中选择“图层样式”命令，打开“图层样式”子菜单，在其中选择相应命令，如图 3-32 所示。不同的图层样式会使画面产生不同的效果。

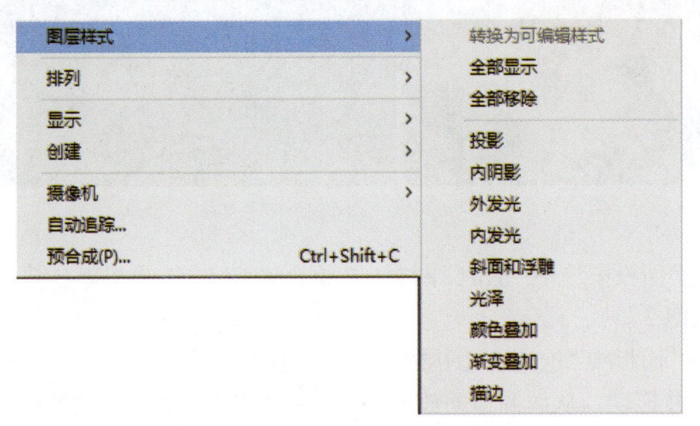

图 3-32 “图层样式”子菜单

- 投影：添加落在图层后面的阴影。
- 内阴影：添加落在图层内容中的阴影，从而使图层具有凹陷外观。
- 外发光：添加从图层内容向外发出的光线。
- 内发光：添加从图层内容向内发出的光线。
- 斜面和浮雕：添加高光和阴影的各种组合。
- 光泽：创建光滑、有光泽的内部阴影。
- 颜色叠加：使用颜色填充图层内容。
- 渐变叠加：使用渐变填充图层内容。
- 描边：描画图层内容的轮廓。

案例——按钮

本案例通过绘制按钮详细讲解图层样式的使用方法。

01 在菜单栏中选择“合成”→“新建合成”命令（组合键：Ctrl+N），或者在“合成”面板中单击“新建合成”按钮，或者在“项目”面板中单击“新建合成”按钮，打开“合成设置”对话框。

02 在“合成设置”对话框中取消勾选“锁定长宽比为”复选框，设置“像素长宽比”为“方形像素”，设置“宽度”为“300px”、“高度”为“200px”，单击“颜色”色块，打开“背景颜色”对话框，设置颜色的 RGB 值为（255，255，255），单击“确定”按钮，返回“合成设置”

对话框，其他参数采用默认设置，单击“确定”按钮，新建合成。

03 在菜单栏中选择“图层”→“新建”→“形状图层”命令，创建形状图层。将该图层重命名为“大矩形”，按 Enter 键确认。

04 在工具栏中单击形状工具组中的“圆角矩形工具”按钮，单击工具栏中的“填充”字样，打开“填充选项”对话框，选择“纯色”选项，单击“确定”按钮。单击工具栏中的“填充颜色”色块，打开“形状填充颜色”对话框，设置颜色的 RGB 值为（240，150，240），单击“确定”按钮，在适当位置绘制圆角矩形，如图 3-33 所示。

05 在“时间轴”面板中“大矩形”图层的“内容”→“矩形 1”→“矩形路径 1”节点下的“大小”属性中，单击取消激活“约束比例”按钮，设置“大小”为“120.0,40.0”、“圆度”为 10，如图 3-34 所示。

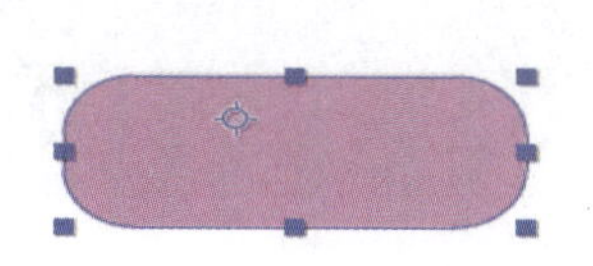

图 3-33　绘制圆角矩形

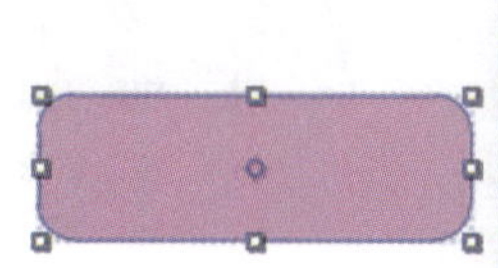

图 3-34　大矩形及其属性

06 在菜单栏中选择“图层”→“图层样式”→“渐变叠加”命令，在图层的“图层样式”节点下添加“渐变叠加”参数，单击“编辑渐变”字样，打开“渐变编辑器”对话框，设置渐变颜色，如图 3-35 所示，单击“确定”按钮。

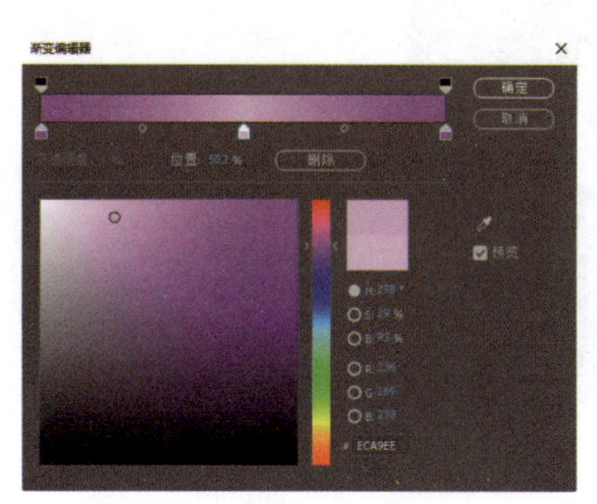

图 3-35　“渐变编辑器”对话框

07 设置“角度”为“0x+90.0°”、“样式”为“线性”、“反向”为“关”，其他采用默认设置，效果如图 3-36 所示。

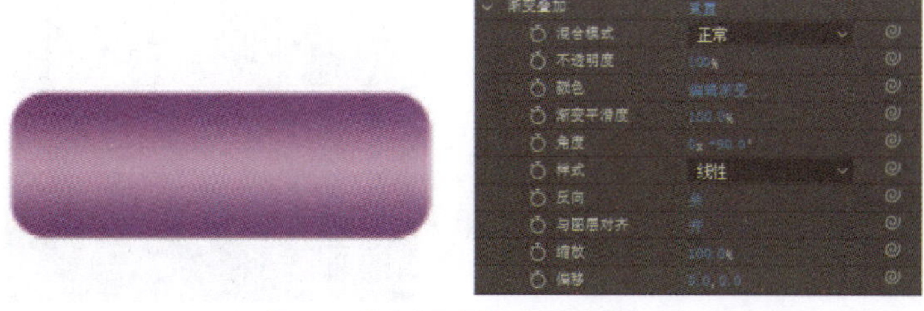

图 3-36　更改“渐变叠加”图层样式

08 在“时间轴”面板中选中“大矩形”图层，按组合键Ctrl+C，再按组合键Ctrl+V，复制图层，修改图层名称为“小矩形”。

09 在“时间轴”面板中“小矩形”图层的“变换”节点下的“缩放”属性中，单击取消激活“约束比例”按钮，设置“缩放”为“92.0,75.0%”，在位置数值上拖动鼠标调整位置，如图3-37所示。

10 在菜单栏中选择“图层”→“图层样式”→“内阴影”命令，在图层的“图层样式”节点下添加“内阴影”参数，设置“颜色”为粉色、“不透明度”为35%、“距离”为7、“大小”为15，其他采用默认设置，如图3-38所示。

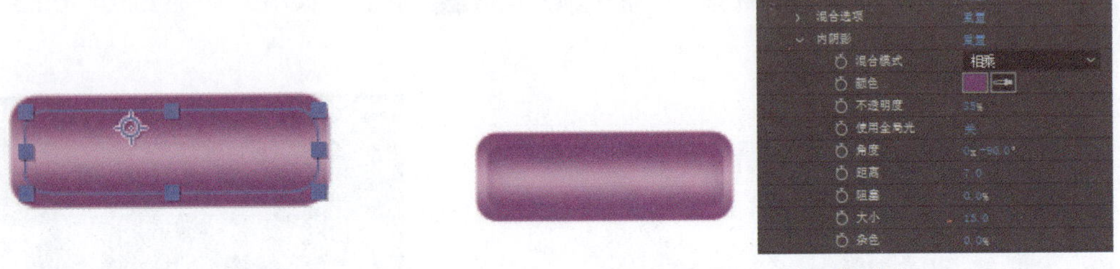

图3-37　复制并调整图层属性　　图3-38　添加“内阴影”样式

11 在“小矩形”图层的“图层样式”→“渐变叠加”节点下单击“编辑渐变”字样，打开“渐变编辑器”对话框，设置渐变颜色，如图3-39所示，单击“确定”按钮，其他采用默认设置，效果如图3-40所示。

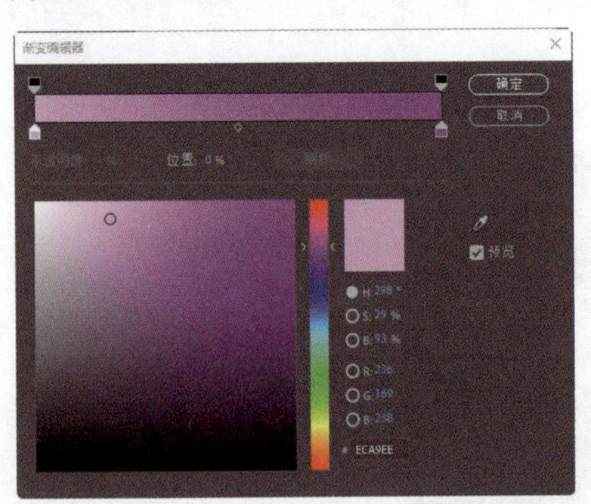

图3-39　“渐变编辑器”对话框

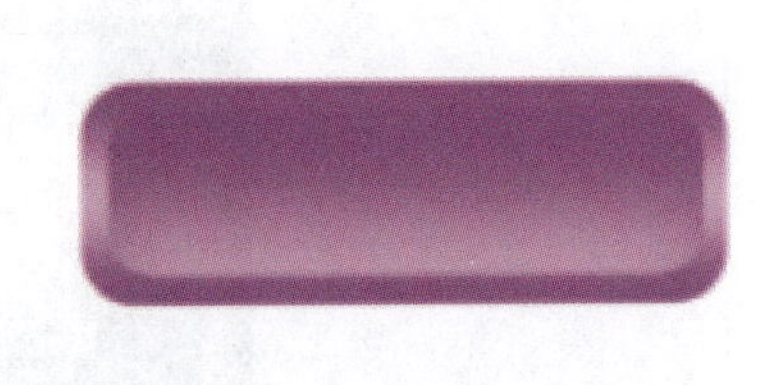

图3-40　添加“渐变叠加”样式

12 在菜单栏中选择“图层”→“图层样式”→“外发光”命令，在图层的“图层样式”节点下添加“外发光”参数，设置“颜色”为粉色、“不透明度”为50%、“大小”为8，其他采用默认设置，如图3-41所示。

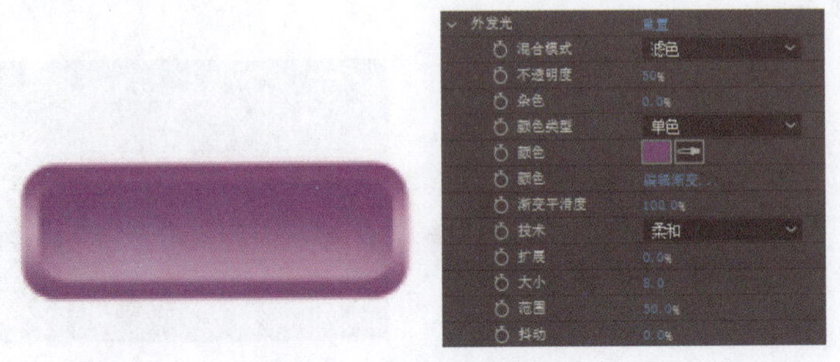

图3-41　添加“外发光”样式

13 在菜单栏中选择“文件”→“保存”命令（组合键：Ctrl+S），打开“另存为”对话框，设置保存路径，输入文件名“按钮”，单击“保存”按钮，保存项目。

任务五　图层的混合模式

任务引入

小白将做好的作品提交给老师，老师发现小白的作品中各个图层之间不是很融合，有的比较突兀。那么应该如何使图层更加融合呢？

知识准备

图层的混合模式主要用于控制每个图层如何与它下面的图层混合或交互。大部分混合模式仅修改源图层的颜色值，而非 Alpha 通道。

每个图层都具有混合模式，即使该混合模式是默认的“正常”混合模式。

After Effects 提供了 30 多种混合模式，在菜单栏中选择“图层”→“混合模式”命令，或者右击图层，在弹出的快捷菜单中选择“混合模式”命令，可以打开“混合模式”子菜单，如图 3-42 所示。不同的混合模式会使画面产生不同的效果。

提示

“时间轴”面板中的“模式”选项默认处于隐藏状态，单击“时间轴”面板下方的按钮或“切换开关 / 模式”字样，即可隐藏或显示“模式”选项；也可以在“时间轴”面板中单击按钮，打开如图 3-43 所示的菜单，勾选“模式”命令，显示“模式”选项。

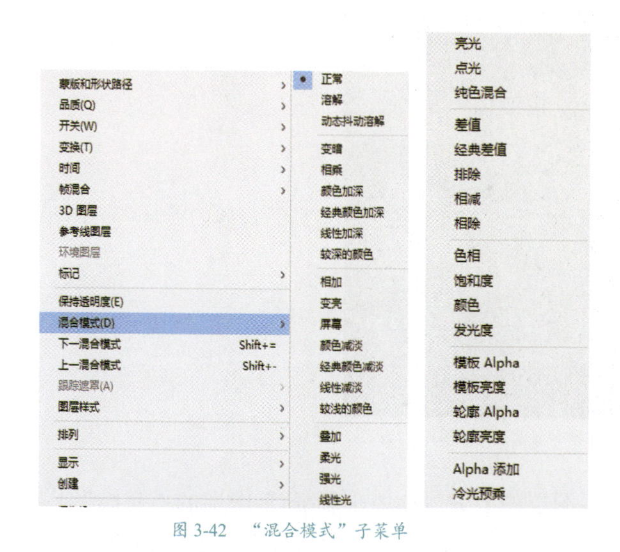

图 3-42　“混合模式”子菜单

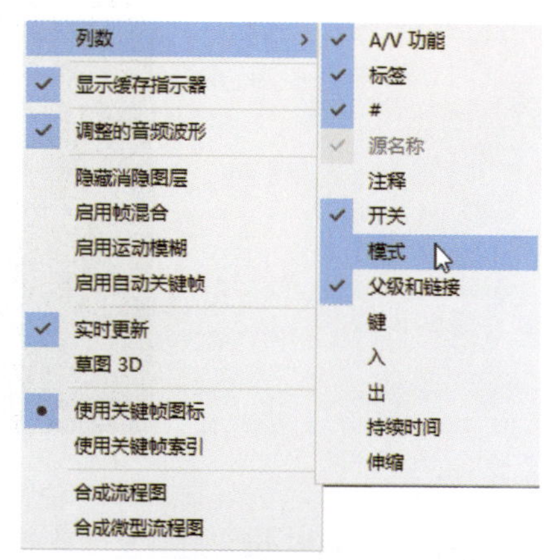

图 3-43　面板菜单

根据混合模式结果之间的相似性，可以将“混合模式”子菜单细分为 8 个类别，分别为“正常”类别、“减少”类别、“添加”类别、“复杂”类别、“差异”类别、“HSL”类别、“遮罩”类别和“实用工具”类别。类别名称不显示在界面中，主要通过菜单中的分隔线进行分隔。

- “正常”类别：除非不透明度小于源图层的 100%，否则像素的结果颜色不受基础像素的颜色影响。
- “减少”类别：这些混合模式通常会使颜色变暗，其中一些混合颜色的方式与在绘画中混合彩色颜料的方式大致相同。
- “添加”类别：这些混合模式通常会使颜色变亮，其中一些混合颜色的方式与混合投影光的方式大致相同。
- “复杂”类别：这些混合模式会对源颜色和基础颜色执行不同的操作，具体取决于源颜色和基础颜色中的一种是否比 50% 灰色浅。
- “差异”类别：这些混合模式会基于源颜色和基础颜色值之间的差异创建颜色。
- “HSL”类别：这些混合模式会将颜色的 HSL 表示形式的一个或多个组件（色相、饱和度和发光度）从基础颜色传递到结果颜色。
- “遮罩”类别：这些混合模式实质上会将源图层转换为所有基础图层的遮罩。
- “实用工具”类别：这些混合模式适用于专门的实用工具函数。

案例——栖息的小鸟

本案例绘制小鸟，并且对操作步骤进行详细讲解，使读者熟练掌握图层的混合模式。

01 在菜单栏中选择“文件”→“导入”→“文件”命令（组合键：Ctrl+I），打开“导入文件”对话框，选择“小鸟”文件夹中的“背景.jpg”和“小鸟.gif”文件，勾选“创建合成”复选框，单击“导入”按钮。

02 打开“基于所选项新建合成”对话框，选择“单个合成”单选按钮，设置“使用尺寸来自”为“背景.jpg”，其他参数采用默认设置，如图 3-44 所示，单击“确定”按钮，创建合成。

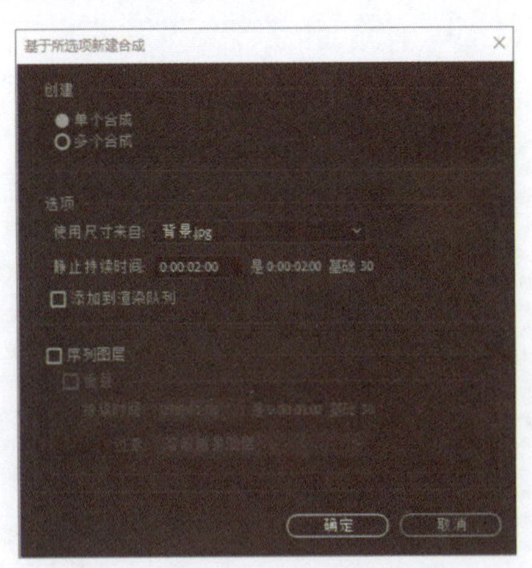

图 3-44 “基于所选项新建合成”对话框

03 拖动“小鸟.gif”图层至“背景.jpg”图层的上方，在“小鸟.gif”图层的“变换”节点下设置“缩放”为“140.0,140.0%”、“旋转”为“0x+21°”、“位置”为（625.0,500.0），效果如图 3-45 所示。

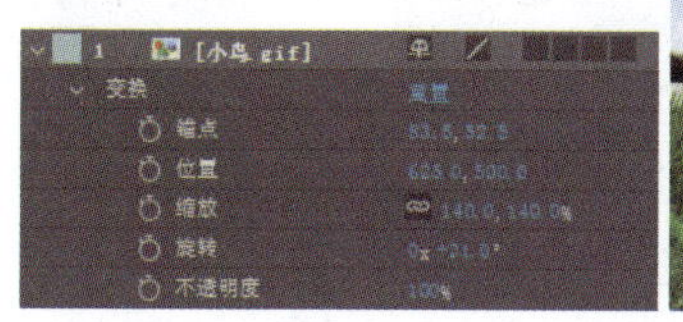

图 3-45　设置参数及相应效果

04 选中“小鸟.gif”图层，在菜单栏中选择“图层”→“混合模式”→“溶解”命令，或者在该图层中选择“溶解”模式，效果如图 3-46 所示。

05 在菜单栏中选择“文件”→“保存”命令（组合键：Ctrl+S），打开“另存为”对话框，设置保存路径，输入文件名“栖息的小鸟”，单击“保存”按钮，保存项目。

图层的混合模式有多种，下面分别进行介绍。

- 正常：结果颜色是源颜色，图 3-45 中的效果就是“正常”混合模式的效果。
- 溶解：使源图层的一些像素变成透明的。如果源颜色的不透明度是 100%，那么结果颜色是源颜色；如果源颜色的不透明度是 0%，那么结果颜色是基础颜色。
- 动态抖动溶解：除了为每个帧重新计算概率函数外，其他效果与“溶解”模式的效果相同，因此结果颜色会随时间而变化。
- 变暗：结果颜色通道值是源颜色通道值和相应的基础颜色通道值中的较低者，如图 3-47 所示。
- 相乘：对于每个颜色通道，将源颜色通道值与基础颜色通道值相乘，再除以 8-bpc、16-bpc 或 33-bpc 像素的最大值，具体取决于项目的颜色深度。结果颜色不会比源颜色明亮，如图 3-48 所示。

图 3-46　“溶解”模式

图 3-47　“变暗”模式

图 3-48　“相乘”模式

- 颜色加深：源颜色变暗，通过提高对比度反映基础颜色，如图 3-49 所示。
- 经典颜色加深：早期版本的“颜色加深”模式，使用该模式可以保持与早期项目的兼容性。
- 线性加深：源颜色变暗，通过降低亮度反映基础颜色，如图 3-50 所示。纯白色不会发生任何变化。
- 较深的颜色：每个结果像素的颜色是源颜色值和相应的基础颜色值中值较小的颜色，如图 3-51 所示。

图 3-49 “颜色加深”模式

图 3-50 “线性加深”模式

图 3-51 “较深的颜色”模式

- 相加：结果颜色通道值是源颜色和基础颜色的相应颜色通道值的和，如图 3-52 所示。
- 变亮：结果颜色通道值是源颜色通道值和基础颜色的相应颜色通道值中的较高者，如图 3-53 所示。
- 屏幕：类似于同时将多个幻灯片投影到单个屏幕上。结果颜色不会比任意一种输入颜色深，如图 3-54 所示。

图 3-52 “相加”模式

图 3-53 “变亮”模式

图 3-54 “屏幕”模式

- 颜色减淡：源颜色变亮，通过降低对比度反映基础图层颜色，如图 3-55 所示。如果源颜色是纯黑色，那么结果颜色是基础颜色。
- 经典颜色减淡：早期版本的“颜色减淡”模式，使用该模式可以保持与早期项目的兼容性。
- 线性减淡：源颜色变亮，通过提高亮度反映基础颜色，如图 3-56 所示。
- 较浅的颜色：每个结果像素的颜色都是源颜色值和相应的基础颜色值中值较大的颜色，如图 3-57 所示。

图 3-55 “颜色减淡”模式

图 3-56 “线性减淡”模式

图 3-57 “较浅的颜色”模式

- 叠加：将输入颜色通道值相乘或对其进行滤色，具体操作取决于基础颜色是否比 50% 灰色浅。结果颜色保留基础图层中的高光和阴影，如图 3-58 所示。
- 柔光：使基础图层的颜色变暗或变亮，具体操作取决于源颜色。其效果类似于漫射聚光灯照在基础图层上的颜色，如图 3-59 所示。
- 强光：将输入颜色通道值相乘或对其进行滤色，具体操作取决于源颜色。其效果类似于耀眼的聚光灯照在图层上的颜色，如图 3-60 所示。

图 3-58　“叠加”模式

图 3-59　“柔光”模式

图 3-60　“强光”模式

- 线性光：通过减小或增加亮度加深或减淡颜色，具体操作取决于基础颜色，如图 3-61 所示。
- 亮光：通过增加或减小对比度加深或减淡颜色，具体操作取决于基础颜色，如图 3-62 所示。
- 点光：根据基础颜色替换颜色，如果基础颜色比 50% 灰色浅，则替换比基础颜色深的像素，不改变比基础颜色浅的像素；如果基础颜色比 50% 灰色深，则替换比基础颜色浅的像素，不改变比基础颜色深的像素，如图 3-63 所示。

图 3-61　“线性光”模式

图 3-62　“亮光”模式

图 3-63　“点光”模式

- 纯色混合：提高源图层上蒙版下面的可见基础图层的对比度，如图 3-64 所示。
- 差值：对于每个颜色通道，从浅色输入值中减去深色输入值。使用白色进行绘画会反转背景颜色；使用黑色进行绘画不会发生任何变化，如图 3-65 所示。
- 经典差值：早期版本的“差值”模式，使用该模式可以保持与早期项目的兼容性。
- 排除：创建与“差值”模式相似但对比度更低的结果颜色，如图 3-66 所示。如果源颜色是白色，那么结果颜色是基础颜色的补色；如果源颜色是黑色，那么结果颜色是基础颜色。

图 3-64　“纯色混合”模式

图 3-65　“差值”模式

图 3-66　“排除”模式

- 相减：从基础颜色中减去源颜色，如图 3-67 所示。
- 相除：基础颜色除以源颜色，如图 3-68 所示。

- 色相：结果颜色具有基础颜色的发光度、饱和度，以及源颜色的色相，如图 3-69 所示。

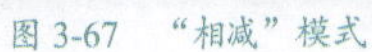
图 3-67 “相减”模式

图 3-68 “相除”模式

图 3-69 “色相”模式

- 饱和度：结果颜色具有基础颜色的发光度、色相，以及源颜色的饱和度，如图 3-70 所示。
- 颜色：结果颜色具有基础颜色的发光度，以及源颜色的色相和饱和度，如图 3-71 所示。此模式可以保持基础颜色中的灰色阶，主要用于为灰度图像上色和为彩色图像着色。
- 发光度：结果颜色具有基础颜色的色相和饱和度，以及源颜色的发光度，如图 3-72 所示。此模式与“颜色”模式相反。

图 3-70 “饱和度”模式

图 3-71 “颜色”模式

图 3-72 “发光度”模式

- 模板 Alpha：使用图层的 Alpha 通道创建模板，如图 3-73 所示。
- 模板亮度：使用图层的亮度值创建模板，如图 3-74 所示。图层的浅色像素比深色像素更不透明。
- 轮廓 Alpha：使用图层的 Alpha 通道创建轮廓，如图 3-75 所示。

图 3-73 “模板 Alpha”模式

图 3-74 “模板亮度”模式

图 3-75 “轮廓 Alpha”模式

- 轮廓亮度：使用图层的亮度值创建轮廓，如图 3-76 所示。根据混合颜色的亮度值，可以确定结果颜色中的不透明度，因此源颜色的浅色像素比深色像素更透明。
- Alpha 添加：主要用于合成图层，添加色彩互补的 Alpha 通道，用于创建无缝的透明区域，如图 3-77 所示。
- 冷光预乘：在创建合成后，将超过 Alpha 通道值的颜色值添加到合成中，从而防止修剪这些颜色值，如图 3-78 所示。

图 3-76　“轮廓亮度”模式

图 3-77　“Alpha 添加”模式

图 3-78　“冷光预乘”模式

项目总结

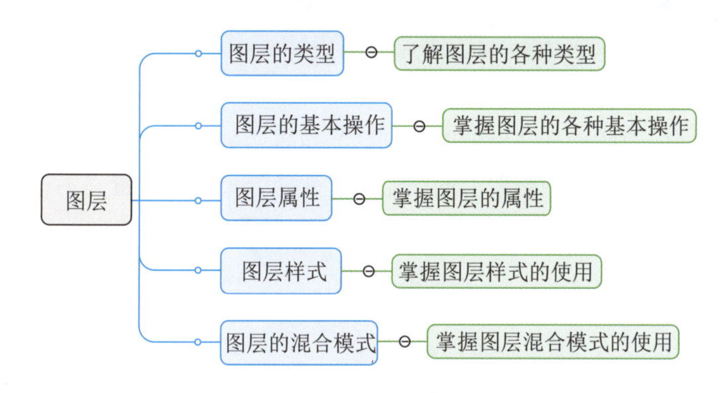

项目实战

实战一　倒影

01 导入如图 3-79 所示的素材图片并创建合成。

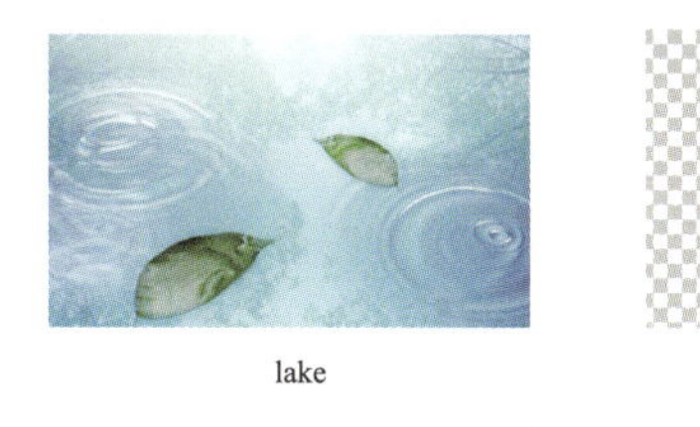

lake　　fish

图 3-79　素材图片

02 在“时间轴”面板中选中“fish.gif”图层，在“合成”面板中拖动“fish.gif”图层到适当位置，此时“变换”节点下的“位置”数据也会随之发生变化，如图 3-80 所示。

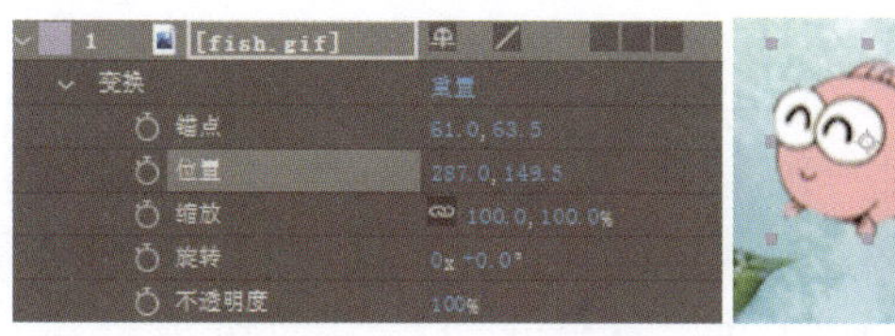

图 3-80　移动图层

03 在“时间轴”面板中选中“fish.gif”图层的“变换”节点下的“旋转”选项，在其数值上按住鼠标左键并拖动，从而旋转图层，也可以直接设置“旋转”为“0x-13.0°”，如图 3-81 所示。

图 3-81　旋转图层

04 在“时间轴”面板中选中“fish.gif”图层，按组合键 Ctrl+C，再按组合键 Ctrl+V，复制图层，采用默认图层名称。

05 选中复制后的图层，在菜单栏中选择“图层”→“变换”→“水平翻转”命令，将该图层水平翻转，如图 3-82 所示。

06 在“合成”面板中拖动翻转后的图层到适当位置，如图 3-83 所示。

07 在“时间轴”面板中展开翻转后的图层的“变换”节点，设置“不透明度”为“60%”（也可以通过按住鼠标左键并拖动来调整不透明度），如图 3-84 所示。

图 3-82　翻转图层

图 3-83　调整图层的位置

图 3-84　更改不透明度

08 在菜单栏中选择“文件”→“保存”命令（组合键：Ctrl+S），打开“另存为”对话框，设置保存路径，输入文件名“倒影”，单击“保存”按钮，保存项目。

实战二　夜空

01 新建大小为 1000px×700px、背景颜色为黑色的“夜空”合成。

02 在菜单栏中选择“图层”→“新建”→“纯色”命令（组合键：Ctrl+Y），打开“纯色设置”对话框，设置“名称”为“黑色背景”、“像素长宽比”为“方形像素”、“宽度”为“1000 像素”、“高度”为“700 像素”、“颜色”为黑色，其他参数采用默认设置，单击“确定”按钮，创建“黑色背景”图层。

03 在菜单栏中选择“图层”→“新建”→“形状图层”命令，创建一个形状图层。在“时间轴”面板中选中刚创建的形状图层，按主键盘上的 Enter 键，输入新的名称“月亮”，再次按 Enter 键确认。

04 在工具栏中单击形状工具组中的“椭圆工具”按钮，设置“填充”为“径向渐变”，单击“填充颜色”色块，打开“渐变编辑器”对话框，单击左侧下方的色标，设置颜色值为 #FFFF00，单击右侧下方的色标，设置颜色值为 #FFFFFF，再分别单击右侧和左侧上方的不透明度色标，设置“不透明度”为“100%”，单击“确定”按钮。

05 在“合成”面板右上角的适当位置按住 Shift 键绘制一个圆，并将该图层重命名为“月亮”，在“图层”面板中设置“月亮”图层的“大小”为“180.0,180.0”、“渐变填充 1”的“结束点”为“90.0,0.0”，如图 3-85 所示。

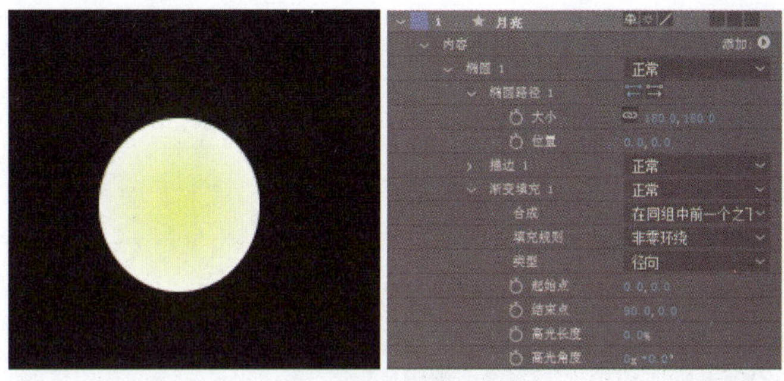

图 3-85　绘制月亮

06 在菜单栏中选择“图层”→“图层样式”→“外发光”命令，在“图层样式”→“外发光”节点下设置“颜色”为白色、“技术”为“柔和”、“大小”为“30.0”，其他参数采用默认设置，如图 3-86 所示。

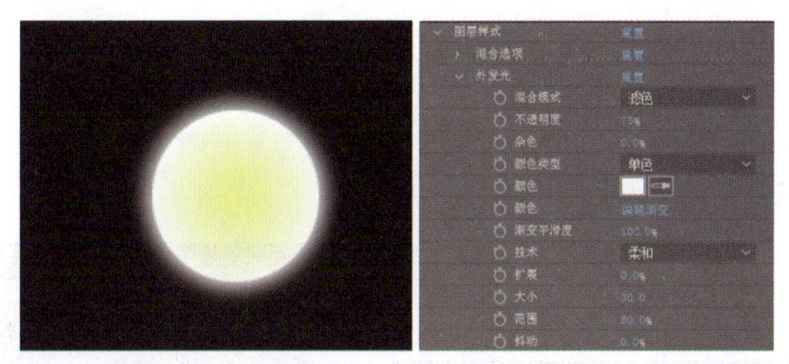

图 3-86　添加外发光样式

07 在菜单栏中选择“图层”→“新建”→“形状图层”命令，创建一个形状图层。在“时间轴”面板中选中刚创建的形状图层，按主键盘上的 Enter 键，输入新的名称“星星”，再次按 Enter 键确认。

08 在工具栏中单击形状工具组中的“星形工具”按钮，设置“填充”为纯色、“填充颜色”为白色，单击“确定”按钮。

09 在“合成”面板右上角的适当位置绘制一个星星图形，在“图层”面板中设置“点”为“4.0”、“内径”为“5.0”、“外径”为“40.0”，如图 3-87 所示。

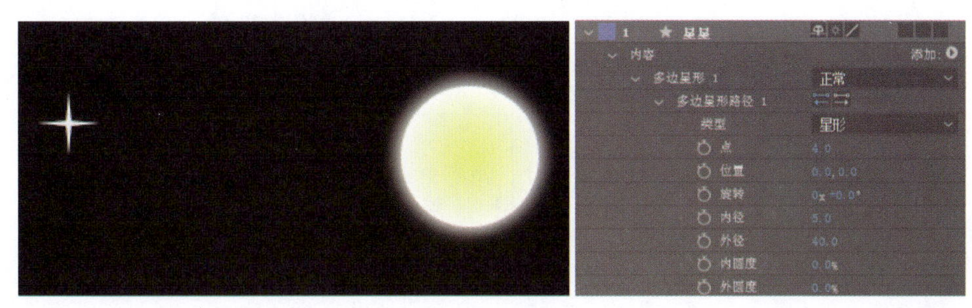

图 3-87　绘制星星

10 在菜单栏中选择“图层”→“图层样式”→“外发光”命令，在“图层样式”→“外发光”节点下设置“颜色”的值为 #FFFFBE、“技术”为“柔和”、“大小”为“20.0”，其他参数采用默认设置，如图 3-88 所示。

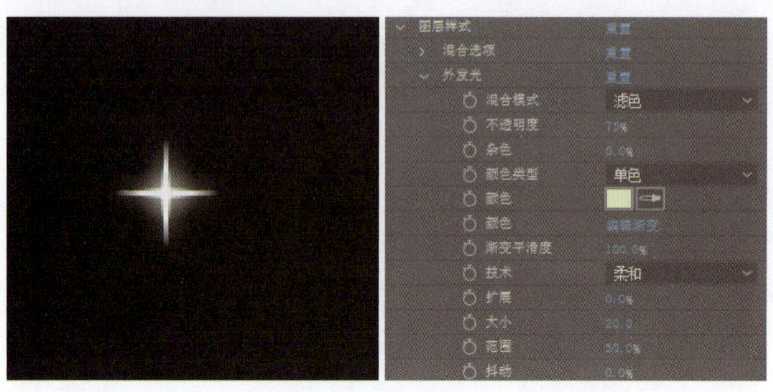

图 3-88　添加外发光样式

11 在“时间轴”面板中选中“星星”图层，按组合键 Ctrl+C，再按组合键 Ctrl+V，复制该图层，采用默认名称“星星 2”。

12 在“时间轴”面板中“星星 2”图层的“变换”节点下设置“缩放”为“50.0, 50.0%”（也可以按住鼠标左键并拖动来调整缩放大小），并且在“位置”数值框上按住鼠标左键并拖动，从而调整“星星 2”图层到适当位置，或者直接拖动“星星 2”图层到适当位置，如图 3-89 所示。

13 采用相同的方法，复制“星星”图层，并且调整复制图层中星星的大小和位置，从而得到图 3-90 中的效果。

图 3-89　调整“星星 2”图层中星星图形的大小和位置

图 3-90　夜空效果

14 在菜单栏中选择“文件”→“保存”命令（组合键：Ctrl+S），打开“另存为”对话框，设置保存路径，输入文件名“夜空”，单击“保存”按钮，保存项目。

项目四 动画

思政目标

- 在掌握技能目标的同时培养读者与时俱进、善于钻研、细心耐心、精益求精、严谨务实的优秀品质。
- 及时关注行业动态，了解行业走向，提高大众的关注度。

技能目标

- 能够添加、编辑关键帧。
- 能够使用 After Effects 工具绘制运动路径。
- 能够制作简单的动画效果。

项目导读

动画的原理是将一组画面快速地呈现在人的眼前，在视觉上造成连续变化的效果。通过使图层或图层上效果的一个或多个属性随时间变化，可以为该图层及该图层的效果添加动画。

任务一　关键帧

任务引入

小白在进行视频制作时想制作一段效果随参数变化的动画，但是他在对图层中的元素进行参数调整时画面始终是静止的。那么在 After Effects 2022 中如何制作动画效果呢？

知识准备

在 After Effects 2022 中，所有动画效果都是基于关键帧实现的。关键帧是动画的基本元素，关键帧动画至少要使用两个关键帧完成，一个关键帧对应变化开始的状态，另一个关键帧对应变化结束的新状态。可以说，掌握了关键帧的应用，就掌握了动画制作的基础和关键。

一、关键帧的基本操作

1. 添加关键帧

当某个特定属性的时间变化秒表处于活动状态时，如果更改属性值，那么 After Effects 会在当前时间自动添加或更改该属性的关键帧。

（1）单击图层属性名称旁的“时间变化秒表”图标，或者在菜单栏中选择“动画”→“添加 xx 关键帧（xx 是图层中所选的属性名称）”命令，即可在对应的属性时间线上添加关键帧 ，如图 4-1 所示。

图 4-1　添加关键帧

（2）将时间线拖动到另一个时间点，设置图层的相关属性，在“时间轴”面板中的对应位置再次添加关键帧，即可使画面形成动画效果，如图 4-2 所示。

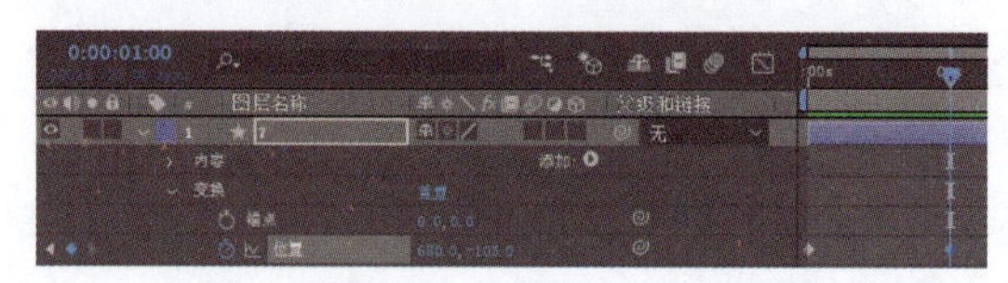

图 4-2　再次添加关键帧

2. 选择关键帧

在图层模式下，选定的关键帧是蓝色的，未选定的关键帧是灰色的。

提示

在图表编辑器模式下，关键帧图标的外观取决于关键帧处于选定、未选定还是半选定（相同属性中的另一关键帧也已选定）状态。选定的关键帧为纯黄色，未选定的关键帧保留其相应图表的颜色，半选定的关键帧由中空的黄色方框表示。

用户可以通过以下 3 种方法选中关键帧。

- 如果要选中一个关键帧，那么单击该关键帧的图标。
- 如果要选中多个关键帧，那么按住 Shift 键并单击各个关键帧，或者框选关键帧。如果已选中某个关键帧，那么按住 Shift 键并单击它可取消选中该关键帧，按住 Shift 键并在选中的关键帧周围绘制选框，可以取消选中选框内的关键帧。
- 单击图层轮廓中的图层属性，可以选中该图层属性对应的所有关键帧。

3. 删除关键帧

用户可以通过以下 3 种方法删除关键帧。

- 选中要删除的关键帧，按 Delete 键。
- 如果要删除某个图层属性对应的所有关键帧，那么单击该图层属性名称左侧的“时间变换秒表”图标，停用该属性对应的所有关键帧。
- 如果要临时禁用某个属性的关键帧，那么将该属性设置为常数值的表达式。

二、编辑关键帧

1. 编辑关键帧的命令

在关键帧上右击，在弹出的快捷菜单中选择不同的命令，可以对关键帧进行不同的操作，如图 4-3 所示。

- 值：显示所选关键帧的值。
- 编辑值：打开关键帧对应属性的对话框，用于编辑关键帧的值。
- 转到关键帧时间：将时间线移动到指定关键帧处。
- 选择相同关键值：选择属性中具有相同值的所有关键帧。
- 选择前面的关键帧：选择当前所选关键帧前面的所有关键帧。
- 选择跟随关键帧：选择当前所选关键帧后面的所有关键帧。
- 切换定格关键帧：保持属性值为当前关键帧的值，直到到达下一个关键帧。
- 关键帧插值：打开“关键帧插值”对话框，用于设置插值方法。插值方法包括“线性”“贝塞尔曲线”“自动贝塞尔曲线”“连续贝塞尔曲线”和“定格”，如图 4-4 所示。

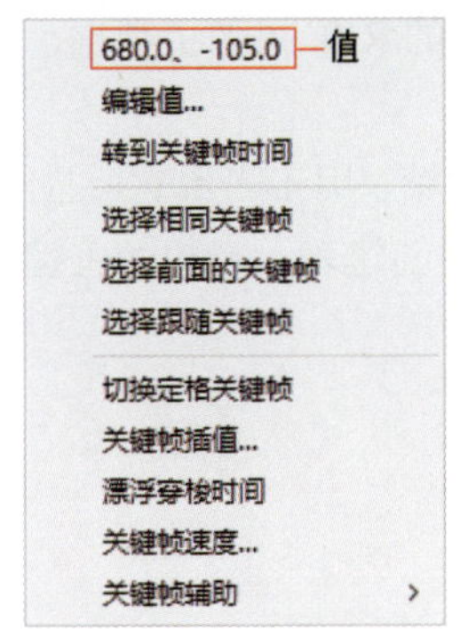

图 4-3　快捷菜单

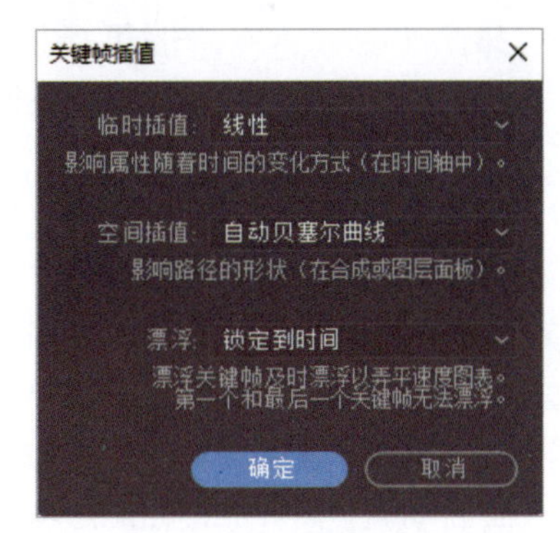

图 4-4　“关键帧插值”对话框

- ➢ 线性：在关键帧之间创建统一的变化率，这种方法让动画看起来具有机械效果。
- ➢ 贝塞尔曲线：可以提供非常精确的控制，因为可以手动调整关键帧任意一侧的值图表或运动路径段的形状。与其他插值方法不同，“贝塞尔曲线”插值允许沿着运动路径创建曲线和直线的任意组合。因为可单独操控两个贝塞尔曲线的方向手柄，所以弯曲的运动路径可能会在贝塞尔曲线关键帧的位置突然转变成锐利的转角。
- ➢ 自动贝塞尔曲线：通过关键帧创建平滑的变化速率。可以使用“自动贝塞尔曲线”插值创建在弯路上行驶的汽车路径。自动贝塞尔曲线的方向手柄的位置可以自动调整，用于实现关键帧之间的平滑过渡，但自动调整会更改关键帧任意一侧的值图表或运动路径段的形状。该插值是默认的空间插值方法。
- ➢ 连续贝塞尔曲线：与“自动贝塞尔曲线”插值一样，“连续贝塞尔曲线”插值通过关键帧创建平滑的变化速率。用户可以手动设置连续贝塞尔曲线的方向手柄的位置，但手动调整会更改关键帧任意一侧的值图表或运动路径段的形状。
- ➢ 定格：仅在作为时间插值方法时可用。使用“定格”插值，可以随时间更改图层属性的值，但过渡不是渐变的。如果要应用闪光灯效果，或者希望图层突然出现或消失，则可以使用该插值方法。如果将“定格”插值应用于图层属性的所有关键帧，那么第一个关键帧的值在到达下一个关键帧之前会保持不变，但在到达下一个关键帧后会立即发生变化。

- 漂浮穿梭时间：切换到空间属性的漂浮穿梭时间。
- 关键帧速度：打开“关键帧速度”对话框，用于设置关键帧的“进来速度”和“输出速度”，如图 4-5 所示。

- 关键帧辅助：打开“关键帧辅助”子菜单，如图 4-6 所示。

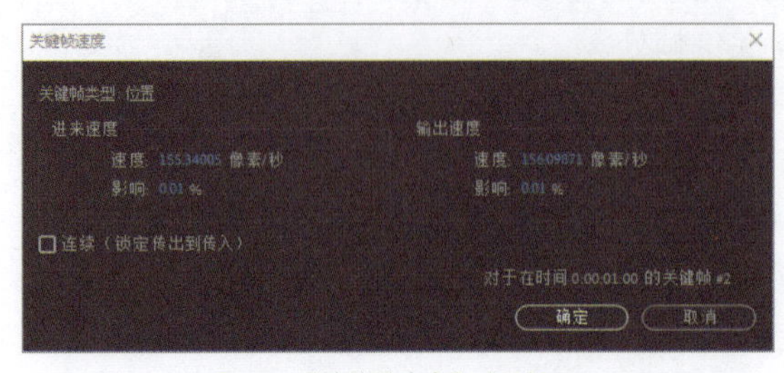

图 4-5 “关键帧速度”对话框

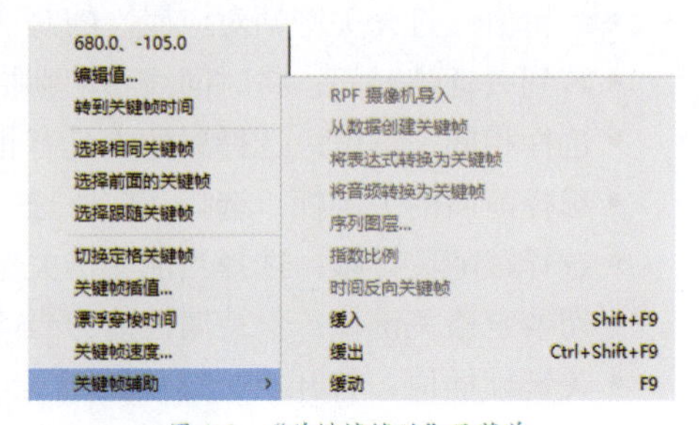

图 4-6 “关键帧辅助”子菜单

- RPF 摄像机导入：导入来自第三方 3D 建模应用程序的 RPF 摄像机数据。
- 从数据创建关键帧：根据导入的数据创建关键帧。
- 将表达式转换为关键帧：分析当前表达式并创建关键帧，用于表示它所描述的属性值。
- 将音频转换为关键帧：在“合成”面板中分析振幅并创建表示音频的关键帧。
- 序列图层：打开序列图层助手。
- 指数比例：从线性到指数转换比例的变化速率。
- 时间反向关键帧：按时间反转选中的关键帧。
- 缓入：自动调整进入关键帧的影响。
- 缓出：自动调整离开关键帧的影响。
- 缓动：自动调整进入和离开关键帧的影响，从而平滑突兀的变化。

2. 关键帧的复制、粘贴

一次只能从一个图层复制关键帧。在将关键帧粘贴到另一个图层中时，这些关键帧会显示在目标图层的相应属性中。最早的关键帧会在当前时间显示，其他关键帧会按照相对顺序相继显示。粘贴后的关键帧保持选中状态，因此可以立即在目标图层中移动它们。

（1）选中一个或多个关键帧，按组合键 Ctrl+C，或者在菜单栏中选择“编辑”→“复制”命令。

（2）选中目标图层，按组合键 Ctrl+V，复制关键帧的相同属性。选中目标属性，按组合键 Ctrl+V，将其粘贴到不同属性中。

3. 移动关键帧

选中任意一个关键帧，将其拖动到所需时间处，即可移动该关键帧。如果选中多个关键帧并进行移动，那么选中的所有关键帧都会保持与其他被拖动的关键帧之间的相对距离。

案例——金鱼吐泡泡动画

本案例制作金鱼吐泡泡动画，并且对操作步骤进行详细讲解，使读者熟练掌握通过属性添加关键帧创建动画的方法。

01 在菜单栏中选择“文件”→“打开项目”命令（组合键：Ctrl+O），打开“打开”对话框，选择“金鱼吐泡泡.aep”文件，单击“打开”按钮，打开“金鱼吐泡泡”项目文件。

02 在“项目”面板中的“金鱼吐泡泡”合成文件上右击，在弹出的快捷菜单中选择“合成设置”命令，打开“合成设置”对话框，更改“持续时间”为10s，其他参数采用默认设置。

03选中“时间轴”面板中的“泡泡2”～“泡泡7”图层，按Delete键将其删除。

04选中“泡泡”图层，在菜单栏中选择“图层”→“变换”→“在图层内容中居中放置锚点”命令（组合键：Ctrl+Alt+Home），将图层的锚点设置在“泡泡”图层的中心。

05展开“泡泡”图层的“变换”节点，将时间线拖曳到起始帧处，单击“位置”前的“时间变换秒表”图标，创建第一个“位置”关键帧，如图4-7所示。

图4-7　创建第一个“位置”关键帧

06将时间线拖曳到5s处，在“合成”面板中拖动“泡泡”图层到背景外；也可以直接输入位置点，系统会自动在5s处创建第二个“位置”关键帧，如图4-8所示。

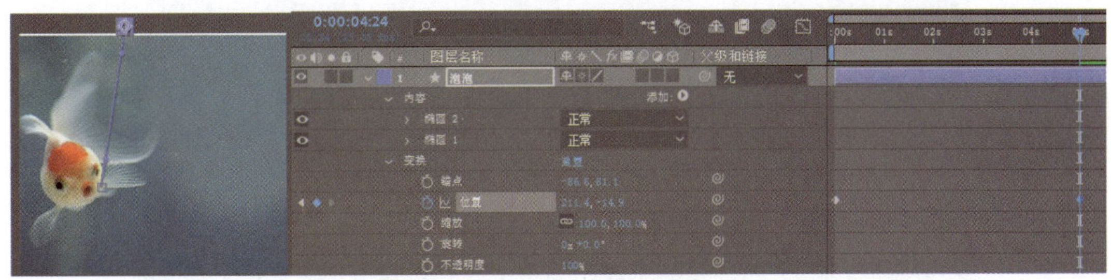

图4-8　创建第二个“位置”关键帧

07将时间线拖曳到起始帧处，单击“缩放”前的“时间变换秒表”图标，创建第一个“缩放”关键帧；将时间线拖曳到5s处，更改“缩放”为“200.0,200.0%”，系统会自动在5s处创建第二个“缩放”关键帧，如图4-9所示。

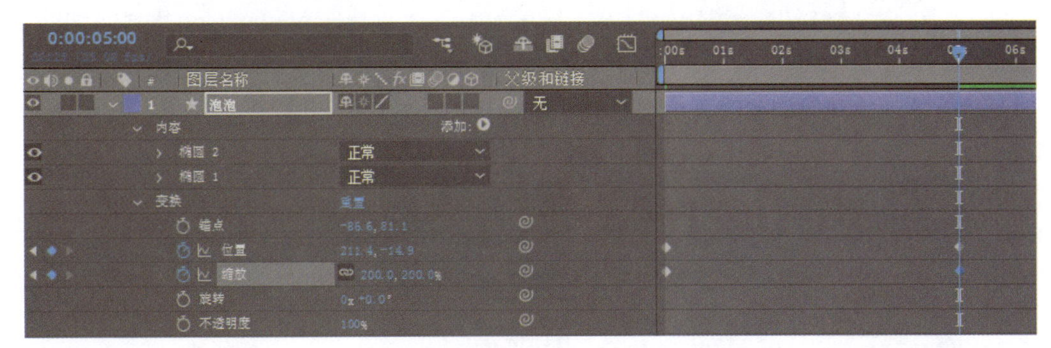

图4-9　创建第二个“缩放”关键帧

08将时间线拖曳到起始帧处，单击“预览”面板中的“播放”按钮，查看动画效果，如图4-10所示。

0s

2.5s

5s

图 4-10　动画效果（一）

09 在“时间轴”面板中选中“泡泡”图层，按组合键 Ctrl+C，再按组合键 Ctrl+V，复制该图层，采用默认名称“泡泡 2”，并且将其拖动到“泡泡”图层的下方。

10 展开“泡泡 2”图层的“变换”节点，框选所有的关键帧，按住鼠标左键并向右移动，将这些关键帧整体向右移动 1s，将该图层的时间条端点拖曳到 1s 处，如图 4-11 所示，使“泡泡 2”图层的动画从 1s 处开始运动。

图 4-11　设置“泡泡 2”图层的关键帧

11 重复步骤 9 和步骤 10，复制图层，并且移动关键帧和时间条，最后将工作区结尾拖动到 6s 处，如图 4-12 所示。

图 4-12　创建其他图层及关键帧

12 将时间线拖曳到起始帧处，单击“预览”面板中的“播放”按钮▶，查看动画效果，如图 4-13 所示。

2s

4s

5.5s

图 4-13　动画效果（二）

13 在菜单栏中选择“文件”→“另存为”→“另存为”命令（组合键：Ctrl+Shift+S），打开“另存为”对话框，设置保存路径，输入文件名“金鱼吐泡泡动画”，单击“保存”按钮，保存项目。

任务二　运动路径

任务引入

小白已经会使用关键帧制作多种动画效果了，但是他还想使物体沿着指定的路径进行运动。那么如何让物体精确地沿着路径运动呢？

知识准备

手动创建关键帧也能实现曲线运动，但控制比较麻烦，并且不精确，用形状工具和钢笔工具绘制运动路径，可以精确地让物体沿着指定路径进行运动，并且控制比较简单。

路径包括顶点和段。顶点主要用于定义路径各段开始和结束的位置。段是连接顶点的直线或曲线。

通过拖动路径顶点、每个顶点的方向线（或切线）末端的方向手柄或路径段，可以更改路径的形状。

在从路径中退出一个顶点时，该顶点输出方向线的角度和长度将决定路径的形状。当路径接近下一个顶点时，路径受前一个顶点的输出方向线的影响较小，受下一个顶点的输入方向线的影响较大。

路径有两类顶点，即角点和平滑点。在平滑点上，路径段被连接成一条光滑的曲线，输入和输出方向线在同一条直线上。在角点上，路径突然更改方向，输入和输出方向线在不同直线上。用户可以使用角点和平滑点的任意组合绘制路径。如果绘制的点类型有误，那么以后可以更改。

在移动平滑点的方向线时，会同时调整该点两边的曲线；当移动角点的方向线时，只会调整与该点方向线在相同边上的曲线。

路径可以是开放的，也可以是闭合的。开放路径的开始点与结束点不一样，例如，线段是开放路径。封闭路径是连续的，并且没有开始点和结束点，例如，圆是封闭路径。

用户可以使用形状工具，采用普通几何形状（其中包括多边形、椭圆形和星形）绘制路径，也可以使用钢笔工具绘制任意路径。使用钢笔工具绘制的路径是手动贝塞尔曲线路径或旋转贝塞尔曲线路径。旋转贝塞尔曲线路径和手动贝塞尔曲线路径的主要差别在于，系统会自动计算旋转贝塞尔曲线路径的方向线，使绘制路径更容易、更快速。

如果要使文本或效果追随某个路径，那么该路径必须是蒙版路径。

路径在渲染的输出中没有视觉外观，它本质上是关于如何放置或修改其他视觉元素的信息集合。如果要使路径可视，应对其应用描边。

注意

如果要为蒙版和形状指定贝塞尔曲线方向手柄的大小和顶点，可以在菜单栏中选择“编辑”→“首选项”→“常规”命令，编辑路径点和手柄的大小值。

案例——蜻蜓展翅飞舞

本案例绘制蜻蜓展翅飞舞的动画，并且对操作步骤进行详细讲解，使读者熟练掌握通过位置变换创建路径作为运动路径的方法。

01 在菜单栏中选择“文件”→“导入”→“文件”命令（组合键：Ctrl+I），打开“导入文件”对话框，选择“荷花.jpg”和“蜻蜓.gif”文件，勾选“创建合成”复选框，单击“导入”按钮，打开“基于所选项新建合成”对话框，选择“单个合成”单选按钮，设置“使用尺寸来自”为“荷花.jpg”、“静止持续时间”为10s，其他参数采用默认设置，单击“确定”按钮，系统会采用素材名称作为合成名称。将“荷花.jpg”拖放至最底层，如图4-14所示。

图4-14　导入素材

02 展开“蜻蜓.gif”图层的“变换”节点，调整蜻蜓的大小以及角度，将蜻蜓拖动到荷叶上，如图4-15所示。

图4-15　调整“蜻蜓.gif”图层

03 将时间线拖曳到起始帧处，单击“位置”前的“时间变换秒表”图标，创建第一个“位置”关键帧，如图4-16所示。

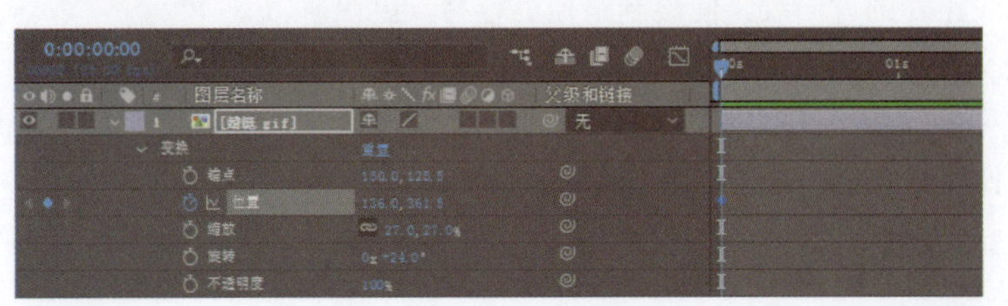

图4-16　创建第一个“位置”关键帧

04 将时间线拖曳到2s处，在“合成”面板中拖动“蜻蜓.gif”图层到莲蓬上，系统会自动在 2s 处创建第二个“位置”关键帧，并且在两个关键帧之间生成运动路径，如图 4-17 所示。

05 将时间线拖曳到 3s 处，在“合成”面板中拖动“蜻蜓.gif”图层到右侧第一朵花处，系统会自动在此处创建“位置”关键帧，运动路径也随之改变，如图 4-18 所示。

图 4-17　创建第二个“位置”关键帧

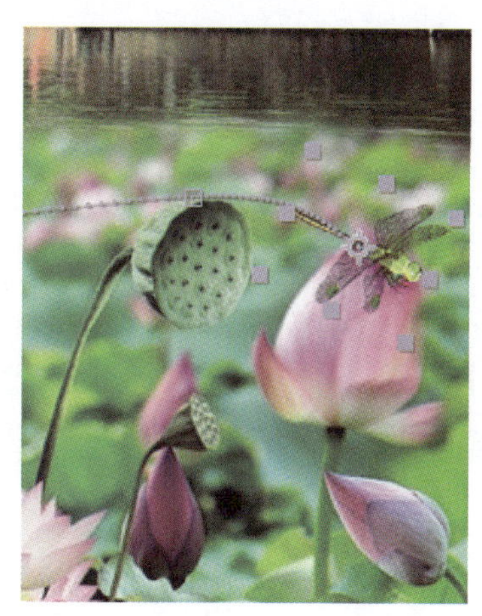

图 4-18　创建“位置”关键帧（一）

06 将时间线拖曳到 4s 处，在“合成”面板中拖动“蜻蜓.gif”图层到右侧第二朵花处，系统会自动在此处创建“位置”关键帧，运动路径也随之改变，如图 4-19 所示。

07 将时间线拖曳到 5s 处，在“合成”面板中拖动“蜻蜓.gif”图层到右侧第三朵花处，系统会自动在此处创建“位置”关键帧，运动路径也随之改变，拖动方向手柄调整路径的方向线，如图 4-20 所示。

图 4-19　创建“位置”关键帧（二）

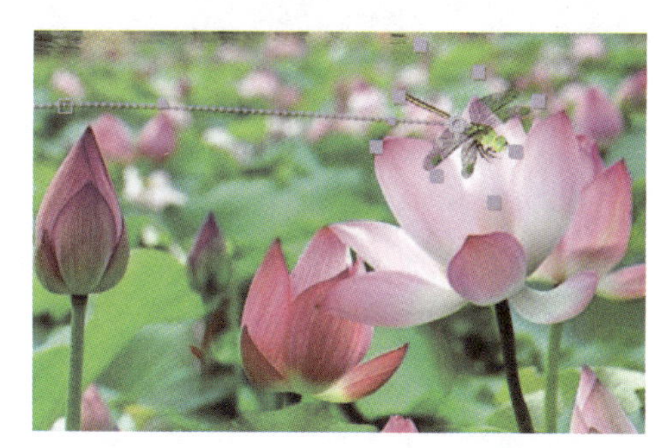

图 4-20　创建“位置”关键帧（三）

08 采用相同的方法，在 8s 处将“蜻蜓.gif”图层拖动到水面上，运动路径如图 4-21 所示。

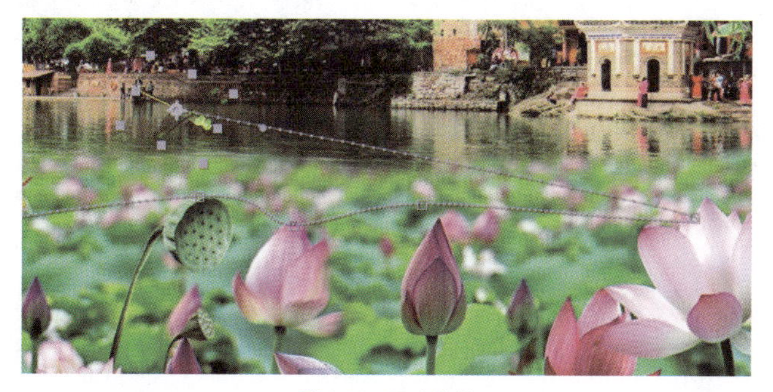

图 4-21　运动路径

09 在蜻蜓飞向水面的时候，需要调整飞行角度。将时间线拖曳到6s处，单击“旋转”前的“时间变换秒表”图标，创建第一个“旋转”关键帧，将时间线拖曳到6s06处，将“旋转”值设置为“-169”，如图4-22所示。

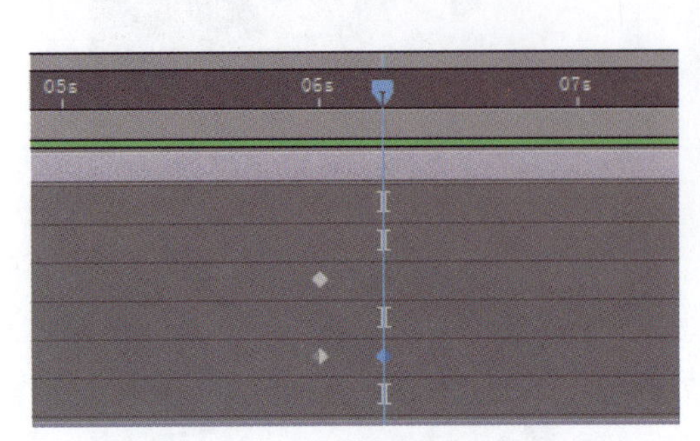

图4-22 创建“旋转”关键帧

10 单击“缩放”前的“时间变换秒表”图标，在当前位置创建第一个“缩放”关键帧；将时间线拖曳到8s处，将“缩放”值设置为“12.0,12.0%”，如图4-23所示。

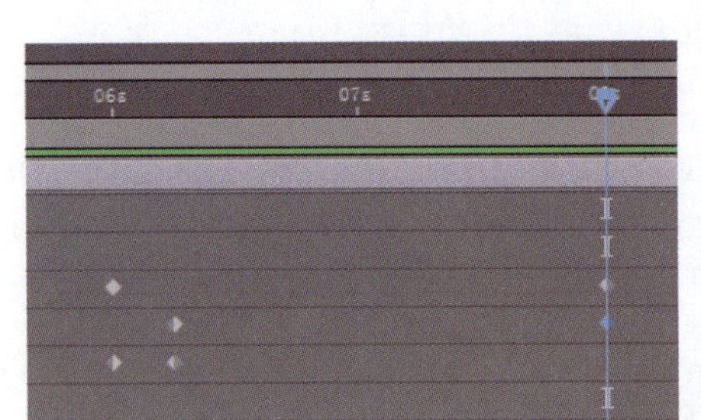

图4-23 创建“缩放”关键帧

11 为了使蜻蜓飞舞的时候有起伏，需要在路径上添加关键帧调整位置。将时间线拖曳到1s处，在“合成”面板中拖动“蜻蜓.gif”图层调整其位置，系统会自动在此处创建“位置”关键帧，运动路径也随之改变，拖动方向手柄调整路径的方向线，如图4-24所示。

图4-24 创建“位置”关键帧并调整路径的方向线（一）

12 将时间线拖曳到7s处，在“合成”面板中拖动“蜻蜓.gif”图层调整其位置，系统会自动在此处创建“位置”关键帧，运动路径也随之改变，拖动方向手柄调整路径的方向线，如图4-25所示。

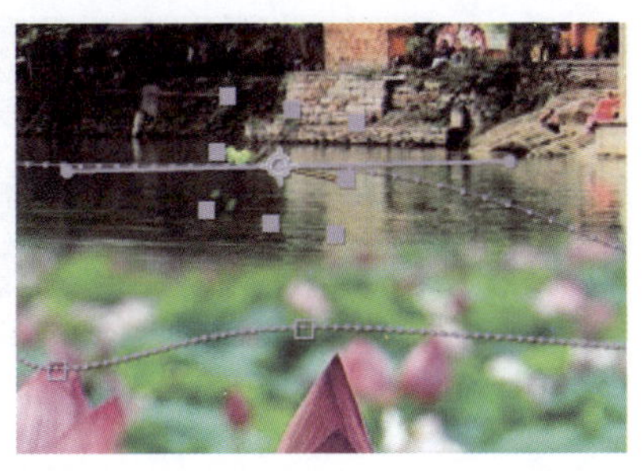

图 4-25　创建“位置”关键帧并调整路径的方向线（二）

13 将时间线拖曳到起始帧处，单击“预览”面板中的“播放”按钮，查看动画效果，如图 4-26 所示。

1s20

4s

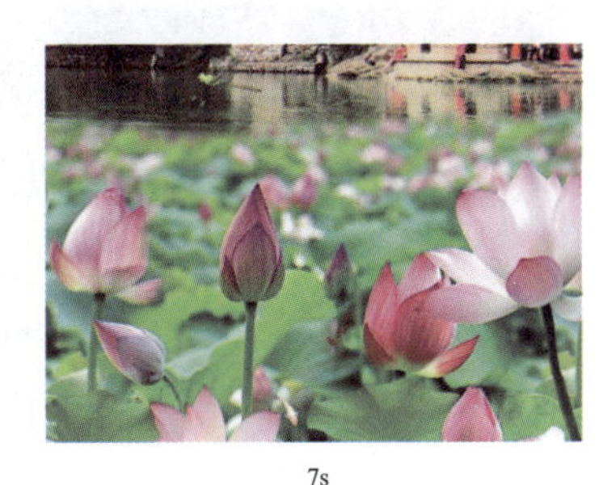
7s

图 4-26　动画效果

14 在菜单栏中选择“文件”→“另存为”→“另存为”命令（组合键：Ctrl+Shift+S），打开“另存为”对话框，设置保存路径，输入文件名“蜻蜓展翅飞舞”，单击“保存”按钮，保存项目。

案例——月球绕着地球转

本案例制作月球绕着地球转动画，并且对操作步骤进行详细讲解，使读者熟练掌握使用形状工具创建蒙版路径作为运动路径的方法。

01 在菜单栏中选择“文件”→“导入”→“文件”命令（组合键：Ctrl+I），打开“导入文件”对话框，选择“星空.jpg”“月球.png”和“地球.png”文件，勾选“创建合成”复选框，单击“导入”按钮，打开“基于所选项新建合成”对话框，选择“单个合成”单选按钮，设置“使用尺寸来自”为“星空.jpg”、“静止持续时间”为 8s，其他参数采用默认设置，单击“确定”按钮，系统会采用素材名称作为合成名称。

02 将“星空.jpg”图层放置在底层，在“地球”图层的“变换”节点下调整“缩放”为“31%”，如图 4-27 所示。

03 新建一个调整图层，将其重命名为“路径”，单击工具栏的形状工具组中的“椭圆工具”按钮，在“合成”面板中的适当位置绘制一个椭圆。

04 在菜单栏中选择“图层”→“变换”→“视点居中”命令（组合键：Ctrl+Home），使“路径”图层位于视图中心，如图 4-28 所示。

05 在“月球”图层的“变换”节点下调整“缩放”为“20%”。

图 4-27　调整地球大小

图 4-28　使“路径”图层位于视图中心

06 展开“路径”图层的“蒙版”→“蒙版”节点，选中“蒙版路径”选项，按组合键 Ctrl+C，展开“月球.png”图层的“变换”节点，在“位置”选项上按组合键 Ctrl+V，将路径复制到位置，系统会自动根据路径上的节点生成关键帧，如图 4-29 所示。

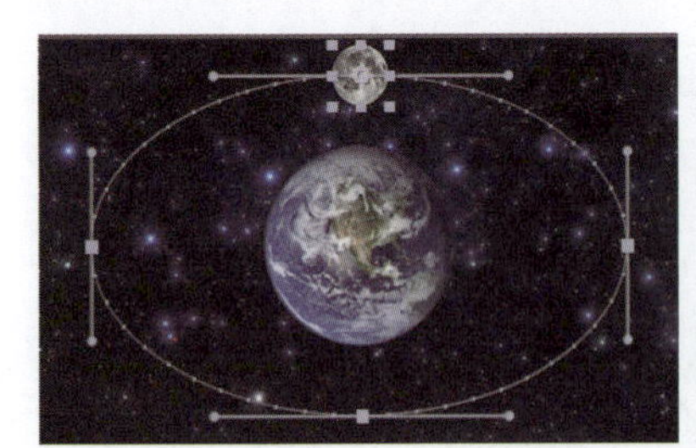

图 4-29　根据路径上的节点生成关键帧

07 选中最后一个关键帧，将其拖动到 8s 处，其他关键帧会均匀分布在时间线上，如图 4-30 所示。

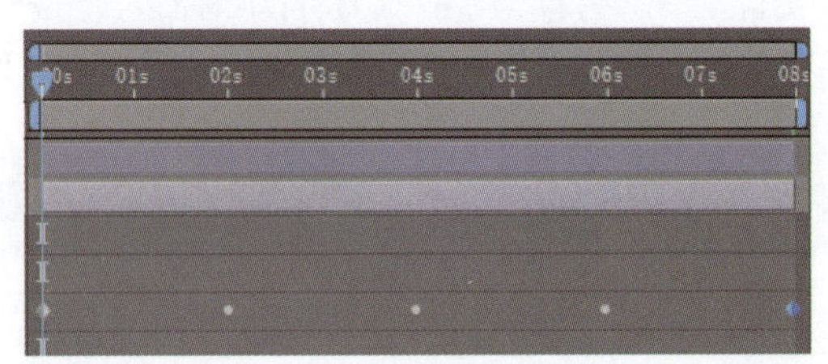

图 4-30　调整关键帧

08 将时间线拖曳到起始帧处，单击“预览”面板中的“播放”按钮▶，查看动画效果，月球会沿着椭圆路径绕地球旋转，如图 4-31 所示。

1s

4s

6s

7s

图 4-31　动画效果

提示

由于在输出的动画中路径是不可见的，所以在预览时只能看到运动的月球，不能看到路径。

09 在菜单栏中选择“文件”→“另存为”→“另存为”命令（组合键：Ctrl+Shift+S），打开“另存为”对话框，设置保存路径，输入文件名“月球绕着地球转”，单击“保存”按钮，保存项目。

项目总结

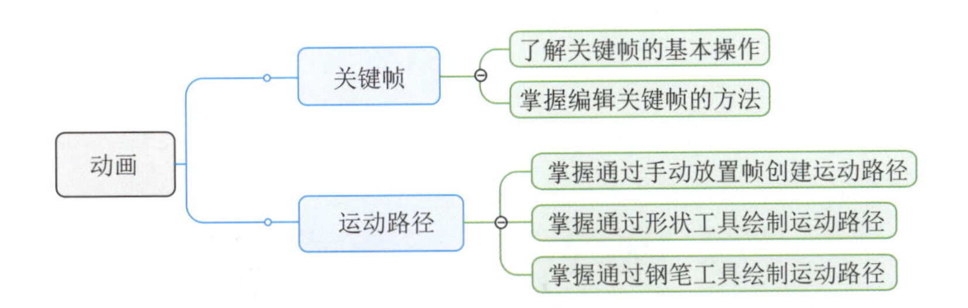

项目实战

实战一　科幻场景

01 导入“背景.jpg”文件和“火球.jpg”文件，如图 4-32 所示，其持续时间为 8s。

背景

火球

图 4-32　素材

02 将“背景.jpg”图层放置在“火球.jpg”图层的下方，将时间线拖曳到 0s 处，设置“缩放”为“300.0,300.0%”、“不透明度”为“0%”，创建第一个关键帧，如图 4-33 所示。

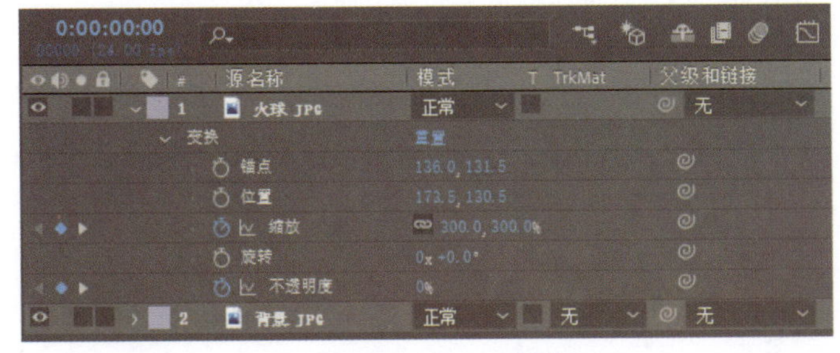

图 4-33　创建第一个关键帧

03 将时间线拖曳到 8s 处，设置“缩放”为“130.0,130.0%”、“不透明度”为“100%”，创建第二个关键帧，如图 4-34 所示。

图 4-34　创建第二个关键帧

04 将时间线拖曳到起始帧处，单击“预览”面板中的“播放”按钮，查看动画效果，如图 4-35 所示。

0s

4s

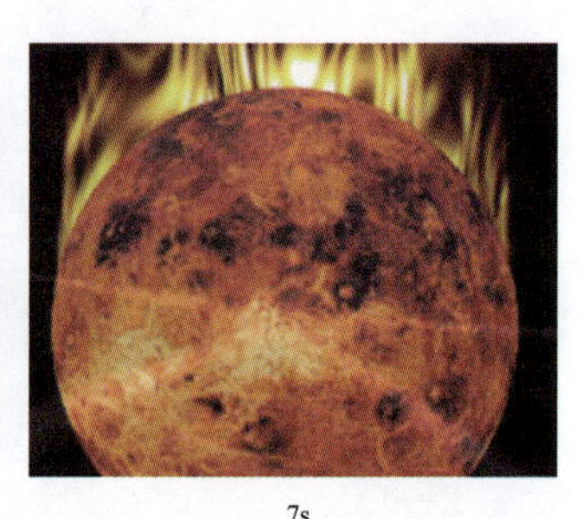

7s

图 4-35　动画效果

实战二　小球环绕

01 新建“小球”合成。单击工具栏的形状工具组中的“椭圆工具”按钮，设置“填充”为纯色、“填充颜色”为红色、“描边”为“无”，在“合成”面板中的适当位置绘制一个圆（“大小”为“50.0,50.0”）。

02 在菜单栏中选择“图层”→“变换”→“在图层内容中居中放置锚点”命令（组合键：Ctrl+Alt+Home），将图层的锚点设置在图层的中心，在菜单栏中选择“图层”→“变换”→“视点居中”命令（组合键：Ctrl+Home），使“小球”图层位于视图中心，如图 4-36 所示。

03 在菜单栏中选择“图层”→“新建”→“调整图层”命令（组合键：Ctrl+Alt+Y），创建“调整图层 1”图层，按主键盘上的 Enter 键，将其重命名为“路径”，再次按 Enter 键确认。

04 单击工具栏的形状工具组中的“椭圆工具”按钮，在“合成”面板中的适当位置绘制一个椭圆。

05 在菜单栏中选择“图层”→“变换”→“视点居中”命令（组合键：Ctrl+Home），使“路径”图层位于视图中心，如图 4-37 所示。

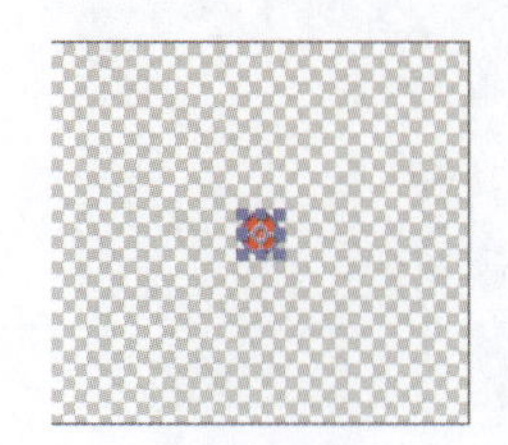

图 4-36　使“小球”图层位于视图中心

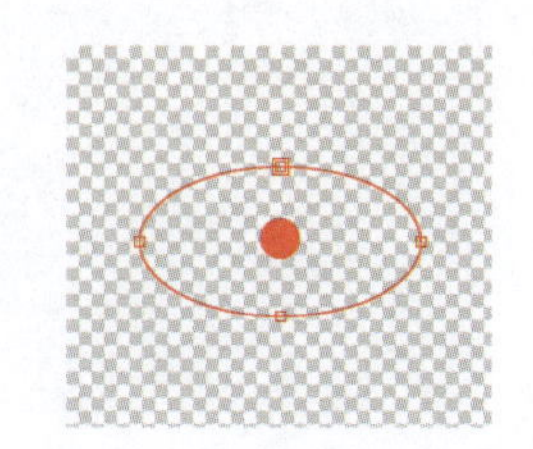

图 4-37　使“路径”图层位于视图中心

06 展开“路径”图层的“蒙版”→“蒙版”节点，选中“蒙版路径”选项，按组合键 Ctrl+C，展开“小球”图层的“变换”节点，在“位置”选项上按组合键 Ctrl+V，将路径复制到位置，系统会自动根据路径上的节点生成关键帧，如图 4-38 所示。

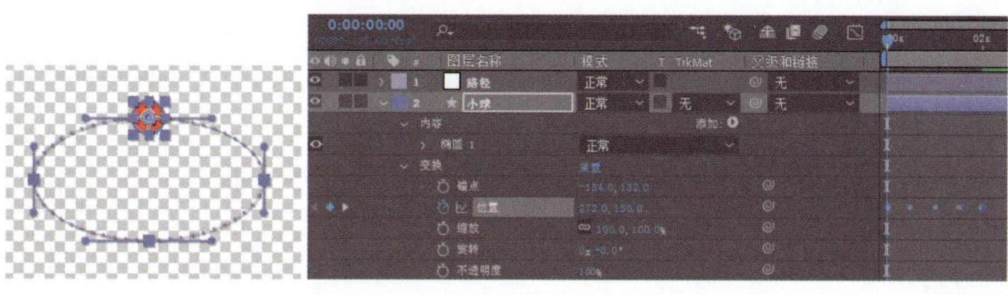

图 4-38　根据路径上的节点生成关键帧

07 选中最后一个关键帧，将其拖动到 6s 处，其他关键帧会均匀分布在时间线上，如图 4-39 所示。

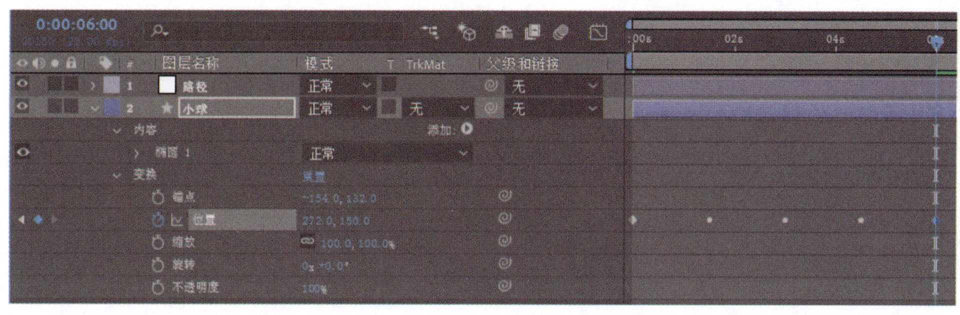

图 4-39　调整关键帧

08 将时间线拖曳到起始帧处，单击“预览”面板中的“播放”按钮▶，查看动画效果，小球会沿着椭圆路径运动，如图 4-40 所示。

图 4-40　动画效果

提示

由于在输出的动画中路径是不可见的，所以在预览时只能看到运动的小球，不能看到路径。

09 在菜单栏中选择“文件”→“另存为”→“另存为”命令（组合键：Ctrl+Shift+S），打开“另存为”对话框，设置保存路径，输入文件名“小球环绕”，单击“保存”按钮，保存项目。

项目五 文字与文本动画

思政目标

- 工作严谨、认真，关注细小因素造成的影响。
- 培养创新意识，充分挖掘潜能，调动自身积极性。

技能目标

- 能够创建和编辑文字。
- 能够运用动画制作器、文本选择器进行相关文字动画的制作。
- 能够使用 3D 动画属性以三维形式移动、缩放、旋转字符。
- 能够创建文本路径动画。

项目导读

文字可以准确、直观地传递作品信息，例如影片的片名、演职员表、唱词、对白，以及人物介绍、地名和年代等。修饰得当的文本对象不仅能够传递信息，还能够给人以视觉的享受。

本项目讲解文本的创建与编辑方法，以及文字动画的创建方法。

任务一　创建和编辑文本

任务引入

国庆节快到了，老师要求小白制作一个房产平面广告，希望上面的文字能吸引顾客。那么怎样使用文字工具创建具有各种效果的文字呢？

知识准备

在视频动画的制作中，需要在后期添加字幕、旁白等来表达视频内容，也会添加一些文字动画为视频添加效果。与在 Photoshop 中创建文字相似，在 After Effects 中，文字也是基于单独的文本图层创建的。

一、创建文本

（1）在菜单栏中选择“图层”→“新建”→“文本”命令（组合键：Ctrl+Alt+Shift+T），创建空文本图层，如图 5-1 所示。在“合成”面板中显示文本的输入点并激活文字工具按钮。

图 5-1　创建空文本图层

用户也可以单击工具栏中的“横排文字工具”按钮，在“合成”面板中的适当位置单击确定文本的输入点。

（2）在“字符”面板中设置文本的字体、颜色、大小、间距等参数，如图 5-2 所示。

- 字体：主要用于独立地选择字体系列及其字体样式。字体系列（或字样）是具有相同整体外观的字体所形成的集合。
- 字体大小：主要用于确定文字在图层中显示的大小。在 After Effects 中，字体的度量单位是像素。当文本图层的缩放值为 100% 时，像素值与合成像素一对一地匹配。因此，如果将文本图层缩放到 200%，字体显示为双倍大小，例如，图层中 10 个像素的字体大小在合成中看起来是 20 个像素。
- 行距：文本行之间的间距。
- 字偶间距调整：增加或减少特定字符对之间的间距的过程。
- 字符间距调整：在一组字母中创建相等间距的过程。正字偶或字符间距值会将字符分开（增加默认间距）；负字偶或字符间距值会将字符靠近（缩小默认间隔）。
- 填充：应用于单个字符的形状内部的区域。
- 描边：应用于字符的轮廓。After Effects 通过使描边在字符路径上居中，使字符应用描边，一半描边出现在路径的一侧，另一半描边出现在路径的另一侧。
- 缩放：“水平缩放”和“垂直缩放”主要用于指定文本的高度和宽度之间的比例。未缩放字符的“水平缩放”和“垂直缩放”均为 100%。
- 基线偏移：主要用于控制文本与其基线之间的距离，通过提升或降低选定文本可以创建上标或下标。

（3）在“段落”面板中设置文字的缩进、对齐方式和间距等参数，如图 5-3 所示。

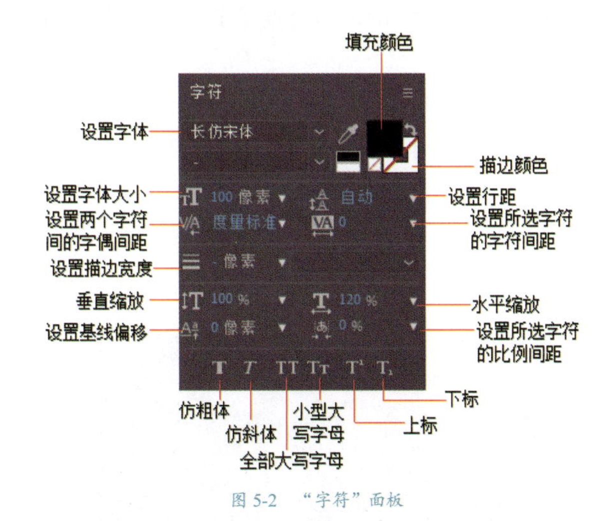

图 5-2　“字符”面板

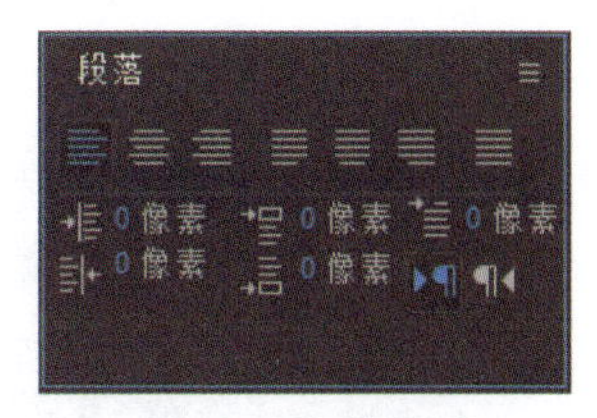

图 5-3　“段落”面板

：设置段落为左对齐。

：设置段落为居中对齐。

：设置段落为右对齐。

：设置段落文字的最后一行为左对齐，其余为两端对齐。

：设置段落文字的最后一行为居中对齐，其余为两端对齐。

：设置段落文字的最后一行为右对齐，其余为两端对齐。

：设置段落的所有文字都为两端对齐。

0 像素：调整水平文字的左侧缩进，可以手动输入文字，也可以直接在数值处拖动调整缩进。

0 像素：调整水平文字的右侧缩进。

0 像素：在文字段落前添加空格。

0 像素：在文字段落后添加空格。

0 像素：调整文字段落的首行缩进。

：设置文本方向从左到右。

：设置文本方向从右到左。

案例——房产广告

本案例制作房产广告效果，并且对操作步骤进行详细讲解，使读者熟练掌握设置文本字体、大小、填充颜色等的方法。

01 在菜单栏中选择“文件”→“导入”→“文件”命令（组合键：Ctrl+I），打开“导入文件”对话框，选择“背景.jpg”文件，勾选“创建合成”复选框，单击“导入”按钮。

02 在菜单栏中选择“合成”→“新建合成”命令（组合键：Ctrl+N），或者在“合成”面板中单击“新建合成”按钮，或者在“项目”面板中单击“新建合成”按钮，打开“合成设置”对话框，将“宽度”和“高度”均设置为“400px”，其他参数采用默认设置，创建合成。

03 在菜单栏中选择“图层”→“新建”→“文本”命令（组合键：Ctrl+Alt+Shift+T），或者单击工具栏中的“横排文字工具”按钮，在视图中的适当位置单击，确定文本的起点，创建空文本图层。

04 在“字符”面板中设置“字体”为“CommercialScript BT”，在“字体大小”选项上按住鼠标左键并拖动，用于调整文字的大小，或者直接修改其值，这里设置“字体大小”为“40 像素”，如图 5-4 所示。

05 单击“填充颜色”色块，打开“文本颜色”对话框，设置颜色为黑色（颜色值为 #000000），单击“确定”按钮，更改文字的颜色，如图 5-5 所示。

图 5-4 设置字体大小

图 5-5 “文本颜色”对话框

After Effects 不提供为文本添加下画线的字符样式，可以使用其他图形元素为文本添加下画线。例如，使用包含描边的路径的形状图层，将描边应用于打开的蒙版，使用写入效果，以及使用一系列间隔（间距）很小的动态下画线或短横线字符。

06 输入文本“Upgrade your life”，效果如图 5-6 所示。

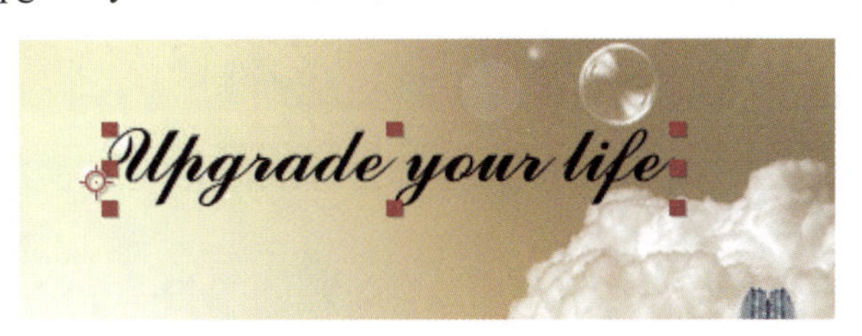

图 5-6　输入文本 1

07 单击工具栏中的“横排文字工具”按钮T，在视图中的适当位置单击，确定文本的起点，创建空文本图层。

08 在“字符”面板中设置“字体”为“CommercialScript BT”，在“字体大小”选项上按住鼠标左键并拖动，用于调整文字的大小，或者直接修改其值，这里设置“字体大小”为“20 像素”，设置“字体填充颜色”为暗红色，如图 5-7 所示。

09 输入文本“产品证号营销策划”，如图 5-8 所示。

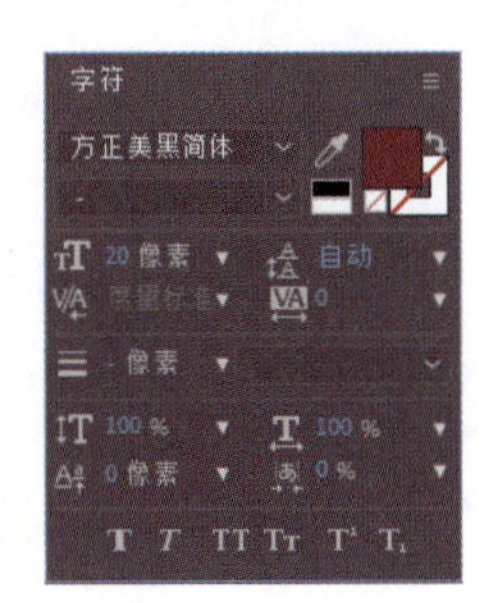

图 5-7　“字符”面板

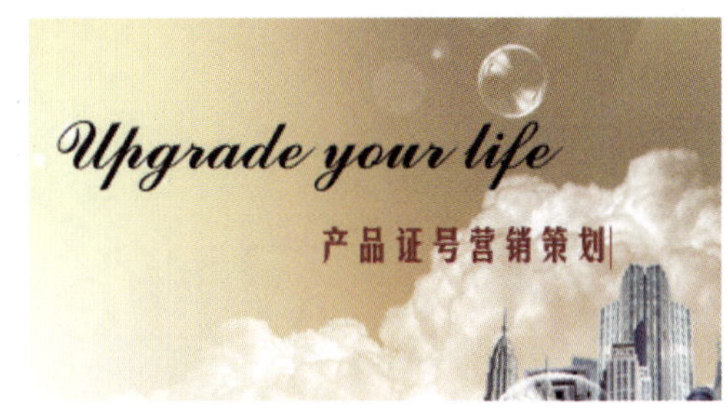

图 5-8　输入文本 2

10 采用相同的方法创建其他文本，如图 5-9 所示。

图 5-9　房产广告

11 在菜单栏中选择“文件”→“保存”命令（组合键：Ctrl+S），打开“另存为”对话框，设置保存路径，输入文件名“房产广告”，单击“保存”按钮，保存项目。

二、编辑文本

选取要编辑的文本，在“字符”面板和“段落”面板中修改参数，对文本进行编辑。

如果选中了文本，那么“字符”面板中的参数设置仅影响选中的文本；如果没有选中文本，那么“字符”面板中的参数设置会影响所选文本图层和文本图层的选定源文本关键帧（如果存在）；如果没有选中文本，并且没有选中文本图层，那么“字符”面板中的参数设置会成为下一个文本项的默认参数设置。

案例——彩色文字

本案例制作彩色文字效果，并且对操作步骤进行详细讲解，使读者熟练掌握文本的编辑过程。

01 在菜单栏中选择“合成”→“新建合成”命令（组合键：Ctrl+N），或者在“合成”面板中单击“新建合成”按钮，或者在“项目”面板中单击“新建合成”按钮，打开“合成设置”对话框，设置“宽度”为“800px”、“高度”为“400px”，其他参数采用默认设置，创建合成。

02 在菜单栏中选择“图层”→“新建”→“文本”命令（组合键：Ctrl+Alt+Shift+T），或者单击工具栏中的“横排文字工具”按钮，在视图中的适当位置单击，确定文本的起点，创建空文本图层。

03 输入文字“After Effects”，选中所有文字或者直接选择该图层，在“字符”面板中设置“字体”为“Century Schoolbook”、“字体大小”为“100 像素”，填充颜色为红色，效果如图 5-10 所示。

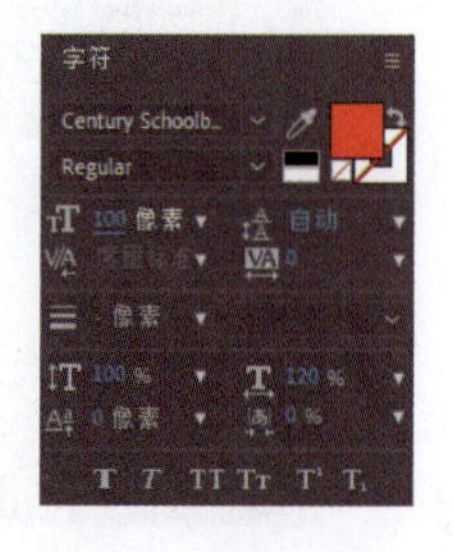

图 5-10 “字符”面板中的参数设置及效果（一）

04 选中“fter”文本，在“字符”面板中设置“字体样式”为“Chiller”，设置填充颜色为黄色。单击“描边颜色”色块，打开“文本颜色”对话框，设置颜色为红色，单击“确定”按钮，返回“字符”面板。在“描边宽度”选项上按住鼠标左键并拖动，用于调整描边大小，或者直接修改其值，这里设置“描边宽度”为“3 像素”，效果如图 5-11 所示。

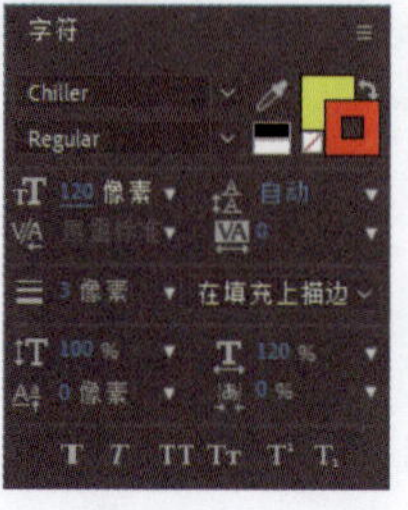

图 5-11 “字符”面板中的参数设置及效果（二）

05 选中“ff”文本，在“字符”面板中设置“字体样式”为“EmbossedBlack”，设置填充颜色为蓝色，效果如图 5-12 所示。

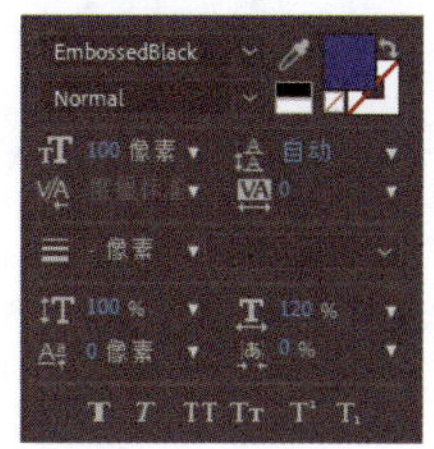

图 5-12　“字符”面板中的参数设置及效果（三）

06 选中“ects”文本，在“字符”面板中设置“字体样式”为“Variane Script”，设置“填充颜色”为绿色、“描边颜色”为橙色、“描边宽度”为“4 像素”，在“水平缩放”选项上按住鼠标左键并拖动，用于调整水平缩放大小，或者直接修改其值，这里设置“水平缩放”为“200%”，效果如图 5-13 所示。

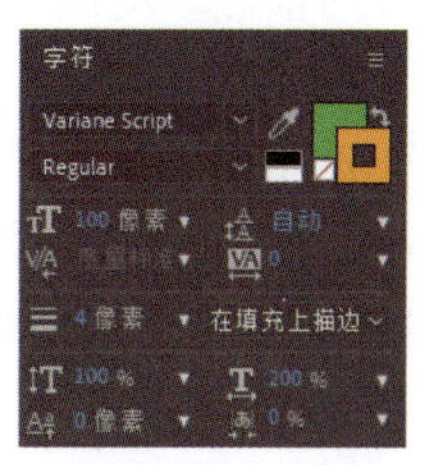

图 5-13　“字符”面板中的参数设置及效果（四）

07 在菜单栏中选择“文件”→“保存”命令（组合键：Ctrl+S），打开“另存为”对话框，设置保存路径，输入文件名“彩色文字”，单击“保存”按钮，保存项目。

任务二　文字动画

任务引入

小白已经对文字工具有所掌握，但视频中通常包括动画标题、下沿字幕等，这些都需要为文字添加动画效果。那么怎样利用动画文本属性实现逐字符显示文本？怎样利用动画制作器创建文字动画？怎样利用文本的 3D 属性创建文字动画？怎样使文字沿着绘制的路径运动？

知识准备

一、动画制作器

在菜单栏中选择“动画”→“动画文本”命令，弹出“动画文本”子菜单，如图 5-14 所示；或者在文本图层的“文本”选项右侧单击“动画”按钮，弹出“动画”菜单，如图 5-15 所示。

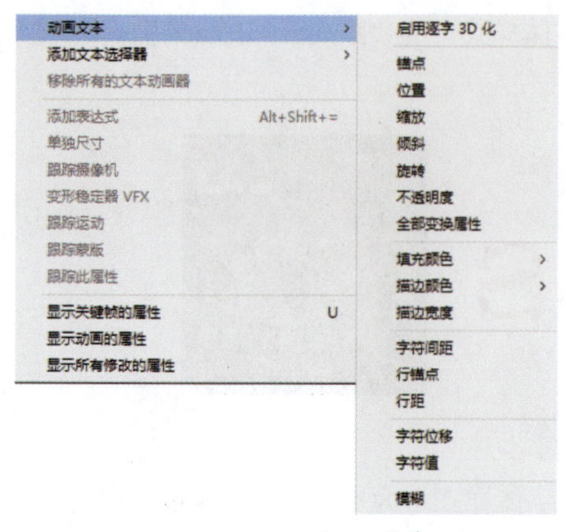

图 5-14 “动画文本”子菜单

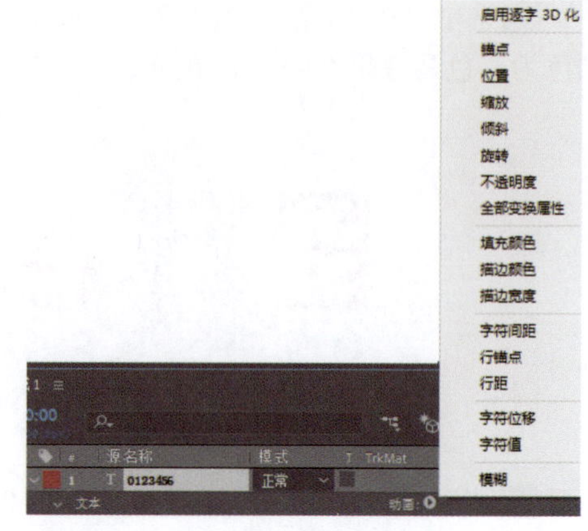

图 5-15 “动画”菜单

- 启用逐字 3D 化：主要用于向文本图层中添加 3D 属性。此命令不会向动画制作器组中添加属性。
- 锚点：字符的锚点。动画制作器相对于锚点为字符位置、旋转和大小等相关属性设置动画。
- 位置：字符的位置。用户可以在“时间轴”面板中指定此属性的值或对其进行修改，具体方法为在“时间轴”面板中选中该属性，使用选取工具拖动“合成”面板中的图层，当选取工具位于文本字符上时会变成移动工具。使用移动工具拖动不会影响位置的 Z（深度）组件。
- 缩放：字符的比例。因为缩放是相对于锚点而言的，所以修改缩放的 Z 分量不会产生明显结果，除非文本也具有包含非零 Z 值的锚点动画制作器。
- 倾斜：字符的倾斜度。倾斜轴是指定字符沿其倾斜的轴。
- 旋转：如果为文本图层添加了“启用逐字 3D 化”属性，可以单独设置每个轴的旋转，否则只有“旋转”命令可用（它与“Z 轴旋转”相同）。
- 全部变换属性：将所有的“变换”属性一次性添加到动画制作器组中。
- 行锚点：每行文本的字符间距对齐方式。将该值设置为“0%”，表示指定左对齐；将该值设置为“50%”，表示指定居中对齐；将该值设置为“100%”，表示指定右对齐。
- 行距：多行文本图层中文本行之间的间距。
- 字符位移：将选定字符偏移的 Unicode 值。例如，将该值设置为 5，表示按字母顺序将单词中的字符前进 5 步，因此单词 offset 会变成 tkkxjy。
- 字符值：选定字符的新 Unicode 值，将每个字符都替换为新值表示的字符。例如，将该值设置为 65，表示将单词中的所有字符都替换为第 65 个 Unicode 字符（A），因此单词 value 会变为 AAAAA。

注意

每次向图层中添加“字符位移”或“字符值”属性，都会出现字符范围属性。选择“保留大小写及数位”选项，可将字符保留在其各自的组中，组包括大写罗马字、小写罗马字、数字、符号、日语片假名等；选择“完整的 Unicode”选项，则允许无限制的字符更改。

- 模糊：要添加到字符中的高斯模糊量，可以分别指定水平和垂直模糊量。

案例——逐个显示文字

此案例主要通过动画制作器为文本设置动画。

01 在菜单栏中选择“合成”→“新建合成”命令（组合键：Ctrl+N），或者在“合成”面板中单击“新建合成”按钮，或者在“项目”面板中单击“新建合成”按钮，打开“合成设置”对话框，设置“宽度”为“800px”、“高度”为“400px”、“背景颜色”为红色，其他参数采用默认设置，单击“确定”按钮，创建合成。

02 在菜单栏中选择“图层”→“新建”→“文本”命令（组合键：Ctrl+Alt+Shift+T），或者单击工具栏中的“横排文字工具”按钮，在视图中的适当位置单击，确定文本的起点，创建空文本图层。

03 在“字符”面板中设置“字体”为“Adobe 黑体 Std”、“字体大小”为“130 像素”，在视图中输入文字“0123456”，如图 5-16 所示。

04 在文本图层的“文本”选项右侧单击“动画”按钮，在弹出的“动画”菜单中选择“不透明度”命令，添加“动画制作工具 1”及“不透明度”参数，设置“不透明度”为“0%”，如图 5-17 所示。

图 5-16　输入文字

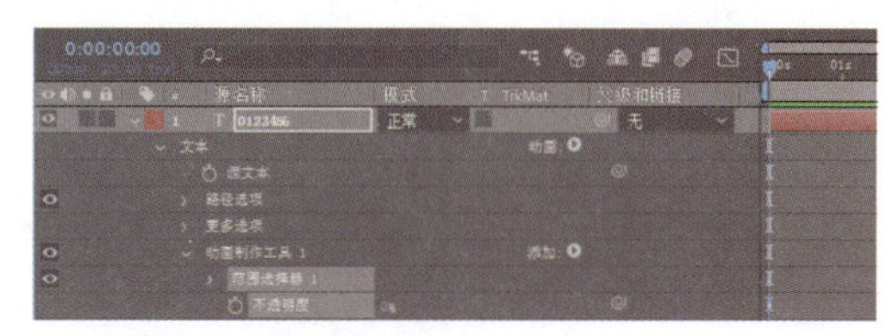

图 5-17　设置“不透明度”为“0%”

05 展开“文本”→“动画制作工具 1”→“范围选择器 1”节点，单击“起始”前的“时间变换秒表”图标，创建第一个“位置”关键帧，如图 5-18 所示。

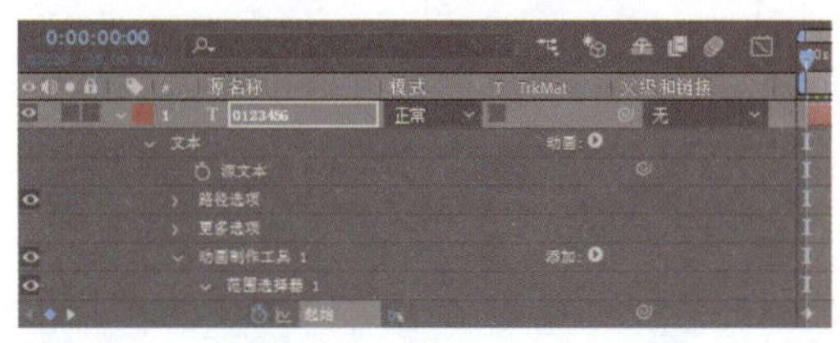

图 5-18　创建第一个“位置”关键帧

06 将时间线拖曳到 7s 处，设置“起始”为“100%”，创建第二个“位置”关键帧，如图 5-19 所示。

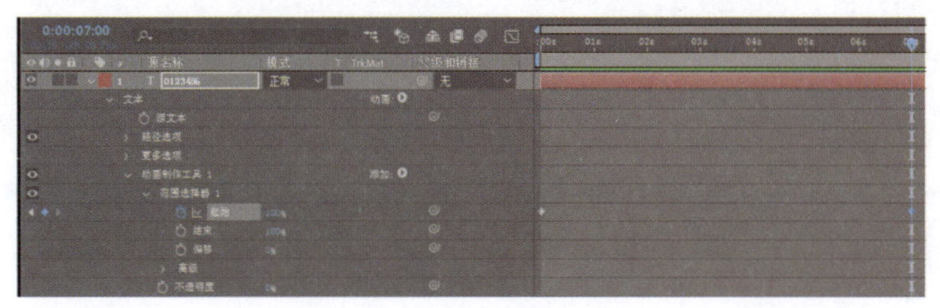

图 5-19　创建第二个“位置”关键帧

“范围选择器”中的相关属性如下。

- 起始：设置范围选择器有效范围的起始点。
- 结束：设置范围选择器有效范围的结束点。
- 偏移：可以调整“起始”和“结束”范围内的偏移值。当偏移值为 0% 时，“起始”和“结束”属性将不起任何作用，仅保持在用户设置的位置；当偏移值为 100% 时，“起始”和“结束”属性位置将移至文本末端。

07 将时间线拖曳到起始帧处，单击“预览”面板中的“播放”按钮▶，查看动画效果，如图 5-20 所示。

图 5-20　动画效果

08 单击“文本”选项右侧的“动画”按钮◐，在弹出的“动画”菜单中选择“填充颜色”→“色相”命令，或者在“动画制作工具 1”选项右侧单击“添加”按钮◐，在弹出的菜单中选择“属性”→“填充颜色”→“色相”命令，添加“填充色相”属性，如图 5-21 所示。

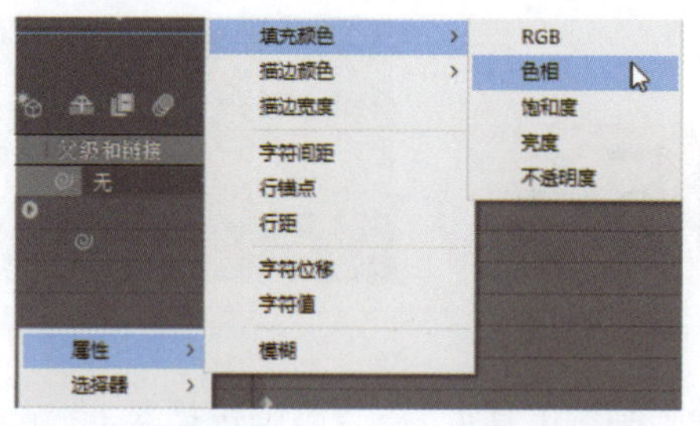

图 5-21　“添加”菜单

09 将时间线拖曳到起始帧处，展开“文本”→“动画制作工具 1”→“范围选择器 1”节点，单击“填充色相”前的“时间变换秒表”图标⏱，创建第一个“填充色相”关键帧。

10 将时间线拖曳到 7s 处，设置“填充色相”为“0x+360.0°”或“1x+0.0°”，创建第二个“填充色相”关键帧，如图 5-22 所示。

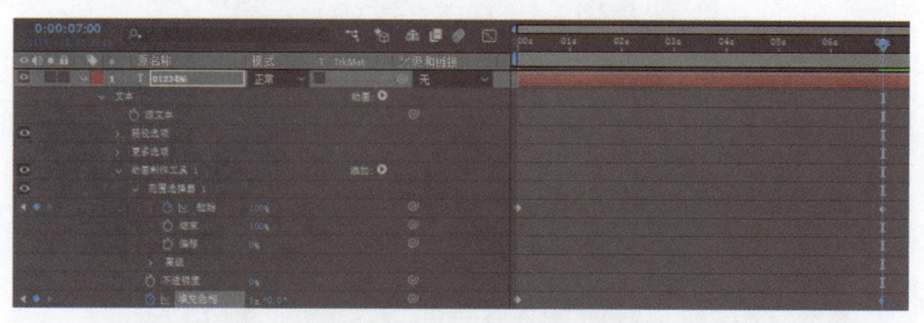

图 5-22　创建第二个“填充色相”关键帧

11 将时间线拖曳到起始帧处，单击“预览”面板中的“播放”按钮▶，查看动画效果，如图 5-23 所示。

01234

2s14　　4s20　　6s15

图 5-23　动画效果

12 在菜单栏中选择“文件”→“保存”命令（组合键：Ctrl+S），打开“另存为”对话框，设置保存路径，输入文件名“逐个显示文字”，单击“保存”按钮，保存项目。

二、文本选择器

每个动画制作器组都包括一个默认的范围选择器。用户可以替换默认选择器，将其他选择器添加到动画制作器组中，也可以从组中移除选择器。

选择器与蒙版非常类似，可以使用选择器指定需要影响文本范围的哪个部分及影响程度。用户可以使用多个选择器，并且为每个选择器指定一个“模式”，用于确定它如何与文本及同一个动画制作器组中的其他选择器交互。如果只有一个选择器，那么“模式”指定选择器与文本之间的交互，“相加”是默认行为，“相减”会反转选择器的影响。

在菜单栏中选择“动画”→“添加文本选择器”命令，如图 5-24 所示；或者单击“动画制作工具”选项右侧的“添加”按钮，在弹出的菜单中选择“选择器”命令，如图 5-25 所示。

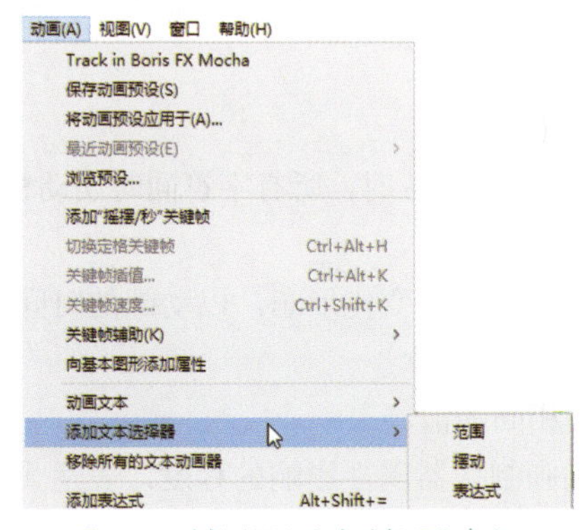

图 5-24　选择“添加文本选择器”命令

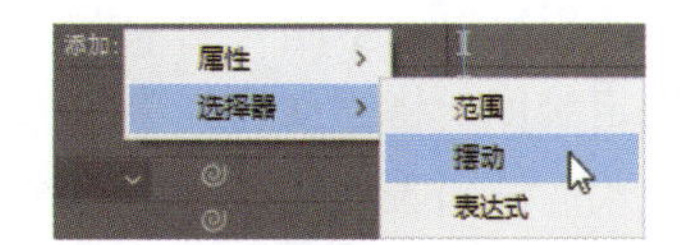

图 5-25　选择“选择器”命令

- 范围：每个动画制作器组都有一个默认的范围选择器。范围选择器如图 5-26 所示。
  - ➢ 起始 / 结束：选择项的开始和结束。
  - ➢ 偏移：从“起始”和“结束”属性指定的选择项偏移的量。
  - ➢ 单位：设置“起始”“结束”和“偏移”属性的单位。可以使用百分比或索引单位，并且基于字符、不包含空格的字符、词或行进行选择。如果使用字符作为单位，那么 After Effects 会将空格计算在内，并且在为单词之间的空格设置动画时会暂停单词之间的动画。

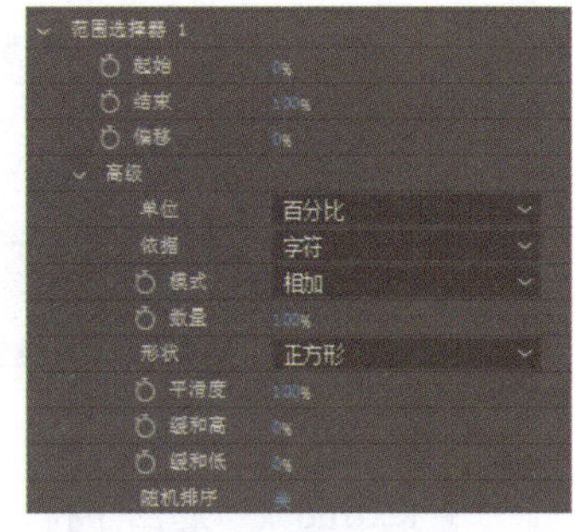

图 5-26　范围选择器

  - ➢ 模式：指定每个选择器如何与文本及其上方的选择器进行组合，类似于在应用蒙版模式时指定多个蒙版如何进行组合。
  - ➢ 数量：指定字符范围受动画制作器属性影响的程度。当该值为 0% 时，动画制作器属性不影响字符；当该值为 50% 时，动画制作器每个属性值的一半影响字符。此选项可用于随时间的推移为动画制作器属性的结果设置动画。借助表达式选择器，可以使用表达式动态设置此选项。

➢ 形状：控制如何在开始和结束范围内选择字符。每个选项均通过使用所选形状在选定字符之间创建过渡修改选择项，包括“正方形”“上斜坡”“下斜坡”“三角形”“圆形”和“平滑”选项。

➢ 平滑度：在使用“正方形”形状时，动画从一个字符过渡到另一个字符所用的时间。

➢ 缓和高、缓和低：主要用于确定在选择项的值从完全包含（高）更改为完全排除（低）时的变化速度。例如，如果将“缓和高”设置为“100%”，那么当字符从完全选定变为部分选定时，它以一种更循序渐进的方式变化（缓和更改）；如果将“缓和高”设置为“-100%”，那么当字符从完全选定变为部分选定时，它迅速变化；如果将“缓和低”设置为“100%”，那么当字符从部分选定变为未选定时，它以一种更循序渐进的方式变化（缓和更改）；如果将“缓和低”设置为“-100%”，那么当字符从部分选定变为未选定时，它迅速变化。

➢ 随机排序：以随机顺序向范围选择器指定的字符应用属性。

- 摆动：摆动选择器使所选项随时间的推移产生指定程度的变化，摆动选择器如图 5-27 所示。

➢ 最大量和最小量：指定与动画制作器属性值相比变化的最大量或最小量。将二者结合起来，与范围选择器中的“数量”选项类似。

➢ 摇摆 / 秒：设置的选择项每秒发生的变化量。

➢ 关联：每个字符的变化之间的关联。当该值为 100% 时，所有字符同时摆动相同的量；当该值为 0% 时，所有字符独立地摆动。

➢ 时间相位和空间相位（旋转次数 + 度数）：摆动的变化形态，以动画的时间相位为依据或以字符（空间）为依据。

➢ 锁定维度：将摆动选择项的每个维度缩放相同的值。

- 表达式：使用表达式动态指定希望字符受动画制作器属性影响的程度，表达式选择器如图 5-28 所示。在默认情况下，“数量”属性以表达式 selectorValue* textIndex/textTotal 开头。表达式选择器允许表示每个字符的选择器值。表达式的每个字符被计算一次。在每次计算时，都会更新输入参数 textIndex，用于匹配字符的索引。

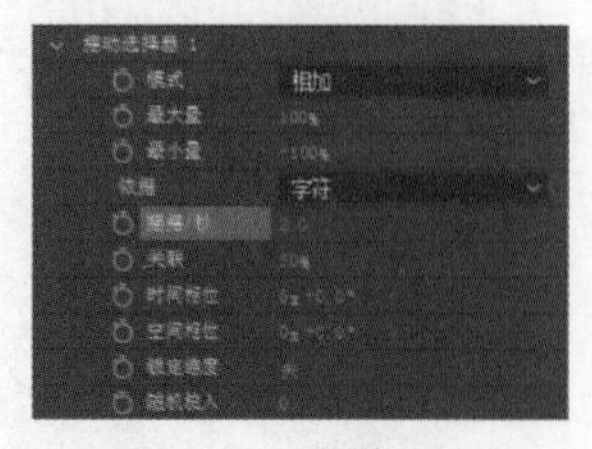

图 5-27 摆动选择器

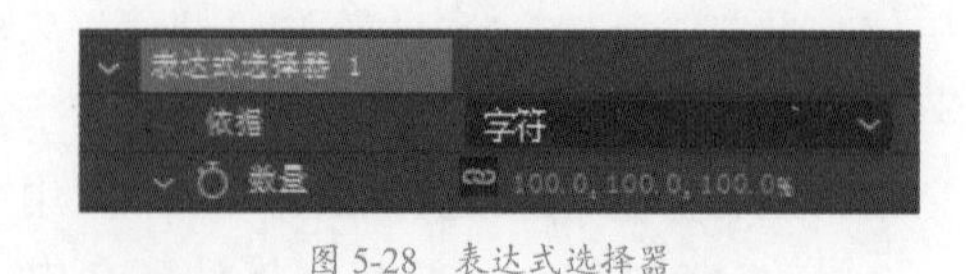

图 5-28 表达式选择器

➢ textIndex：返回字符、单词或行的索引。

➢ textTotal：返回字符、单词或行的总数。

➢ selectorValue：返回前一个选择器的值。将此值看成来自堆积顺序中表达式选择器上方的选择器的输入。

注意

textIndex、textTotal 与 selectorValue 属性只能与表达式选择器一起使用，在别处使用会导致语法错误。

案例——闪烁的文字

此案例主要通过文本选择器为文本设置动画。

01 在菜单栏中选择“文件”→“导入”→“文件”命令（组合键：Ctrl+I），打开“导入文件”对话框，选择“背景.jpg”文件，勾选“创建合成”复选框，单击“导入”按钮，导入素材并创建合成，如图 5-29 所示。

02 在菜单栏中选择“图层”→“新建”→“文本”命令（组合键：Ctrl+Alt+Shift+T），或者单击工具栏中的“横排文字工具”按钮T，在视图中的适当位置单击，确定文本的起点，创建空文本图层。

03 在“字符”面板中设置“字体”为“华文行楷”、“字体大小”为“70 像素”、“填充颜色”为红色、“水平缩放”为“100%”，在背景的方框内输入文字“欢迎光临”，如图 5-30 所示。

图 5-29　导入背景

图 5-30　输入文字

04 单击“文本”选项右侧的“动画”按钮，在弹出的菜单中选择“位置”命令，添加“动画制作工具 1”的“位置”参数，设置“位置”为（0.0,-266.0），或者在“位置”选项的第二个值上按住鼠标左键并拖动，使文字位于背景外，如图 5-31 所示。

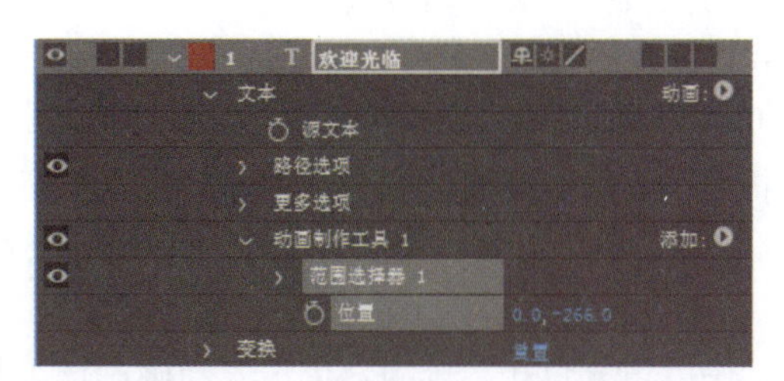

图 5-31　调整文字位置

05 将时间线拖曳到起始帧处，展开“文本”→“动画制作工具 1”→“范围选择器 1”节点，单击“起始”选项前的“时间变换秒表”图标，先创建第一个“范围选择器”关键帧，然后将时间线拖曳到 5s 处，设置“起始”为“100%”，创建第二个“范围选择器”关键帧，如图 5-32 所示。

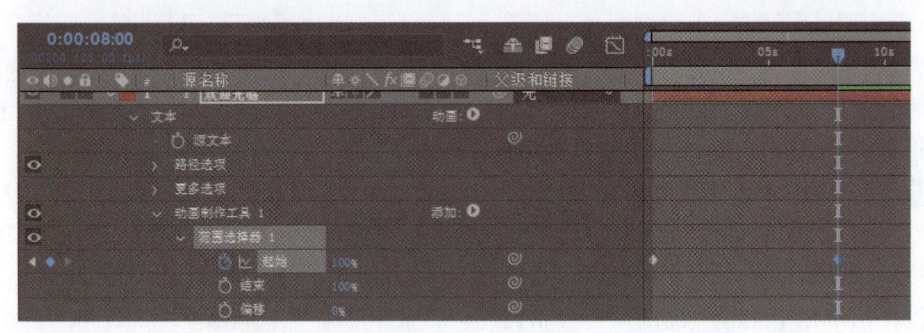

图 5-32　创建第二个“范围选择器”关键帧

06 将时间线拖曳到起始帧处，单击“预览”面板中的“播放”按钮，查看动画效果，如图 5-33 所示。

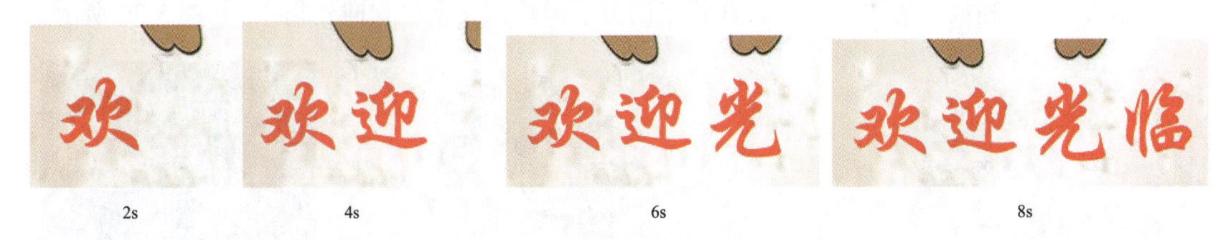

2s　4s　6s　8s

图 5-33　动画效果（一）

07 选中文本图层，单击“文本”选项右侧的“动画”按钮，在弹出的菜单中选择“填充颜色”→“色相”命令，添加“动画制作工具 2”及“填充色相”参数，如图 5-34 所示。

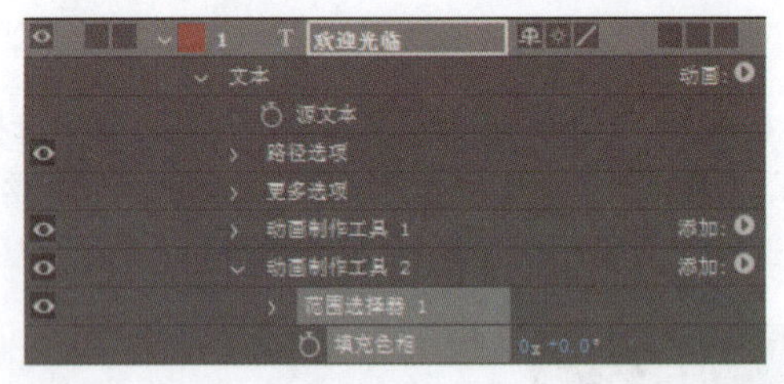

图 5-34　添加参数

08 将时间线拖曳到起始帧处，单击“填充色相”选项前的“时间变换秒表”图标，创建第一个“填充色相”关键帧，将时间线拖曳到 8s 处，设置“填充色相”为“0x+360.0°”或“1x+0.0°”，创建第二个“填充色相”关键帧，如图 5-35 所示。

09 将时间线拖曳到起始帧处，单击“预览”面板中的“播放”按钮，查看动画效果。可见当文字从屏幕顶部落下时会发生变化，但它们都使用同样的颜色，并且最终以原稿颜色结束。

10 选中“填充色相”选项，单击“动画制作工具 2”选项右侧的“添加”按钮，在弹出的菜单中选择“选择器”→“摆动”命令，如图 5-36 所示，添加“摆动选择器 1”属性。

11 展开“文本”→“动画制作工具 2”→“摆动选择器 1”节点，设置“模式”为“相交”、“摇摆 / 秒”为“2.0”，其他参数采用默认设置，如图 5-37 所示。

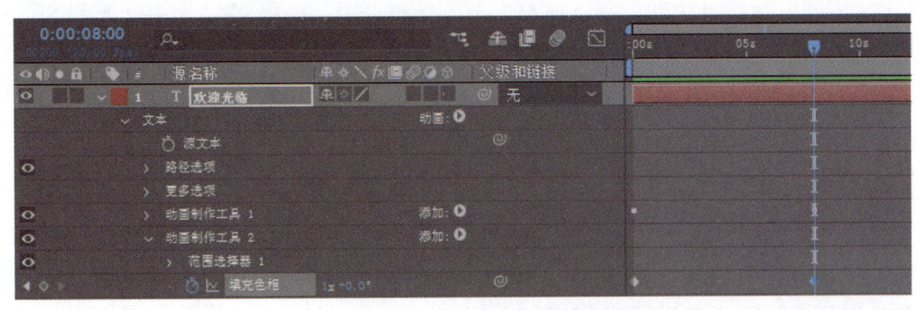

图 5-35 创建“填充色相”关键帧

图 5-36 选择命令

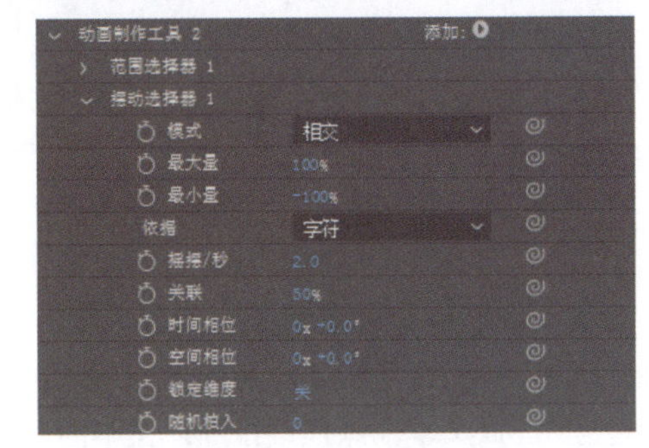

图 5-37 设置“摆动选择器 1”参数

12 将时间线拖曳到起始帧处，单击“预览”面板中的“播放”按钮▶，查看动画效果，如图 5-38 所示。

图 5-38 动画效果（二）

如果将“填充色相”属性添加到“动画制作工具 1”中，添加摆动选择器，那么位置和颜色都会摆动，而不仅仅是颜色摆动。

13 在菜单栏中选择“文件”→“保存”命令（组合键：Ctrl+S），打开“另存为”对话框，设置保存路径，输入文件名“闪烁的文字”，单击“保存”按钮，保存项目。

三、“启用逐字3D化”属性

用户可以使用3D动画属性以三维形式移动、缩放和旋转单个字符。在为文本图层添加“启用逐字 3D 化”属性后，这些属性会变得可用。“位置”“锚点”和“缩放”属性会获得第三个维度；两个额外的“旋转”属性（“X 轴旋转”和“Y 轴旋转”）会变得可用。2D 图层的单个“旋转”属性会被重命名为“Z 轴旋转”。

3D 文本图层有一个自动方向选项——“独立定向每个字符”，如果选择该选项，那么每个字符各自的锚点会定向每个字符，用于面向活动摄像机。如果尚未为文本图层添加“启用逐字 3D 化”属性，那么选择“独立定向每个字符”选项会为文本图层添加“启用逐字 3D 化”属性。

为文本图层添加“启用逐字 3D 化”属性会导致文本图层中每个字符的行为类似文本图层内的单个 3D 图层，后者的行为如同包含折叠变换的预合成。“启用逐字 3D 化”的图层与其他 3D 图层相交，这些图层遵循具有折叠变换的 3D 预合成的标准规则。

在为文本图层的字符启用 3D 属性时，文本图层会自动变为 3D 图层。因此，在向文本图层添加“启用逐字 3D 化”属性时，无论是通过从其他图层复制和粘贴“Y 轴旋转”属性添加，还是通过应用 3D 文本动画预设添加，文本图层都会变成 3D 图层。

“更多选项”属性组中的“字符间混合”及“填充和描边”选项不适用于“启用逐字 3D 化”的图层。

“启用逐字 3D 化”的图层可能会降低渲染性能。在将“启用逐字 3D 化”的图层转换为 2D 图层时，“启用逐字 3D 化”的图层特有的动画制作器属性和维度会丢失。重新为文本图层添加“启用逐字 3D 化”属性不会恢复这些属性的值。

创建文本图层，单击“文本”选项右侧的“动画”按钮，在弹出的菜单中选择“启用逐字 3D 化”命令，为文本图层添加“启用逐字 3D 化”属性，此时会在文本的锚点处显示三维坐标，在图层的“变换”节点下增加“方向”“X 轴旋转”“Y 轴旋转”和“Z 轴旋转”等参数，如图 5-39 所示。

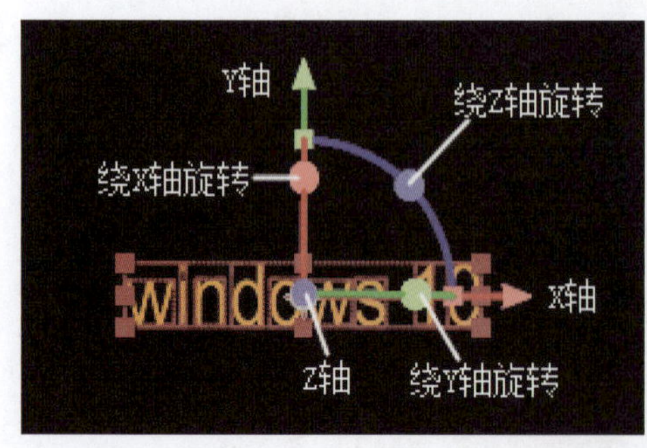

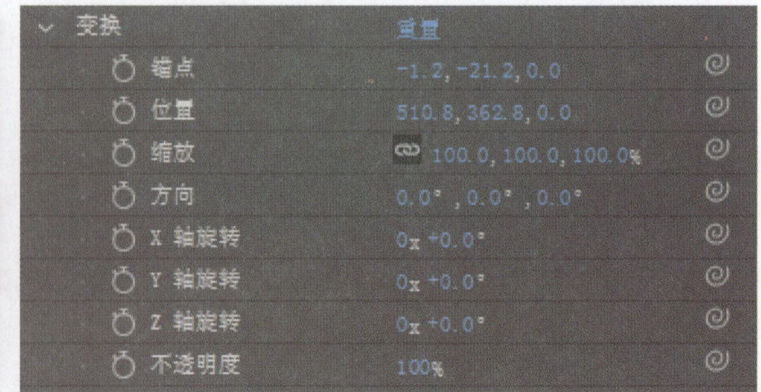

图 5-39　三维坐标及“变换”属性

- 锚点：设置文本在三维空间内的中心点位置。
- 位置：设置文本在三维空间内的位置，可以在 3 个方向调整，如图 5-40 所示。

图 5-40　调整位置对比

- 缩放：在三维空间内对文本进行缩小、放大等操作。
- 方向：设置文本在三维空间内的方向，可以在 3 个方向调整，如图 5-41 所示。

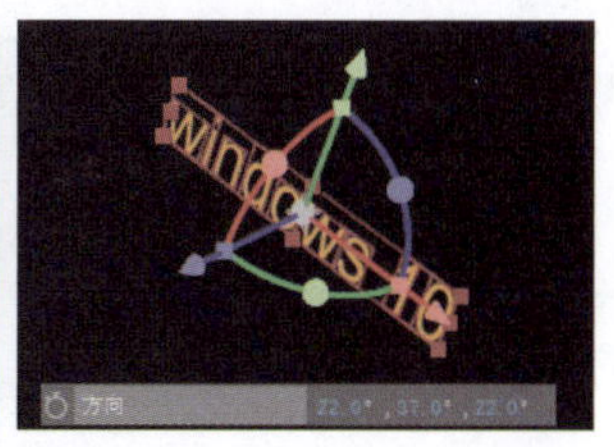

图 5-41　调整方向对比

- X 轴旋转：将文本以 X 轴为中心进行旋转，如图 5-42 所示。

图 5-42　文本绕 X 轴中心的旋转效果

- Y 轴旋转：将文本以 Y 轴为中心进行旋转。
- Z 轴旋转：将文本以 Z 轴为中心进行旋转，如图 5-43 所示。

图 5-43　文本绕 Z 轴中心的旋转效果

- 不透明度：设置文本的不透明度，如图 5-44 所示。

图 5-44　设置文本的不透明度

案例——屏保动画

本案例通过“启用逐字 3D 化”属性为单个 3D 字符设置动画，使所有字符逐个离开文本行并谢幕。

01 在菜单栏中选择“合成”→“新建合成”命令（组合键：Ctrl+N），或者在“合成”面板中单击“新建合成”按钮，或者在“项目”面板中单击“新建合成”按钮，打开“合成设置”对话框，设置“宽度”为“1024px”、“高度”为“768px”、“背景颜色”为黑色、“持续时间”为 10s，其他参数采用默认设置，创建合成。

02 在菜单栏中选择“图层”→“新建”→“文本”命令（组合键：Ctrl+Alt+Shift+T），或者单击工具栏中的“横排文字工具”按钮，在视图中的适当位置单击，确定文本的起点，创建空文本图层。

03 在“字符”面板中设置“字体”为“Arial”、“字体大小”为“60 像素”、“填充颜色”为橙色，输入文字“windows 10”，如图 5-45 所示。

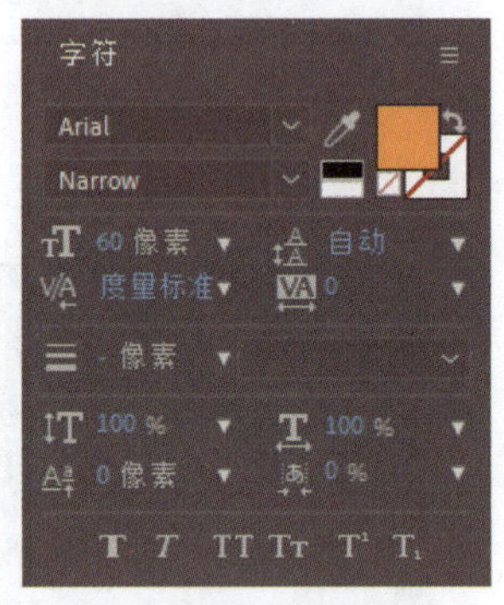

图 5-45 输入文字

04 在菜单栏中选择“图层”→“变换”→“视点居中”命令（组合键：Ctrl+Home），使锚点处于屏幕中间；在“段落”面板中单击“居中对齐文本”按钮，调整文本位置使其锚点位于文本中间；在菜单栏中选择“图层”→“变换”→“在图层内容中居中放置锚点”命令（组合键：Ctrl+Alt+Home），使其锚点位于文本中心，如图 5-46 所示。

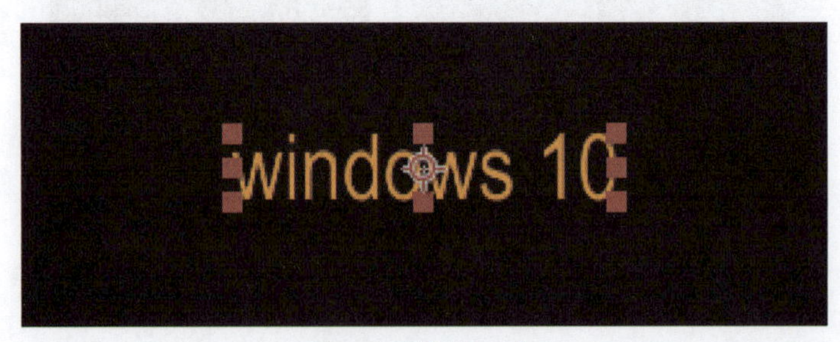

图 5-46 调整锚点位置

05 单击“文本”选项右侧的“动画”按钮，在弹出的菜单中选择“启用逐字 3D 化”命令，为文本图层添加“启用逐字 3D 化”属性。

06 将时间线拖曳到起始帧处，单击“位置”前的“时间变换秒表”图标，创建第一个“位置”关键帧，如图 5-47 所示。

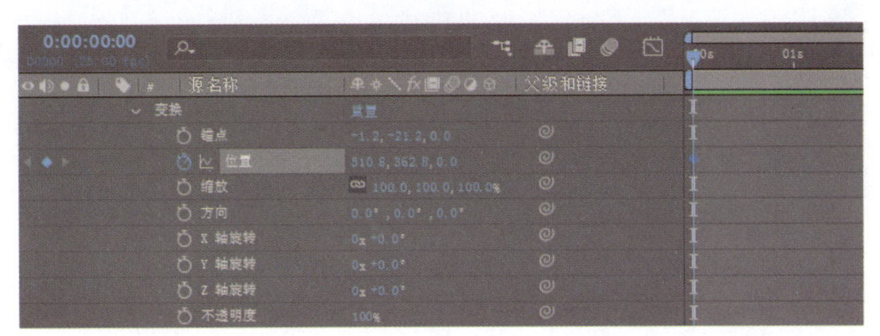

图 5-47　创建第一个“位置”关键帧

07 将时间线拖曳到 5s 处，在“位置”的第三个数值上拖动鼠标调整数值（Z 坐标），也可以直接输入坐标值为（510.8,362.8,-950.0），使文字变大，系统会自动在 5s 处创建第二个“位置”关键帧，如图 5-48 所示。

图 5-48　创建第二个“位置”关键帧

08 将时间线拖曳到起始帧处，单击“Y 轴旋转”前的“时间变换秒表”图标，创建第一个“Y 轴旋转”关键帧；将时间线拖曳到 5s 处，更改 Y 轴旋转值为 1x+0.0°，系统会自动创建第二个“Y 轴旋转”关键帧，如图 5-49 所示。

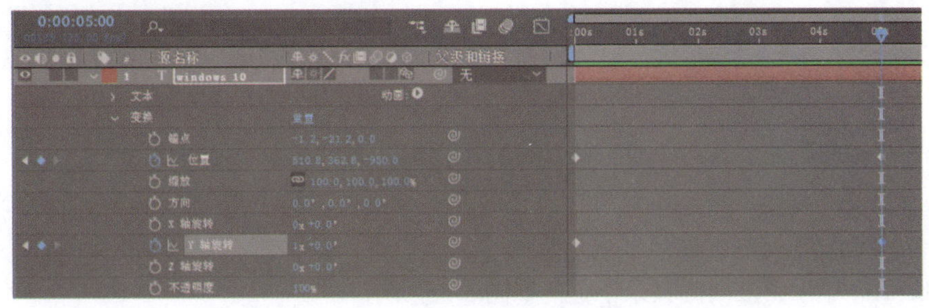

图 5-49　创建第二个“Y 轴旋转”关键帧

09 在“时间轴”面板上拖动时间线到工作区结尾 6s 处，如图 5-50 所示。

图 5-50　调整时间

10 将时间线拖曳到起始帧处，单击“预览”面板中的“播放”按钮▶，查看动画效果，如图 5-51 所示。

图 5-51　动画效果

11 在菜单栏中选择“文件”→“保存”命令（组合键：Ctrl+S），打开“另存为”对话框，设置保存路径，输入文件名“屏保动画”，单击“保存”按钮，保存项目。

四、文本路径动画

当文本图层上有蒙版时，可以使文本跟随蒙版作为路径，为该路径上的文本设置动画，或者为路径本身设置动画。用户可以使用开放型或闭合型蒙版创建文本路径。在创建路径后，可以随时对其进行修改。在使用闭合型蒙版创建文本路径时，要确保将“蒙版模式”设置为“无”。

在使用钢笔工具绘制路径后，会在“文本”→“路径选项”节点下显示“路径”选项，如图 5-52 所示。

- 反转路径：反转路径的方向，效果如图 5-53 所示。

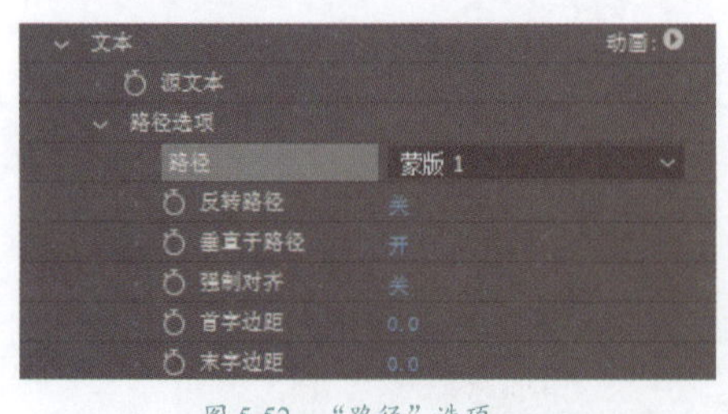

图 5-52　“路径”选项

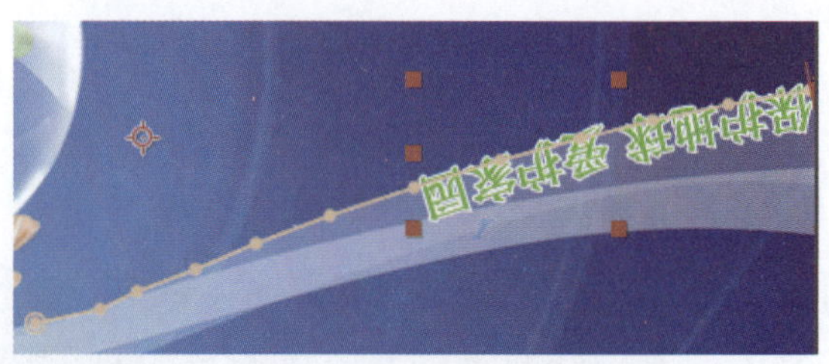

图 5-53　“反转路径”效果

- 垂直于路径：旋转每个字符，使其垂直于路径，效果如图 5-54 所示。
- 强制对齐：将第一个字符放置在路径的开头（或指定的“首字边距”位置），将最后一个字符放置在路径的末尾（或指定的“末字边距”位置），以均匀间距分布第一个字符和最后一个字符之间的其余字符，如图 5-55 所示。

图 5-54　“垂直于路径”效果

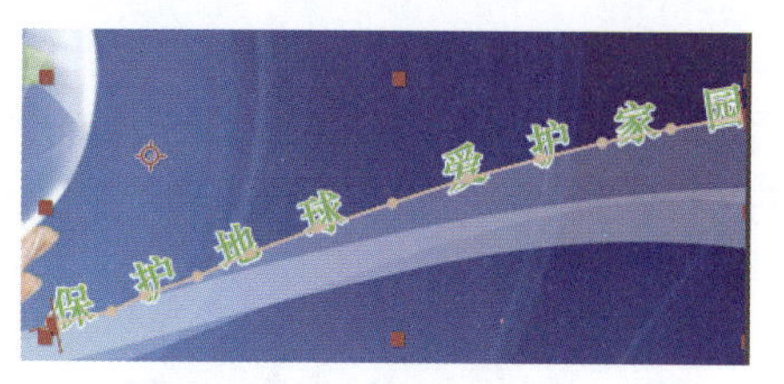

图 5-55　“强制对齐”效果

- 首字边距：指定第一个字符的位置，即相对于路径的开始位置，以像素为单位，效果如图 5-56 所示。当文本采用右对齐格式，并且未启用“强制对齐”属性时，会忽略“首字边距”的值。

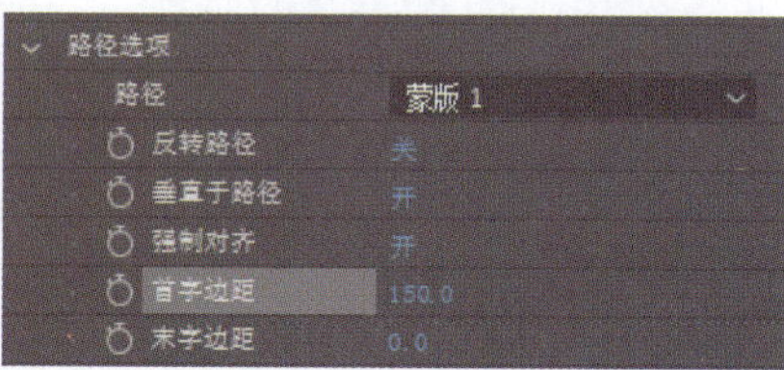

图 5-56　“首字边距”效果

提示

可以按住 Shift 键拖动任意一个边距控件，将控件与蒙版顶点对齐。

- 末字边距：指定最后一个字符的位置，即相对于路径的结束位置，以像素为单位，效果如图 5-57 所示。当文本采用左对齐格式，并且未启用“强制对齐”属性时，会忽略“末字边距”的值。

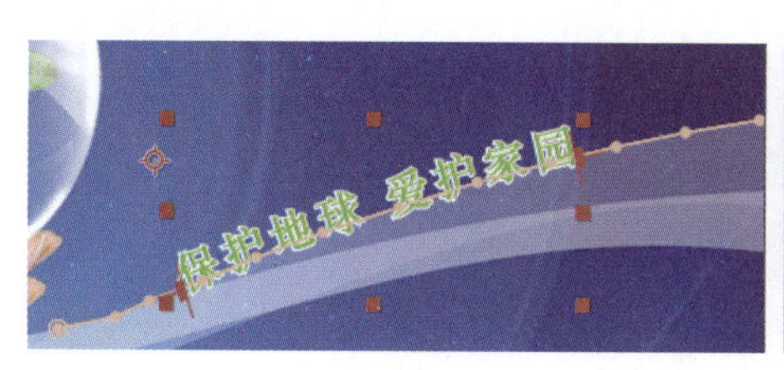

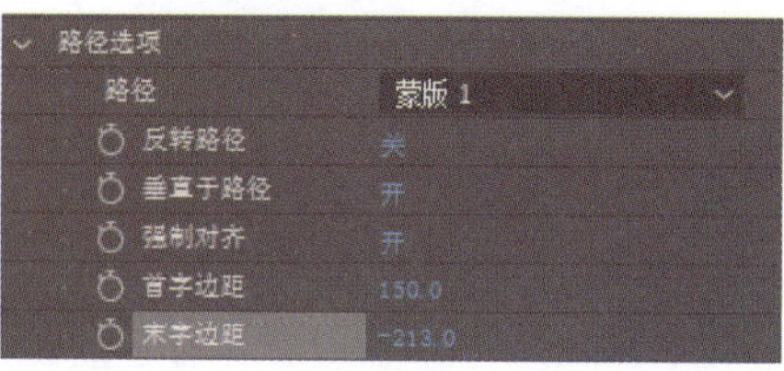

图 5-57　“末字边距”效果

案例——创建文本路径动画

01 在菜单栏中选择“文件”→“导入”→“文件”命令（组合键：Ctrl+I），打开“导入文件”对话框，选择“背景.jpg”文件，勾选“创建合成”复选框，单击“导入”按钮，导入素材并创建合成，系统会采用素材名称作为合成名称。

02 在菜单栏中选择“图层”→“新建”→“文本”命令（组合键：Ctrl+Alt+Shift+T），或者单击工具栏中的“横排文字工具”按钮 T，在视图中的适当位置单击，确定文本的起点，创建空文本图层。

03 在“字符”面板中设置“字体”为“华文中宋”、“字体大小”为“50 像素”、“填充颜色”

为绿色、“描边颜色”为白色、“描边宽度”为“5 像素”，在视图中的适当位置输入文字“保护地球 爱护家园”，如图 5-58 所示。

04 选中文本图层，单击工具栏的钢笔工具组中的“钢笔工具”按钮，在视图中绘制蒙版路径，如图 5-59 所示。

图 5-58　输入文字

图 5-59　绘制蒙版路径

05 在“文本”→“路径选项”节点下设置“路径”为上一步绘制的“蒙版 1”，即可显示“路径”选项，采用默认参数设置，文本会自动沿着蒙版路径放置，如图 5-60 所示。

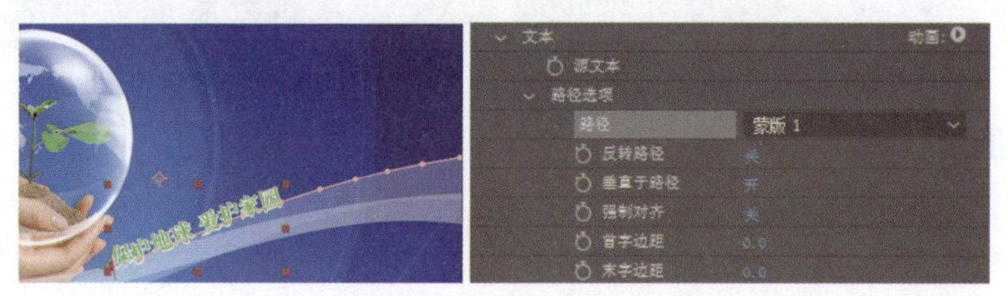

图 5-60　为文字添加路径

06 选中蒙版，按键盘上的 ↑ 方向键，向上调整路径，使文字位于背景曲线的上方，如图 5-61 所示。

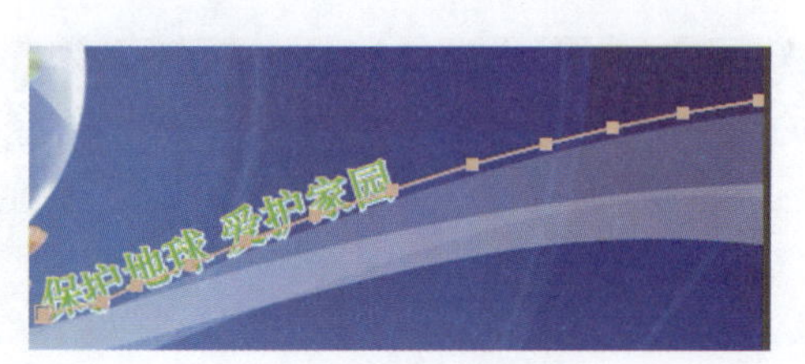

图 5-61　调整路径位置

07 将时间线拖曳到起始帧处，在“路径选项”节点下单击“首字边距”选项前的“时间变换秒表”图标，创建第一个关键帧；将时间线拖曳到 8s 处，在“首字边距”选项的数值上按住鼠标左键并向右拖动，从而调整文字的位置，使其位于路径末端，或者直接设置“首字边距”为“830.0”，创建第二个关键帧，如图 5-62 所示。

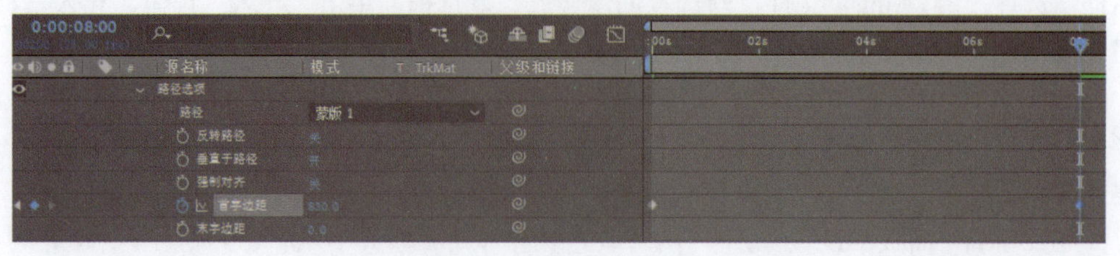

图 5-62　创建第二个关键帧

08 将时间线拖曳到起始帧处，单击“预览”面板中的“播放”按钮▶，查看动画效果，如图 5-63 所示。

图 5-63　动画效果

09 在菜单栏中选择“文件”→“保存”命令（组合键：Ctrl+S），打开“另存为”对话框，设置保存路径，输入文件名“创建文本路径动画”，单击“保存”按钮，保存项目。

项目总结

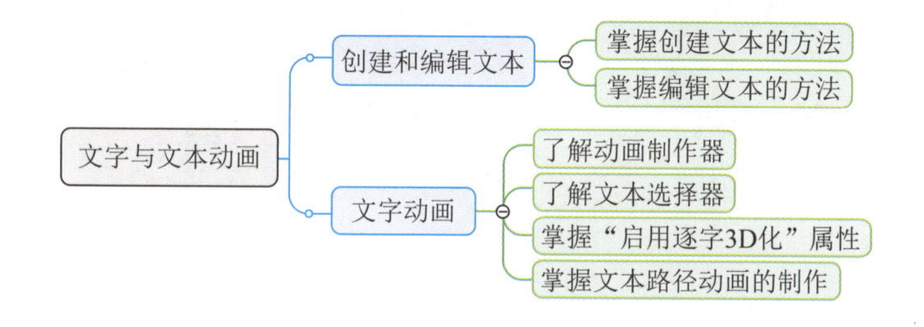

项目实战

实战一　立体文字

01 新建 800px×400px 的合成，单击工具栏中的“横排文字工具”按钮T，输入文字“5”，在“字符”面板中设置“字体”为“CableDingbats”、“字体大小”为“300 像素”、“水平缩放”为“100%”，如图 5-64 所示。

图 5-64　“字符”面板中的参数设置及相应效果

02 在菜单栏中选择“图层”→“图层样式”→“渐变叠加”命令，在图层的“图层样式”节点下添加“渐变叠加”参数，单击“颜色”选项右侧的“编辑渐变”字样，打开“渐变编辑器”对话框，设置渐变颜色，如图 5-65 所示，单击“确定”按钮。

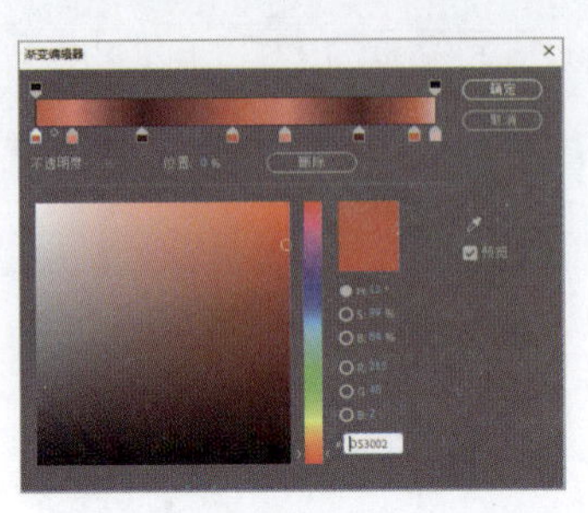

图 5-65 “渐变编辑器”对话框（一）

03 设置角度为“0x-72.0°”、“样式”为“线性”、“缩放”为“92.0%”，如图 5-66 所示。

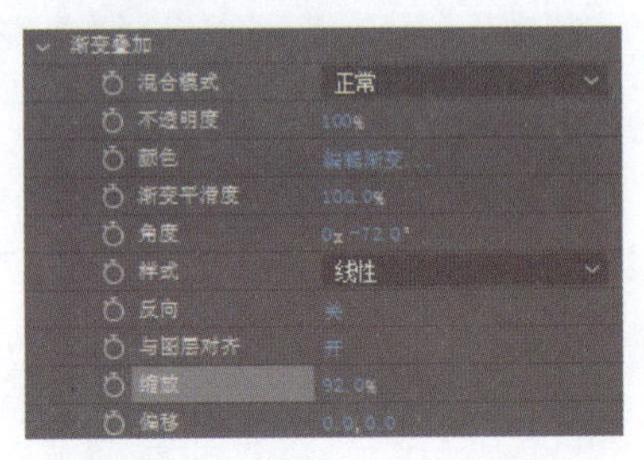

图 5-66 添加“渐变叠加”图层样式

04 选中文字图层，按组合键 Ctrl+C，在文字图层的上方按组合键 Ctrl+V，复制得到新的图层，按键盘上的←方向键，将图层水平向左移动一个像素，也可以在图层的“变换”节点下更改“位置”的第一个数值，将其减 1。采用相同的方法，复制并移动图层，一直复制到合适的厚度为止，如图 5-67 所示。

05 选中最上面的图层，在该图层的“图层样式”节点下添加“渐变叠加”参数，单击“颜色”选项右侧的“编辑渐变”字样，打开“渐变编辑器”对话框，设置渐变颜色，如图 5-68 所示，单击“确定”按钮。

图 5-67 复制并移动图层

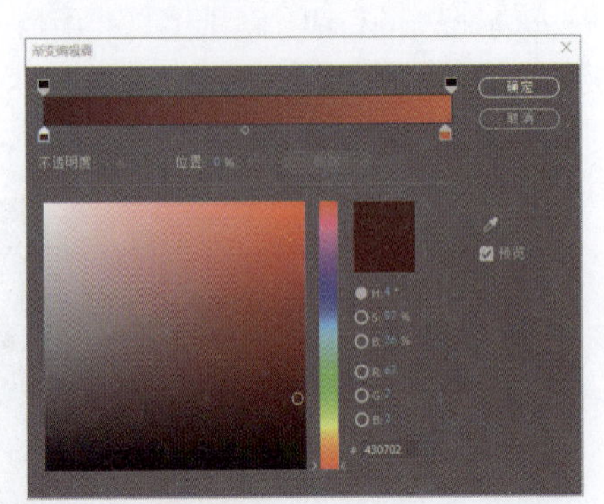

图 5-68 “渐变编辑器”对话框（二）

06 设置“角度”为“0x+90.0°”、“样式”为“线性”、“反向”为“开”、“缩放”为“92.0%”，如图 5-69 所示。

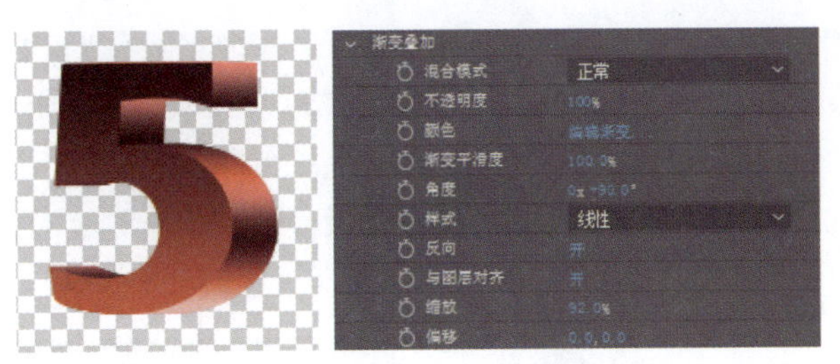

图 5-69　更改“渐变叠加”图层样式

07 在菜单栏中选择“图层”→“图层样式”→“斜面和浮雕”命令，在图层的“图层样式”节点下添加“斜面和浮雕”参数，设置“样式”为“内斜面”、“技术”为“平滑”、“方向”为“向上”、“大小”为“6.0”、“使用全局光”为“开”、“角度”为“0x+44.0°”、“高度”为“0x+32.0°”、“高光不透明度”为“100%”、“阴影不透明度”为“0%”，其他参数采用默认设置，如图 5-70 所示。

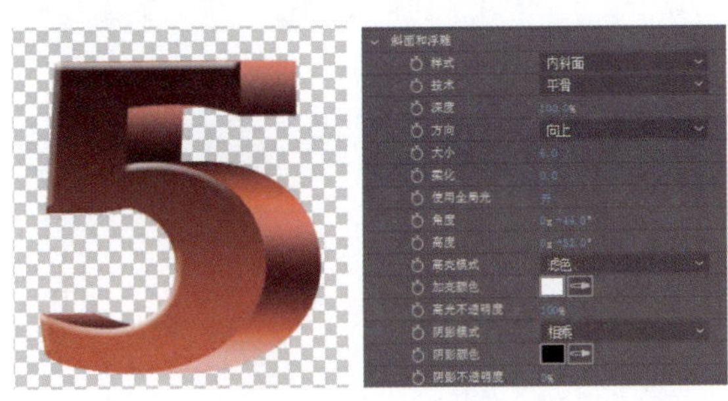

图 5-70　添加斜面和浮雕样式

08 在菜单栏中选择“图层”→“新建”→“形状图层”命令，创建“形状图层 1”图层，按主键盘上的 Enter 键，将其重命名为“背景”，再次按 Enter 键确认，并且将其放置在最后一层。

09 单击工具栏的形状工具组中的“矩形工具”按钮，设置“填充”为“径向渐变”，单击“填充颜色”色块，打开“渐变编辑器”对话框，单击左侧下方的色标，设置颜色值为 #F9F9F9，单击左侧上方的不透明度色标，设置“不透明度”为“100%”；单击右侧下方的色标，设置颜色值为 #ADAFB1，单击右侧上方的不透明度色标，设置“不透明度”为“100%”，如图 5-71 所示，单击“确定”按钮，设置“描边”为“无”，沿着“合成”面板边绘制一个矩形。

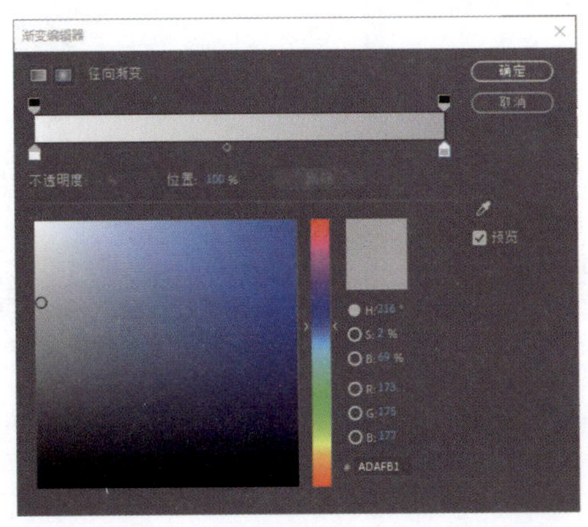

图 5-71　“渐变编辑器”对话框（三）

10 在“背景”图层的“内容”→“矩形 1”→“渐变填充 1”节点下，设置“起始点”为(-60.0,10.0)、“结束点”为(230.0,-185.0)、“高光长度”为“29.0%”、“高光角度”为“0x+125.0°”，如图 5-72 所示。用户也可以直接在视图中拖动控制点进行调整。

11 在菜单栏中选择“文件”→“保存”命令（组合键：Ctrl+S），打开“另存为”对话框，设置保存路径，输入文件名“立体文字”，单击“保存”按钮，保存项目。

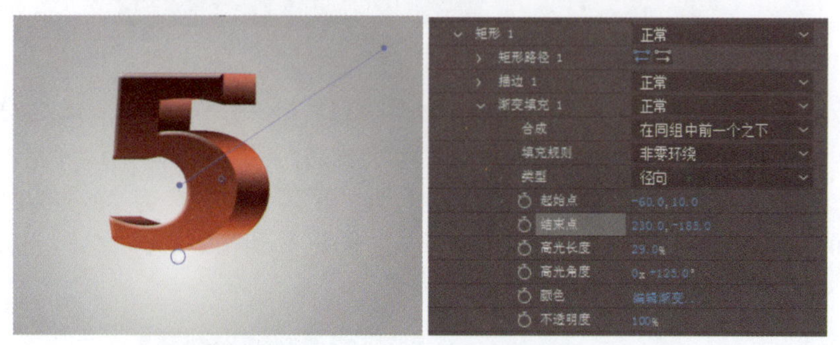

图 5-72 设置“背景”图层的相关参数及其效果

实战二 促销广告

01 导入素材，如图 5-73 所示。单击工具栏中的“横排文字工具”按钮，在视图中的适当位置单击，确定文本的起点，创建空文本图层。在“字符”面板中设置“字体”为“方正隶变简体”、“字体大小”为“80 像素”、“填充颜色”为红色、“字符间距调整”为“100”、“描边颜色”为白色、“描边宽度”为“2 像素”，在视图中的适当位置输入文字“粽情相约”。

02 在菜单栏中选择“图层”→“图层样式”→“渐变叠加”命令，系统会在图层的“图层样式”节点下添加“渐变叠加”参数，单击“颜色”选项右侧的“编辑渐变”字样，打开“渐变编辑器”对话框，设置渐变颜色，如图 5-74 所示，单击“确定”按钮。

图 5-73 导入素材

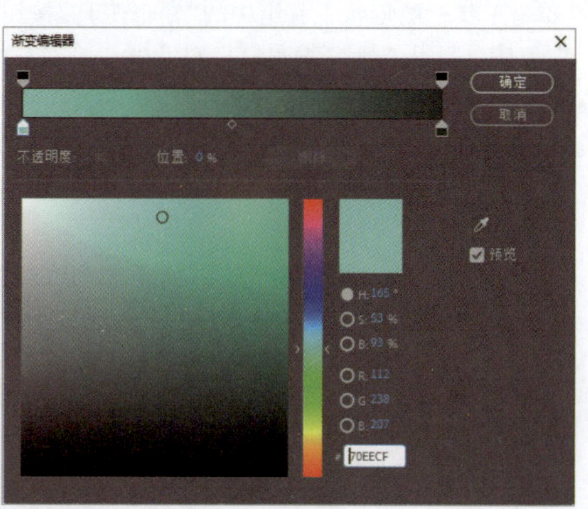

图 5-74 “渐变编辑器”对话框

03 在“渐变叠加”节点下设置“角度”为“0x+0.0°”、“样式”为“线性”、“偏移”为“8.0,0.0”，如图 5-75 所示。

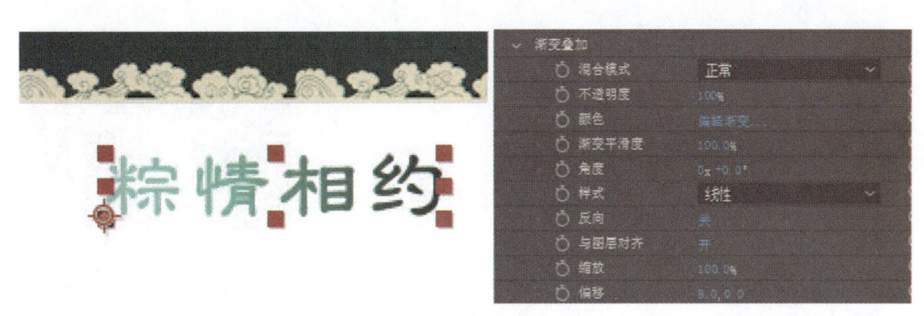

图 5-75　添加渐变叠加样式

04 单击工具栏中的“横排文字工具”按钮，在视图中的适当位置单击，确定文本的起点，创建空文本图层。在“字符”面板中设置“字体”为“长城特粗黑体”、“字体大小”为“120像素”、“填充颜色”为橙色、“字符间距调整”为“200”、“描边颜色”为红色、“描边宽度”为“8 像素”，在视图中的适当位置输入文字“限时特惠”，如图 5-76 所示。

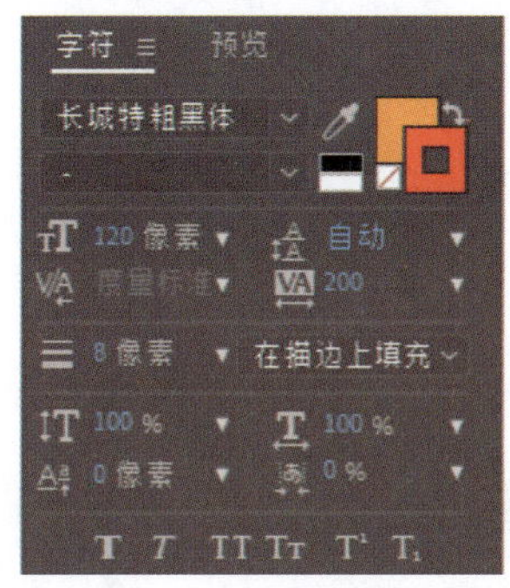

图 5-76　输入文字“限时特惠”

05 单击工具栏中的“横排文字工具”按钮，在视图中的适当位置单击，确定文本的起点，创建空文本图层。在“字符”面板中设置“字体”为“华文中宋”、“字体大小”为“50 像素”、“填充颜色”为黑色、“字符间距调整”为“100”，在视图中的适当位置输入文字“全场　折”，如图 5-77 所示。

图 5-77　输入文字“全场　折”

06 单击工具栏中的“横排文字工具”按钮，在视图中的适当位置单击，确定文本的起点，创建空文本图层。在“字符”面板中设置“字体”为“AnAkronism”、“字体大小”为“50像素”、“填充颜色”为红色、“字符间距调整”为“100”，在视图中的适当位置输入文字“8.8”，如图 5-78 所示。

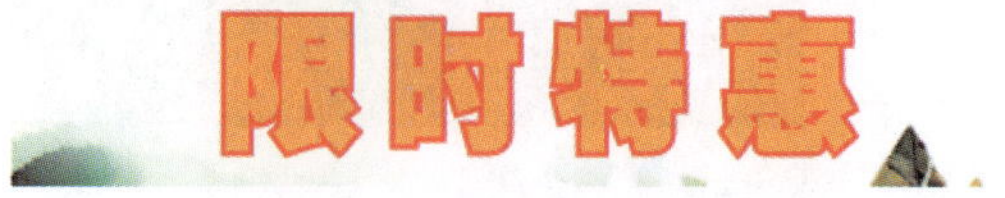

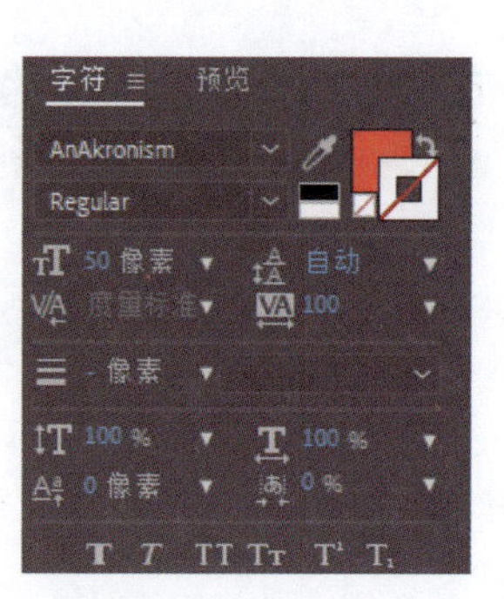

图 5-78　输入文字“8.8”

07单击工具栏中的“横排文字工具”按钮，在视图中的适当位置单击，确定文本的起点，创建空文本图层。在“字符”面板中设置“字体”为“华文中宋”、“字体大小”为“35 像素”、“填充颜色”为红色、“字符间距调整”为“0”，在视图中的适当位置输入文字“活动时间：6 月 7 日—6 月 14 日”，如图 5-79 所示。

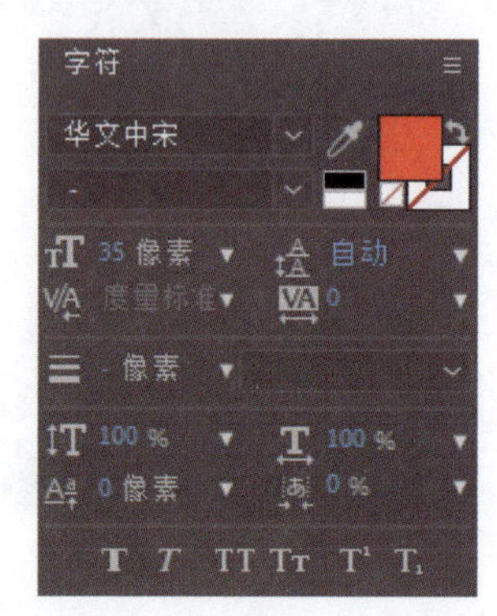

图 5-79　输入文字“活动时间：6 月 7 日—6 月 14 日”

08选中“粽情相约”图层，在菜单栏中选择“动画”→“动画文本”→“不透明度”命令，设置“不透明度”为“0%”。在“范围选择器 1”节点下单击“起始”选项前的“时间变换秒表”图标，创建第一个“不透明度”关键帧；将时间线拖曳到 2s 处，设置“起始”为“100%”，创建第二个“不透明度”关键帧，如图 5-80 所示。

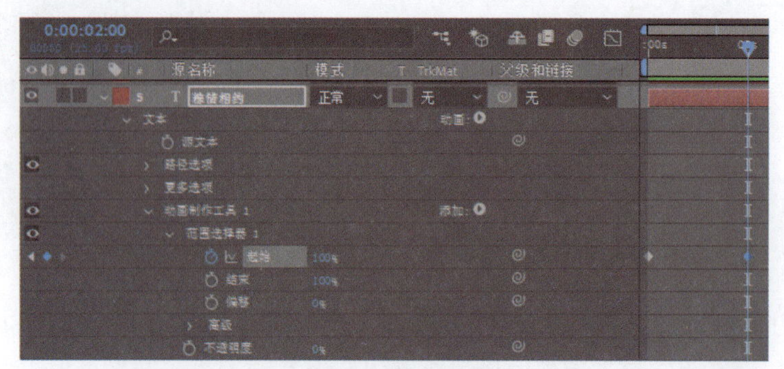

图 5-80　创建“不透明度”关键帧（一）

09选中“限时特惠”图层，在菜单栏中选择“动画”→“动画文本”→“位置”命令，设置“位置”为（0.0,-400.0），使其位于背景外。将时间线拖曳到 2s 处，在“范围选择器 1”节点下单击“起始”选项前的“时间变换秒表”图标，创建第一个“位置”关键帧；将时间线拖曳到6s处，设置“起始”为“100%”，创建第二个“位置”关键帧，如图5-81所示。

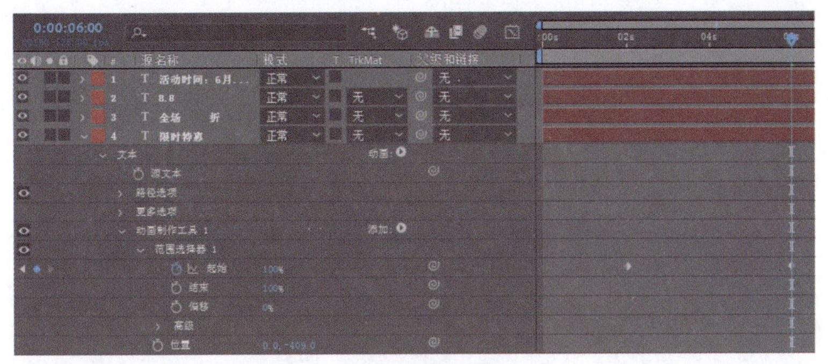

图5-81　创建“位置”关键帧（一）

10 选中“限时特惠”图层，在菜单栏中选择“动画”→“动画文本”→“填充颜色”→“色相”命令，设置“填充色相”为“1x+0.0°”。单击“动画制作工具2”选项右侧的“添加”按钮，在弹出的菜单中选择“选择器”→“摆动”命令，添加“摆动选择器1”参数，设置“模式”为“相交”、“摇摆/秒”为“2.0”，其他参数采用默认设置，如图5-82所示。

11 选中“限时特惠”图层，在菜单栏中选择“动画”→“动画文本”→“位置”命令，设置“位置”为（-750.0,0.0），使其位于背景外。将时间线拖曳到6s处，在“范围选择器1”节点下单击“起始”选项前的“时间变换秒表”图标，创建第一个“位置”关键帧；将时间线拖曳到8s处，设置“起始”为“98%”，创建第二个“位置”关键帧，如图5-83所示。

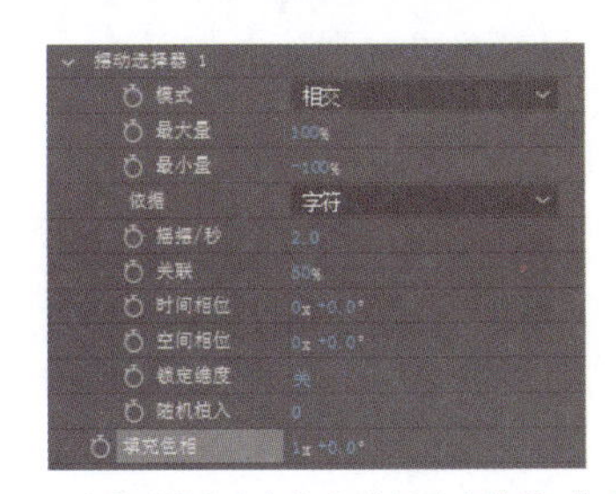

图5-82　设置“填充色相”和“摆动选择器1”参数

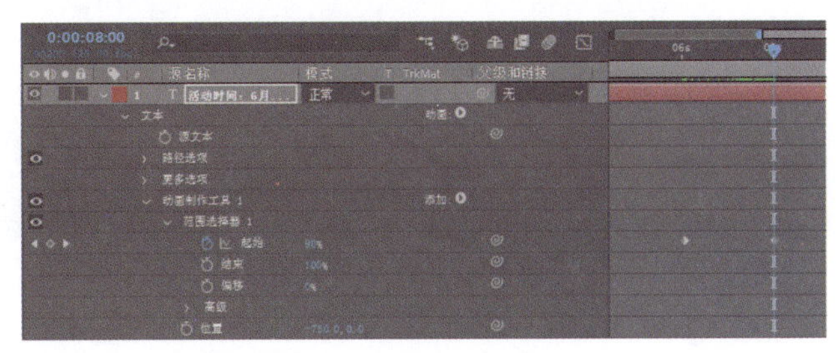

图5-83　创建“位置”关键帧（二）

12 选中“全场　折”图层，在“变换”节点下设置“不透明度”为“0%”，将时间线拖曳到8s处，单击“不透明度”选项前的“时间变换秒表”图标，创建第一个“不透明度”关键帧；将时间线拖曳到9s处，设置“不透明度”为“100%”，创建第二个“不透明度”关键帧，如图5-84所示。

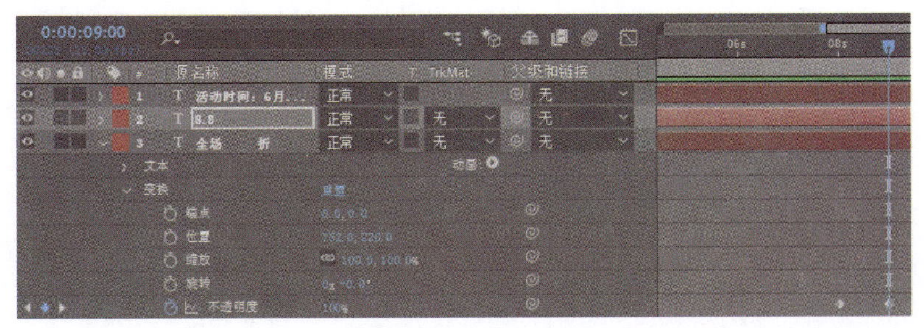

图5-84　创建“不透明度”关键帧（二）

13选中“8.8”图层，在“变换”节点下设置“不透明度”为“0%”，将时间线拖曳到8s处，单击“不透明度”选项前的“时间变换秒表”图标，创建第一个“不透明度”关键帧；将时间线拖曳到9s处，设置“不透明度”为“100%”，创建第二个“不透明度”关键帧。

14选中“8.8”图层，在菜单栏中选择“动画”→“动画文本”→“填充颜色”→“色相”命令，将时间线拖曳到8s处，单击“填充色相”选项前的“时间变换秒表”图标，创建第一个“填充色相”关键帧；将时间线拖曳到10s处，设置“填充色相”为“1x+0.0°”，创建第二个“填充色相”关键帧，如图5-85所示。

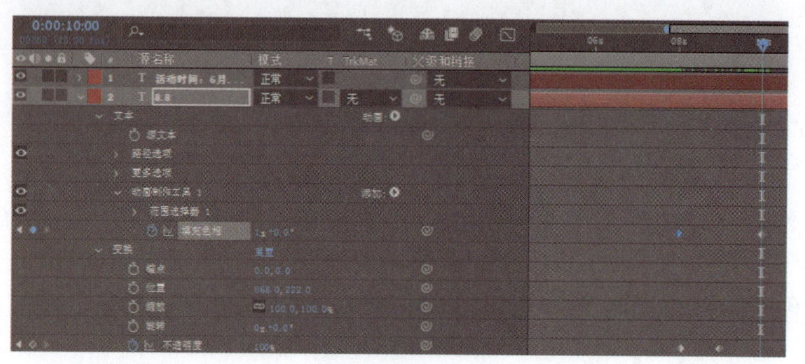

图5-85 创建第二个“填充色相”关键帧

15将时间线拖曳到起始帧处，单击“预览”面板中的“播放”按钮，查看动画效果，如图5-86所示。

2s

6s

9s

图5-86 动画效果

项目六 蒙版和遮罩

思政目标

- 把固化的东西活学，对于相关知识有正确的科学认识。
- 学会理论联系实际，明白实践是检验真理的唯一标准。

技能目标

- 能够使用形状工具绘制蒙版。
- 能够使用钢笔工具绘制任意路径创建蒙版。
- 能够使用 After Effects 工具创建轨道遮罩。

项目导读

After Effects 中的蒙版是一个通过参数修改图层属性和效果的路径。通常使用蒙版修改图层的 Alpha 通道，用于确定每个像素的图层透明度。蒙版依附于图层，与“效果”属性、“变换”属性一样，是图层的属性，不是单独的图层。

遮罩是一个图层（或图层的任意通道），用于定义该图层或其他图层的透明区域。白色表示不透明区域，黑色表示透明区域。与蒙版不同，遮罩是一个单独的图层，并且通常是上对下遮挡的关系。

任务一 蒙版

任务引入

小白在参加学校举行的秋季运动会时拍摄了很多照片，他想将照片发到朋友圈，但是很多照片都是和同学的合照，小白只想要照片中有自己的某个局部。那么应该如何将素材中的一部分显示出来？如何将剩余的部分隐藏起来呢？

知识准备

闭合路径蒙版可以为图层创建透明区域。开放路径蒙版无法为图层创建透明区域，但可以用作效果参数。用户可以将开放或闭合路径作为描边、路径文本、音频波形、音频频谱及勾画的效果参数，可以将闭合路径（不是开放路径）作为填充、涂抹、改变形状、粒子运动场及内部 / 外部键的效果参数。

蒙版属于特定图层。每个图层都可以包含多个蒙版。

用户可以使用形状工具组中的工具绘制蒙版，或者使用钢笔工具绘制任意路径。

蒙版在“时间轴”面板中的堆积顺序会影响其与其他蒙版的交互方式，可以将蒙版拖到“时间轴”面板中“蒙版”属性组内的其他位置。

蒙版的“蒙版不透明度”属性主要用于确定闭合蒙版对蒙版区域内图层的 Alpha 通道的影响。如果“蒙版不透明度”为“100%”，则表示蒙版内部区域不透明。蒙版外部的区域始终是透明的。如果要反转特定蒙版的内部区域和外部区域，可以在“时间轴”面板中单击蒙版名称旁边的“反转”按钮。

在 After Effects 中提供了多种创建蒙版的工具，较为常用的工具有形状工具组中的工具和“钢笔工具”。

一、使用形状工具组中的工具创建蒙版

选中图层，在菜单栏中选择“图层”→“蒙版”→“新建蒙版”命令（组合键：Ctrl+Shift+N），或者单击工具栏的形状工具组中的工具按钮，在图层中绘制所需形状，展开该图层的“蒙版”→“蒙版 1”节点，如图 6-1 所示。

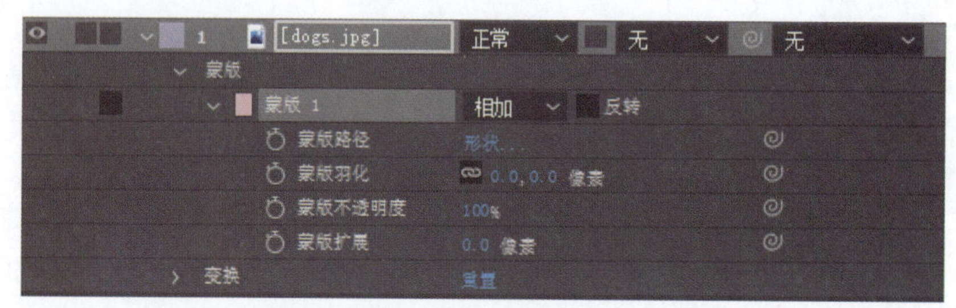

图 6-1 “蒙版 1”节点

- 蒙版模式：主要用于控制图层中的蒙版如何交互。在默认情况下，所有图层的“蒙版模式”均被设置为“相加”，这会合并同一个图层中重叠的任意蒙版的透明度值。可以让每个蒙版分别应用一种模式，但不能为蒙版模式设置动画，也就是说，不能为“蒙版模式”属性设置关键帧或表达式，使其随着时间的推移而变化。在“时间轴”面板中的蒙版名称右侧的下拉列表中设置蒙版模式，或者在菜单栏中选择“图层”→“蒙版”→“模式”命令，在弹出的子菜单中设置蒙版模式，如图 6-2 所示。

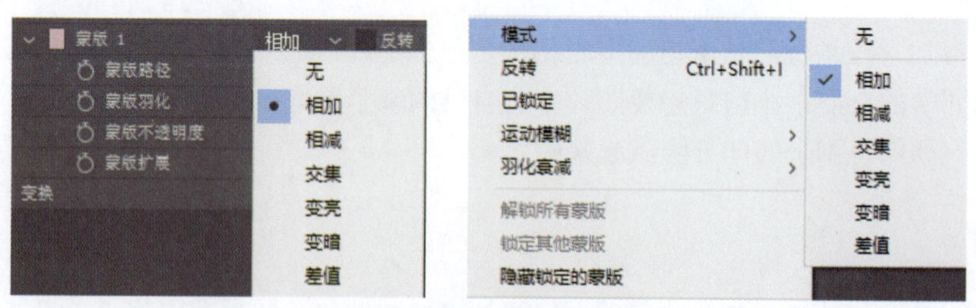

图 6-2 设置图层的蒙版模式

➢ 无（快捷键：N）：蒙版对图层的 Alpha 通道没有直接影响。在仅对描边或填充等效果使用蒙版路径时，或者在使用蒙版路径作为形状路径的基础时，该选项会很有用，如图 6-3 所示。

➢ 相加（快捷键：S）：将蒙版的影响与位于它上面蒙版的影响累加，如图 6-4 所示。

图 6-3　无

图 6-4　相加

➢ 相减（快捷键：A）：从位于该蒙版上面的蒙版中减去其影响，如图 6-5 所示。如果要在另一个蒙版的中心创建一个洞，那么该选项会很有用。
➢ 交集（快捷键：I）：在蒙版与位于它上面的蒙版重叠的区域中，该蒙版的影响会与位于它上面蒙版的影响累加，如图 6-6 所示。

图 6-5　相减

图 6-6　交集

➢ 变亮（快捷键：L）：如果有多个蒙版相交，则使用最高透明度值。
➢ 变暗（快捷键：D）：如果有多个蒙版相交，则使用最低透明度值。
➢ 差值（快捷键：F）：在蒙版与位于它上面的蒙版不重叠的区域中应用该蒙版，就好像图层中仅存在该蒙版一样。在蒙版与位于它上面的蒙版重叠的区域中应用该蒙版，可以从位于它上面的蒙版中抵消该蒙版的影响。

- 蒙版羽化：根据用户定义的距离，使蒙版边缘从高透明度逐渐降至低透明度，可以对蒙版边缘进行柔化。通过设置“蒙版羽化”属性，可以将蒙版边缘变为硬边或软边（羽化）。在默认情况下，羽化宽度跨蒙版边缘，一半在内一半在外，如图 6-7 所示。

图 6-7　蒙版羽化

案例——制作相框

本案例制作相框效果，并且对操作步骤进行详细讲解，使读者熟练掌握使用形状工具组中的工具创建蒙版的方法。

01 在菜单栏中选择“文件”→“导入”→“文件”命令（组合键：Ctrl+I），打开“导入文件”对话框，选择“dogs.jpg”文件，勾选“创建合成”复选框，单击“导入”按钮，导入素材并创建合成，系统会采用素材名称作为合成名称，如图 6-8 所示。

图 6-8　创建合成

02 选中“dogs.jpg”图层，单击“图层”→“蒙版”→“新建蒙版”命令（组合键：Ctrl+Shift+N），或者单击工具栏的形状工具组中的“矩形工具”按钮，在图层中绘制一个矩形，展开该图层的“蒙版”→“蒙版 1”节点，设置“蒙版模式”为“相加”，如图 6-9 所示。

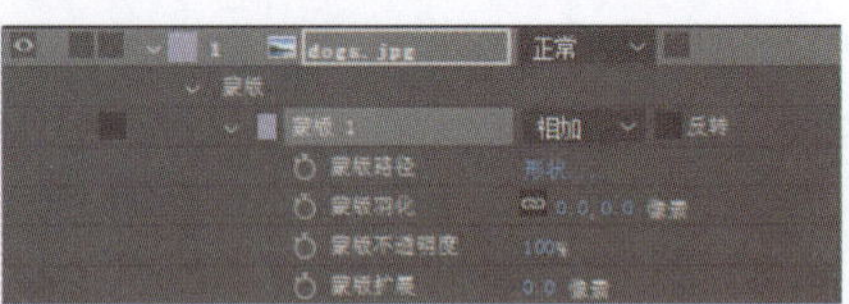

图 6-9　创建蒙版并设置“蒙版模式”

03 在菜单栏中选择“图层”→“蒙版”→“蒙版形状”命令（组合键：Ctrl+Shift+M），或者在该图层的“蒙版”→“蒙版 1”节点下单击“蒙版路径”选项后的“形状”字样，打开“蒙版形状”对话框，设置“左侧”为“155 像素”、“右侧”为“1140 像素”，其他采用默认设置，单击“确定”按钮，调整蒙版形状，如图 6-10 所示。

04 在菜单栏中选择“图层”→“蒙版”→“蒙版羽化”命令（组合键：Ctrl+Shift+F），打开“蒙版羽化”对话框，设置“水平”为“50px”、“垂直”为“50px”，单击“确定”按钮，如图 6-11

所示；或者在该图层的“蒙版”→“蒙版1”节点下设置“蒙版羽化”为“50.0,50.0像素”，使蒙版羽化。

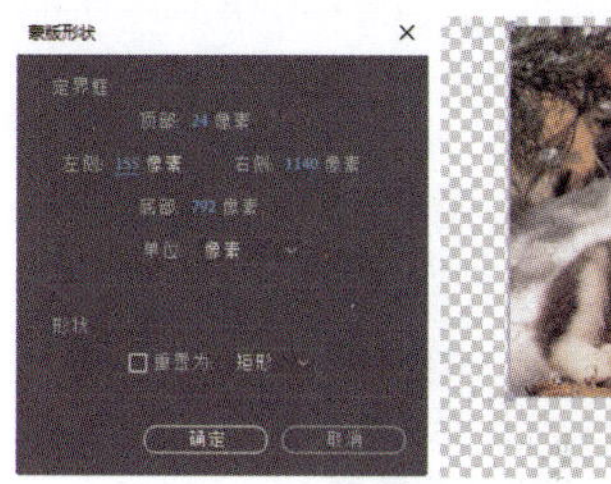

图6-10　调整蒙版形状

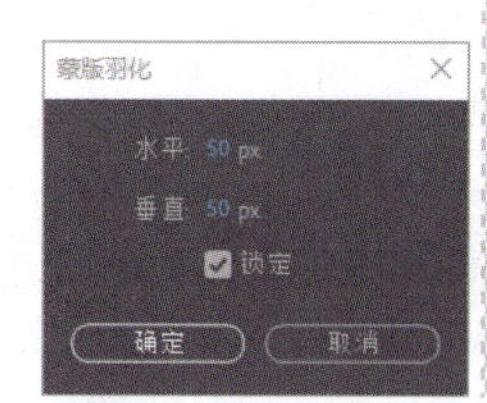

图6-11　蒙版羽化

05 在菜单栏中选择“图层”→“蒙版”→“蒙版扩展”命令，打开“蒙版扩展”对话框，设置“扩展”为“10”，单击“确定”按钮，如图6-12所示；或者在该图层的“蒙版”→“蒙版1”节点下设置“蒙版扩展”为“10.0像素”，使蒙版扩展。

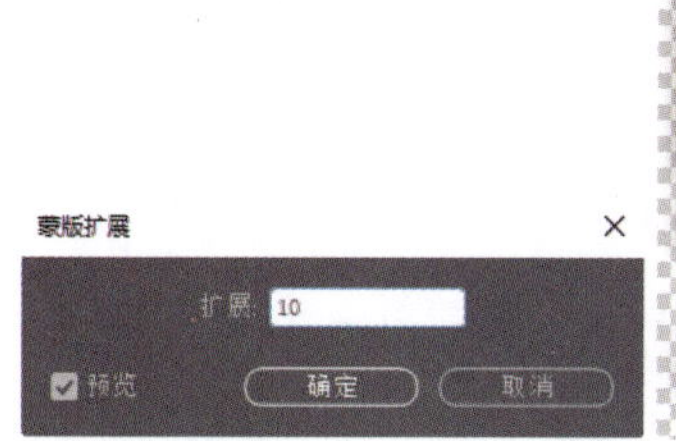

图6-12　蒙版扩展

06 在菜单栏中选择“图层”→“新建”→“形状图层”命令，创建“形状图层1”图层，按主键盘上的Enter键，将其重命名为“相框”，再次按Enter键确认。

07 单击工具栏的形状工具组中的“矩形工具”按钮，设置“填充”为“无”、“描边”为纯色，单击“描边颜色”色块，打开“形状描边颜色”对话框，设置颜色值为#BB8E14，单击“确定”按钮关闭对话框，设置“描边宽度”为“30像素”，沿着蒙版边绘制一个矩形，如图6-13所示。

图6-13　绘制一个矩形

08 在菜单栏中选择“图层”→“图层样式”→“斜面和浮雕”命令，在图层的“图层样式”节点下添加“斜面和浮雕”参数，设置“样式”为“浮雕”、“技术”为“雕刻清晰”、“方向”为“向上”、“大小”为“10.0”、“角度”为“0x+150.0°”、“高度”为“0x+30.0°”，其他参数采用默认设置，如图 6-14 所示。

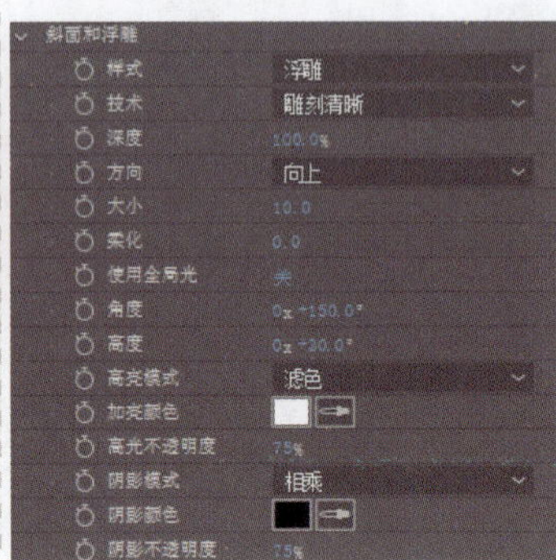

图 6-14　添加浮雕样式

09 在菜单栏中选择“文件”→“保存”命令（组合键：Ctrl+S），打开“另存为”对话框，设置保存路径，输入文件名“制作相框”，单击“保存”按钮，保存项目。

二、使用钢笔工具创建蒙版

使用“钢笔工具”可以绘制任意蒙版形状。

选中图层，单击工具栏的钢笔工具组中的“钢笔工具”按钮，在“合成”面板中图像的合适位置依次单击鼠标左键确定蒙版的顶点，当顶点首尾相连时完成蒙版的绘制，得到蒙版的形状。

可以利用添加“顶点”工具为蒙版路径添加控制点，以便更加精细地调整蒙版的形状。

可以利用删除“顶点”工具减少蒙版路径上的控制点。

可以利用转换“顶点”工具将蒙版路径上的控制点变平滑或变硬转角。也可以直接将光标放置在需要转换的“顶点”上，在按住 Alt 键的同时单击该“顶点”，将顶点转换为硬转角。

案例——汽车广告

本案例制作合成图像效果，并且对操作步骤进行详细讲解，使读者熟练掌握使用钢笔工具创建蒙版的方法。

01 在菜单栏中选择“文件”→“导入”→“文件”命令（组合键：Ctrl+I），打开“导入文件”对话框，选择“背景.jpg”文件和“汽车.jpg”文件，勾选“创建合成”复选框，单击“导入”按钮，打开“基于所选项新建合成”对话框，选择“单个合成”单选按钮，设置“使用尺寸来自”为“汽车.jpg”、“静止持续时间”为“8s”，其他参数采用默认设置，单击“确定”按钮，系统会采用素材名称作为合成名称。

02 选中“汽车.jpg”图层，单击工具栏的钢笔工具组中的“钢笔工具”按钮，沿着汽车外形绘制蒙版路径，系统默认“蒙版模式”为“相加”，如图 6-15 所示。

图 6-15　绘制蒙版路径

03 在“汽车.jpg”图层的“蒙版”→“蒙版 1”节点下设置“蒙版羽化”为“10.0,10.0 像素”、“蒙版扩展”为“-2.0 像素”，如图 6-16 所示。

图 6-16　设置蒙版参数

04 在“汽车.jpg”图层的“变换”节点下设置“缩放”为“25.0,25.0%”，在“位置”选项上按住鼠标左键并拖动，从而调整图层的位置，使汽车位于背景中的道路上，如图 6-17 所示。

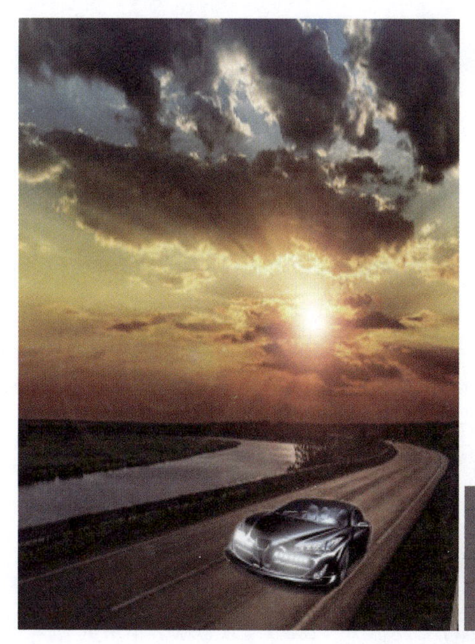

图 6-17　设置变换参数

05 选中“汽车.jpg”图层，在菜单栏中选择“图层”→“混合模式”→“发光度”命令，或者在该图层中选择“发光度”模式，效果如图 6-18 所示。

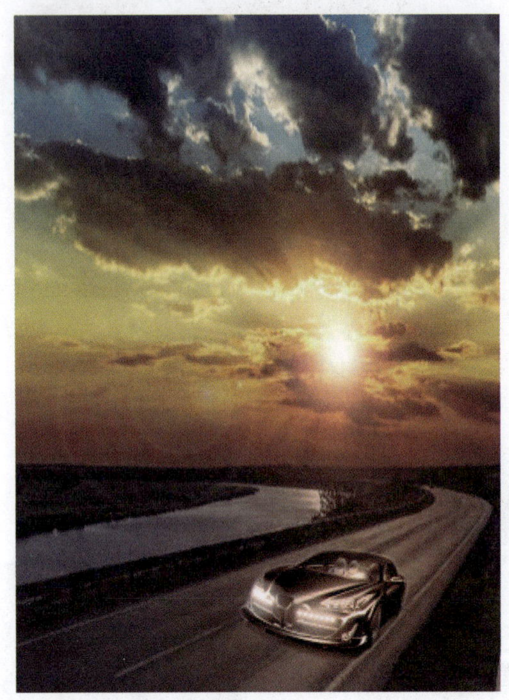

图 6-18　汽车广告

06 在菜单栏中选择“文件”→“保存”命令（组合键：Ctrl+S），打开“另存为”对话框，设置保存路径，输入文件名“汽车广告”，单击“保存”按钮，保存项目。

任务二　遮罩

任务引入

小白上完晚自习走在校园里，发现在新换的广告上探照灯扫过时的灯光、闪烁的文字特别好看，他也想制作类似的效果，但是应该如何制作出这些效果呢？

知识准备

很多优秀的动画作品，除了在色彩上给人以视觉震撼以外，在很多时候还得益于其特殊的制作技巧。使用基本的动画很难实现某些特殊的效果，而在很多难以解决的问题中，遮罩就成了一把利刃。

遮罩必须有两个图层，上面的一层称为遮罩图层，下面的一层称为被遮罩图层。如果要使用没有 Alpha 通道的图层创建轨道遮罩，或者使用从无法创建 Alpha 通道的应用程序中导入的图层创建轨道遮罩，那么根据轨道遮罩像素的明亮度定义图层的透明度非常有用。在这两种情况下（使用Alpha通道遮罩和使用明亮度遮罩），具有较高值的像素会更加透明。在通常情况下，应使用高对比度遮罩，这样遮罩区域是完全透明或完全不透明的。

系统默认图层没有轨道遮罩，在图层的“TrkMat”下拉列表中选择“Alpha 遮罩‘xx’”选项（“xx”表示要遮罩的图层），如图 6-19 所示。

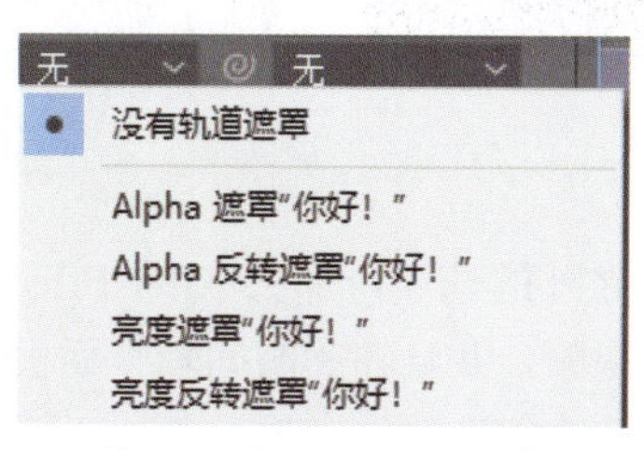

图 6-19 “TrkMat”下拉列表

提示

如果在“时间轴”面板中找不到“TrkMat”，单击 After Effect 窗口下方的“切换开关 / 模式”按钮，切换到模式状态。

- 没有轨道遮罩：不设置透明度，使用上一个图层充当普通图层。
- Alpha 遮罩“xx”：当 Alpha 通道像素值为 100% 时不透明，效果如图 6-20 所示。
- Alpha 反转遮罩“xx”：当 Alpha 通道像素值为 0% 时不透明，效果如图 6-21 所示。

图 6-20 Alpha 遮罩的效果

图 6-21 Alpha 反转遮罩的效果

- 亮度遮罩“xx”：当像素的亮度值为 100% 时不透明，效果如图 6-22 所示。
- 亮度反转遮罩“xx”：当像素的亮度值为 0% 时不透明，效果如图 6-23 所示。

图 6-22 亮度遮罩的效果

图 6-23 亮度反转遮罩的效果

如果选择“亮度遮罩‘xx’”或“亮度反转遮罩‘xx’”选项，那么文字颜色对遮罩效果有影响，文字颜色越浅，遮罩效果越好。例如，将文字颜色设置为白色，遮罩效果如图 6-24 所示。

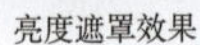

亮度遮罩效果

亮度反转遮罩效果

图 6-24 文字颜色对遮罩效果影响的示例

如果选择“没有轨道遮罩”之外的选项，那么 After Effects 会将该图层上方的图层转换为轨道遮罩，关闭轨道遮罩图层的视频，并且在“时间轴”面板中的轨道遮罩图层名称旁添加轨道遮罩图标。

提示

使用轨道遮罩的技巧：使用“色阶”效果可以增加遮罩图层中明暗部分之间的对比度，减少具有许多中点值的问题，它们可转换为部分透明的效果（通常情况下，在将边缘以外的区域设置为完全透明或完全不透明的效果时，遮罩非常有用）。

如果要将遮罩图层的 Alpha 通道以外的通道作为遮罩，则可以使用通道效果之一（例如“转换通道”效果）将所需通道的值传递到 Alpha 通道中。

如果要为轨道遮罩添加动画，使其与所遮罩的图层一起移动，则可以使该轨道遮罩成为其遮罩的图层的子项。

案例——带图案的文字

如果希望一个图层透过另一个图层定义的开口显现出来，可以设置轨道遮罩。本案例制作图案文字效果，并且对操作步骤进行详细讲解，使读者熟练掌握轨道遮罩的基本操作。

01 在菜单栏中选择“文件”→“导入”→“文件”命令（组合键：Ctrl+I），打开“导入文件”对话框，选择“背景.bmp”文件，勾选“创建合成”复选框，单击“导入”按钮，导入素材并创建合成，系统会采用素材名称作为合成名称。

02 在菜单栏中选择“图层”→“新建”→“文本”命令（组合键：Ctrl+Alt+Shift+T），创建空文本图层。

03 系统默认激活“横排文字工具”按钮，默认文本的输入位置为“合成”面板的中心，输入文字“你好！”，在“字符”面板中设置“字体”为“华文隶书”、“填充颜色”为橙色，“字体大小”为“100 像素”，拖动文字到适当位置，如图 6-25 所示。

图 6-25 输入文字并设置参数

04 系统默认图层没有轨道遮罩，在“背景.bmp”图层的“TrkMat”下拉列表中选择“Alpha遮罩‘你好！’”选项，效果如图 6-26 所示。

图 6-26　Alpha 遮罩效果

05 在菜单栏中选择“文件”→“保存”命令（组合键：Ctrl+S），打开“另存为”对话框，设置保存路径，输入文件名“带图案的文字”，单击“保存”按钮，保存项目。

案例——百叶窗动画

首先导入素材并新建合成，然后创建蒙版，再绘制遮罩，最后通过更改遮罩的大小制作百叶窗动画效果。

01 在菜单栏中选择“文件”→“导入”→“文件”命令（组合键：Ctrl+I），打开“导入文件”对话框，选择“背景.jpg”文件和“荷花.jpg”文件，勾选“创建合成”复选框，单击“导入”按钮，打开“基于所选项新建合成”对话框，选择“单个合成”单选按钮，设置“使用尺寸来自”为“背景.jpg”、“静止持续时间”为 8s，其他参数采用默认设置，单击“确定”按钮，系统会采用素材名称作为合成名称。

02 选中“背景.jpg”图层，单击工具栏的形状工具组中的“椭圆工具”按钮，按住 Shift 键在图层中绘制一个圆作为蒙版，系统默认“蒙版模式”为“相加”，效果如图 6-27 所示。

03 拖动“荷花.jpg”图层至“背景.jpg”图层的上方，在“背景.jpg”图层中选中“蒙版 1”属性，按组合键 Ctrl+C，复制蒙版；选中“荷花.jpg”图层，按组合键 Ctrl+V，将蒙版复制给“荷花.jpg”图层，并调整蒙版位置，使其与“背景.jpg”图层的蒙版重合，如图 6-28 所示。用户也可以直接使用椭圆工具在“荷花.jpg”图层中绘制一个圆作为蒙版，该圆要与步骤 2 中绘制的圆的大小、位置相同。

图 6-27　绘制背景蒙版

图 6-28　绘制荷花蒙版

04 为了绘图方便，将蒙版图形设置在“合成”面板的中间。选中“荷花.jpg”图层，在菜单栏中选择“图层”→“变换”→“在图层内容中居中放置锚点”命令（组合键：Ctrl+Alt+Home），将图层的锚点设置在图层的中心，在菜单栏中选择“图层”→“变换”→“视点居中”命令（组合键：Ctrl+Home），使“荷花.jpg”图层位于视图中心；采用相同的方法，使“背景”图层位于视图中心，如图 6-29 所示。

05 在菜单栏中选择“图层”→“新建”→“形状图层”命令，创建“形状图层 1”图层，按主键盘上的 Enter 键，将其重命名为“遮罩”，再次按 Enter 键确认。

06 单击工具栏的形状工具组中的“矩形工具”按钮，设置“填充”为纯色、“填充颜色”为白色，绘制一个矩形，如图 6-30 所示。

07 在“荷花.jpg”图层的“TrkMat”下拉列表中选择“Alpha 遮罩‘遮罩’”选项，效果如图 6-31 所示。

图 6-29　图层居中

图 6-30　绘制一个矩形

图 6-31　Alpha 遮罩效果

08 选中“遮罩”图层，在菜单栏中选择“图层”→“变换”→“在图层内容中居中放置锚点”命令（组合键：Ctrl+Alt+Home），将图层的锚点设置在图层的中心。

09 将时间线拖曳到起始帧处，按快捷键 S，显示“缩放”选项，单击“缩放”选项前的“时间变换秒表”图标，创建第一个“缩放”关键帧，如图 6-32 所示。

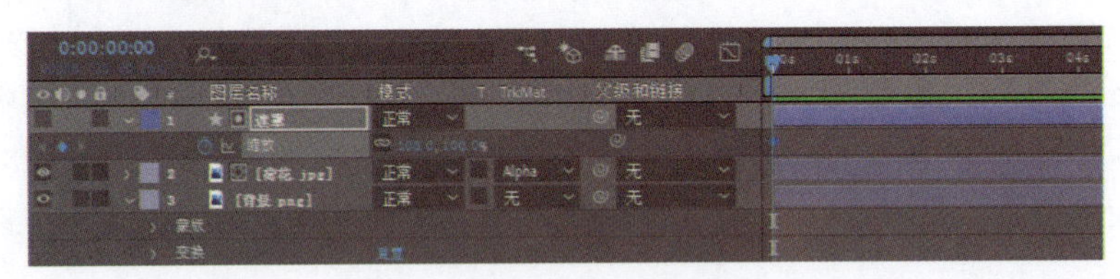

图 6-32　创建第一个“缩放”关键帧

10 将时间线拖曳到 2s 处，取消激活“约束比例”按钮，设置“缩放”为“100.0, 20.0%”（设置竖直方向的缩放比例为 20.0%），创建第二个“缩放”关键帧，如图 6-33 所示。

图 6-33　创建第二个“缩放”关键帧

11 将时间线拖曳到 4s 处，设置“缩放”为“100.0,100.0%”（设置竖直方向的缩放比例为 100.0%），创建第三个“缩放”关键帧，如图 6-34 所示。

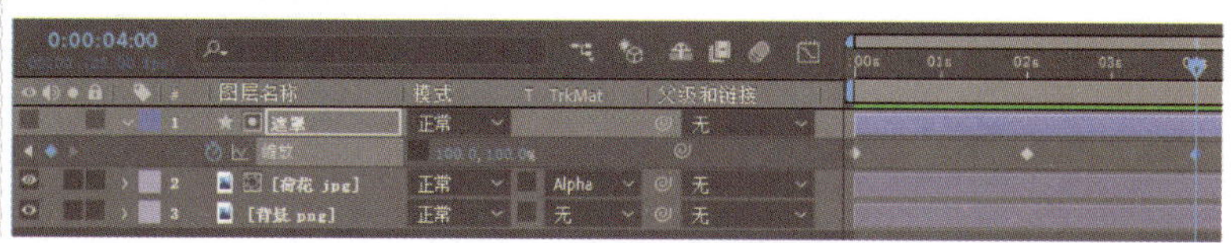

图 6-34　创建第三个“缩放”关键帧

12 按住 Ctrl 键，选中“荷花.jpg”图层和“遮罩”图层，先按组合键 Ctrl+C，然后按组合键 Ctrl+V，复制图层。选中复制后的“遮罩 2”图层，按快捷键 P，显示“位置”选项，在竖直方向的数值上按住鼠标左键并拖动，向上调整“遮罩 2”图层的位置，如图 6-35 所示。

13 重复步骤 12，复制图层并调整其位置，如图 6-36 所示。

图 6-35　复制图层并调整其位置（一）

图 6-36　复制图层并调整其位置（二）

14 将时间线拖曳到起始帧处，单击“预览”面板中的“播放”按钮▶，查看动画效果，如图 6-37 所示。

1s

3s

4s

图 6-37　动画效果

15 在菜单栏中选择“文件”→“保存”命令（组合键：Ctrl+S），打开“另存为”对话框，设置保存路径，输入文件名“百叶窗动画”，单击“保存”按钮，保存项目。

项目总结

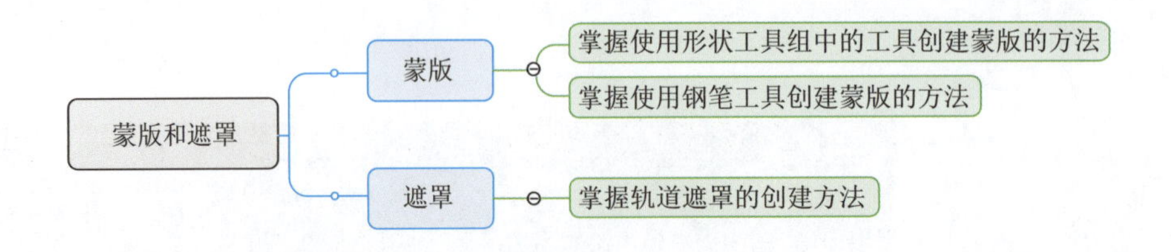

项目实战

实战一 魔镜

01 导入“背景.jpg”文件和“镜面.jpg”文件，如图 6-38 所示，将“背景.jpg”图层置于底层。

02 新建调整图层，使用椭圆工具绘制遮罩范围，如图 6-39 所示。

03 在“镜面.jpg”图层的“TrkMat”下拉列表中选择“Alpha 反转遮罩‘调整图层 1’”选项，效果如图 6-40 所示。

图 6-38 导入的素材　　图 6-39 绘制遮罩范围　　图 6-40 魔镜效果

实战二 旋转地球

本案例制作旋转地球动画效果，并且对操作步骤进行详细讲解，使读者熟练掌握遮罩的基本操作方法。

01 在菜单栏中选择“文件”→“导入”→“文件”命令（组合键：Ctrl+I），打开“导入文件”对话框，选择“背景.jpg”文件，勾选“创建合成”复选框，单击“导入”按钮，导入素材并创建合成，系统会采用素材名称作为合成名称，如图 6-41 所示。

02 在菜单栏中选择“图层”→“新建”→“形状图层”命令，创建“形状图层 1”图层，将其重命名为“地球”。

03 单击工具栏的形状工具组中的“椭圆工具”按钮，设置“填充”为“径向渐变”，单击“填充颜色”色块，打开“渐变编辑器”对话框，单击左侧下方的色标，设置颜色值为 #7CD5FA，单击左侧上方的不透明度色标，设置“不透明度”为“100%”；单击右侧下方的色标，设置颜色值为 #115CCC，单击右侧上方的不透明度色标，设置“不透明度”为“100%”，如图 6-42 所示。

图 6-41　导入背景

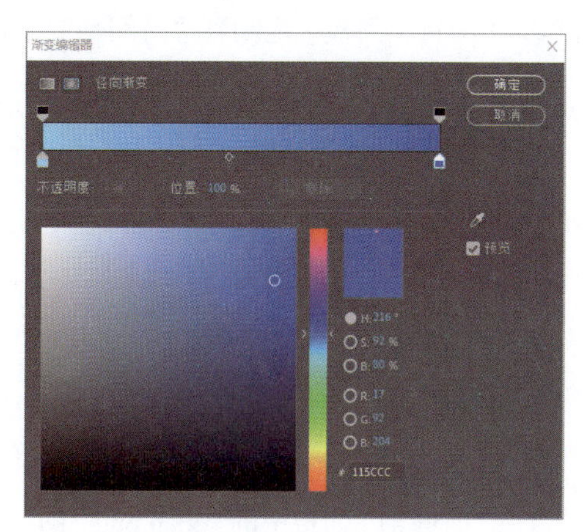

图 6-42　“渐变编辑器”对话框

04 设置“描边”为“无”，在图中的适当位置按住 Shift 键绘制一个圆，并且调整圆的位置，使其与背景图中的球体重合，如图 6-43 所示。

05 单击工具栏中的“选取工具”按钮（快捷键：V），在“时间轴”面板中的“泡泡”图层→“内容”→“椭圆 1”→“渐变填充 1”节点下设置“起始点”为（-40.0,-40.0）、“结束点”为（180.0, 0.0），如图 6-44 所示。

图 6-43　绘制一个圆

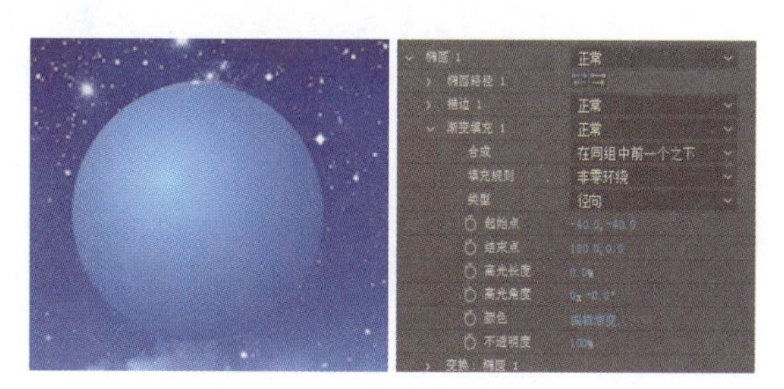

图 6-44　设置渐变填充参数

06 在菜单栏中选择“图层”→“图层样式”→“内发光”命令，在“图层样式”节点下设置“颜色”的值为 #2370D4、“技术”为“柔和”、“大小”为“20.0”，其他参数采用默认设置，如图 6-45 所示。

图 6-45　添加“内发光”样式

07 在菜单栏中选择“文件”→“导入”→“文件”命令（组合键：Ctrl+I），打开“导入文件”对话框，选择“map.png”文件，取消勾选“创建合成”复选框，单击“导入”按钮，导入素材，并将其从“项目”面板中拖动到“时间轴”面板中，创建“map.png”图层，如图 6-46 所示。

图 6-46　导入素材

08 在“时间轴”面板中的“map.png”图层→“变换”节点下设置“缩放”为“60.0,60.0%”、“不透明度”为“60%”，如图 6-47 所示。

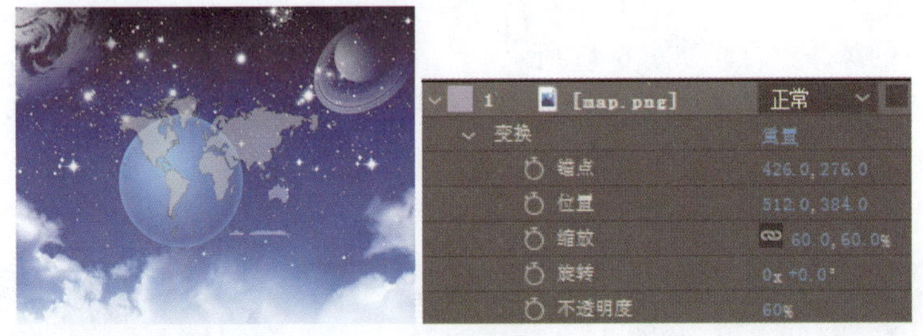

图 6-47　设置图层参数

09 将时间线拖曳到起始帧处，将“map.png”图层拖动到适当的位置，展开“map.png”图层→“变换”节点，单击“位置”选项前的“时间变换秒表”图标，创建第一个“位置”关键帧，如图 6-48 所示。

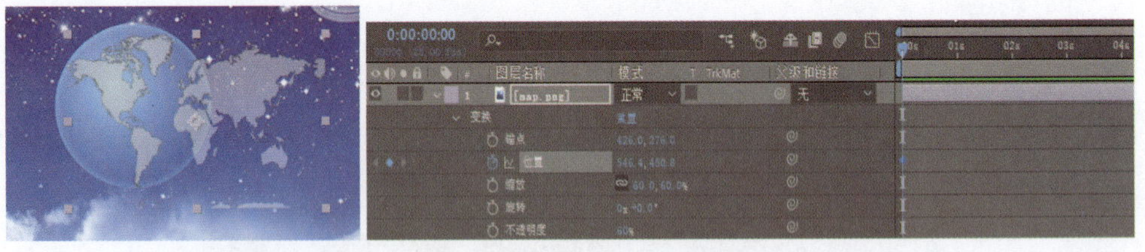

图 6-48　创建第一个“位置”关键帧

10 将时间线拖曳到 6s 处，在“位置”选项的第一个数值上按住鼠标左键并拖动，水平移动“map.png”图层到适当的位置，创建第二个“位置”关键帧，如图 6-49 所示。

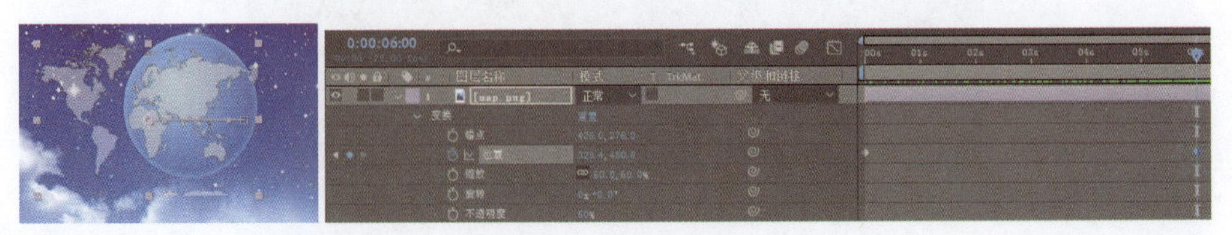

图 6-49　创建第二个“位置”关键帧

11 选中“地球”图层，按组合键 Ctrl+C，再按组合键 Ctrl+V，复制图层到最上层，将其重命名为“遮罩”。

12 在“map.png”图层的“TrkMat”下拉列表中选择“Alpha 遮罩‘遮罩’”选项，效果如图 6-50 所示。

图 6-50　Alpha 遮罩效果

在实际使用时，遮罩还有很多其他的动画效果，这需要读者多加练习，并且发挥自己的创意。相信经过不断地练习，读者能制作出很多有创意的动画效果。

13 将时间线拖曳到起始帧处，单击“预览”面板中的“播放”按钮▶，查看动画效果，如图 6-51 所示。

1s

3s

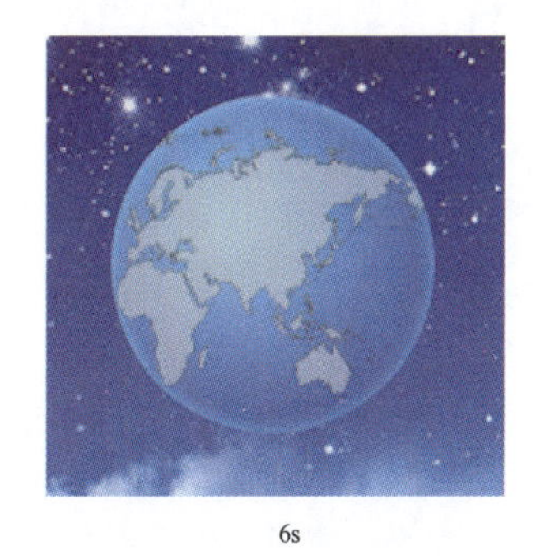

6s

图 6-51　动画效果

14 在菜单栏中选择“文件”→“保存”命令（组合键：Ctrl+S），打开“另存为”对话框，设置保存路径，输入文件名“旋转地球”，单击“保存”按钮，保存项目。

项目七 抠像

思政目标

- 尊重客观事实，维护社会主义核心价值观。
- 抓住机遇，自信勤奋，培养读者热爱祖国的感情。

技能目标

- 能够使用 Keylight 工具对素材进行抠像。
- 能够使用颜色差值键、颜色范围、差值遮罩等工具提高抠像效果。
- 能够使用遮罩工具改善抠像复杂边缘的细节。

项目导读

抠像在影视制作领域是被广泛采用的技术手段。例如，如果要实现演员悬挂在直升机外面或漂浮在太空中的效果，那么演员在影片拍摄过程中应先位于纯色背景屏幕前的适当位置，然后抠出背景色，将包含该演员的场景合成到新的背景中。

抠出颜色一致的背景的技术通常称为蓝屏或绿屏抠像技术，然而不一定使用蓝色或绿色背景，可以使用任意纯色的背景。红色屏幕通常用于拍摄非人类对象，如汽车和宇宙飞船的微型模型。很多因视觉特效而闻名的电影都使用洋红屏幕进行抠像。抠像的其他常用术语有抠色、色度抠像。

任务一 Keylight（主光 1.2）

任务引入

老师交给小白一些在棚内拍摄的视频素材，要求他做一个视频宣传片。为了得到更好的视频效果，小白需要对视频素材进行抠像操作。那么应该如何运用 Keylight 更快、更好地对视频、图片进行抠像呢？

知识准备

Keylight 在制作专业品质的抠像效果方面表现出色，尤其擅长进行蓝、绿屏的抠像操作。由于抑制颜色溢出是内置的，所以抠像结果看起来更加像照片，而不是合成的。多年以来，Keylight 不断改进，目的是使抠像能够更快、更简单，并且可以处理具挑战性的镜头。Keylight 作为插件集成了一系列工具，包括 erode、软化、despot，用于满足特定需求。此外，Keylight 包括不同颜色校正、抑制和边缘校正工具，用于获得更加精细的微调效果。

导入素材，选中图层，在菜单栏中选择“效果”→“Keying”→“Keylight（1.2）”命令，或者右击图层，在弹出的快捷菜单中选择“效果”→“Keying”→“Keylight（1.2）”命令，在“效果控件”面板中添加“Keylight（1.2）”属性，设置属性后，效果如图 7-1 所示。

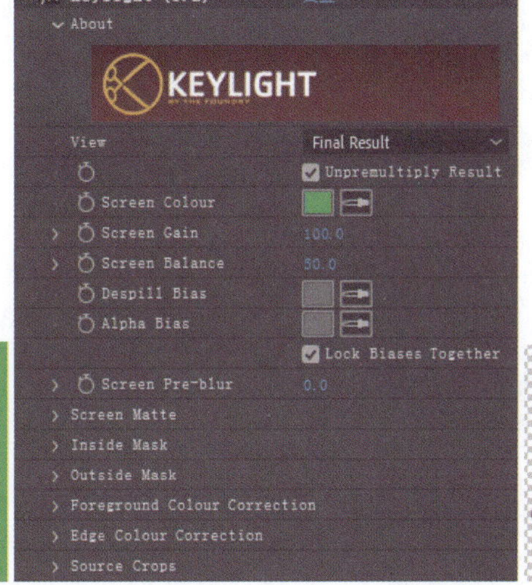

原图　　“Keylight（1.2）”属性及效果

图 7-1　“Keylight（1.2）”效果

- View（视图）：设置视图的显示方式。
- Screen Colour（屏幕颜色）：设置需要抠除的背景颜色，可以单击■按钮，打开“Screen Colour”对话框，选择背景颜色；也可以单击“吸管”按钮，直接拾取背景颜色。
- Screen Balance（屏幕平衡）：默认值为 50。如果值大于 50，那么画面的整体颜色会受 Screen Colour（屏幕颜色）影响；如果值小于 50，那么画面的整体颜色会受 Screen Colour（屏幕颜色）以外的通道颜色影响。
- Despill Bias（颜色溢出抑制）：将抠像的颜色在边缘处进行细化处理。
- Screen Pre-blur（屏幕模糊）：设置抠像边缘的模糊程度。
- Inside Mask（内侧遮罩）：防止抠像主体部分因为颜色与 Screen Colour 相近而被抠掉。
- Outside Mask（外侧遮罩）：给抠像区域画个遮罩，与图层本身的遮罩功能一样。

案例——非洲草原

01 在菜单栏中选择“文件”→“导入”→“文件”命令（组合键：Ctrl+I），打开“导入文件”对话框，选择“草原.jpg”文件，勾选“创建合成”复选框，单击“导入”按钮，导入素材并创建合成，如图 7-2 所示。

02 导入绿色背景的“马”素材，拖放到“草原.jpg”图层的上方，如图 7-3 所示。

03 选中“马.jpg”图层，在菜单栏中选择“效果”→“Keying”→“Keylight（1.2）”命令，或者右击“草原.jpg”图层，在弹出的快捷菜单中选择“效果”→“Keying”→“Keylight（1.2）”命令，在“效果控件”面板中添加“Keylight（1.2）”属性。

图 7-2　草原

图 7-3　导入“马”素材

04 单击“Screen Colour”选项右侧的“吸管”按钮，在视图中拾取“马.jpg”的背景颜色，如图 7-3 所示，系统会自动将背景颜色设置为透明的，如图 7-4 所示。

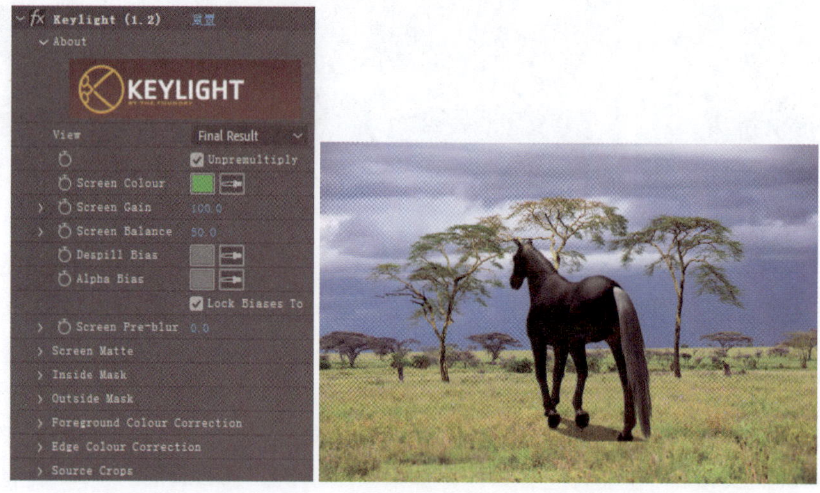

图 7-4　抠像效果

05 在“马.jpg”图层的“变换”节点下调整“缩放”数值和“位置”数值，调整马在图像中的大小和位置，如图 7-5 所示。

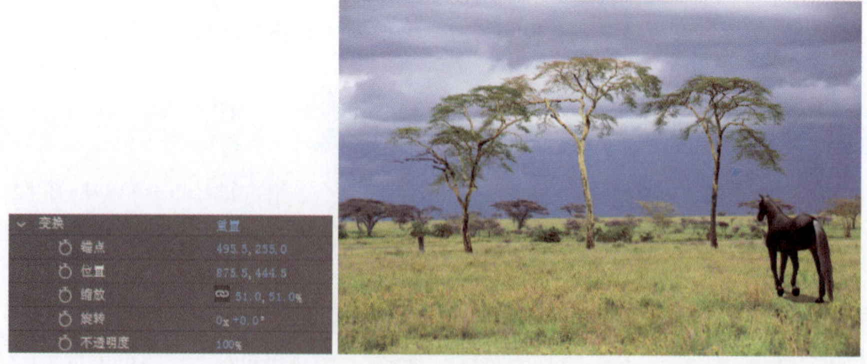

图 7-5　调整马的大小和位置

06 导入绿色背景的“大象”素材，拖放到“马.jpg”图层的上方，如图 7-6 所示。

图 7-6　导入“大象”素材

07在“效果和预设”面板中选取“Keylight”→“Keylight（1.2）”效果，将其拖放到“大象.jpg”图层上，在“效果控件”面板中添加“Keylight（1.2）”属性。

08单击“Screen Colour”选项右侧的“吸管”按钮，在视图中拾取“大象.jpg”的背景颜色，系统会自动将背景颜色设置为透明的，如图 7-7 所示。

图 7-7　抠像效果

09在“大象.jpg”图层的“变换”节点下调整“缩放”数值和“位置”数值，调整大象在图像中的大小和位置，如图 7-8 所示。

图 7-8　调整大象的大小和位置

任务二　抠像效果

任务引入

小白已经对运用 Keylight 进行抠像的操作有所掌握，但是在进行视频处理时仅掌握一种抠像效果是不够的，那么还需要掌握哪些抠像效果才能将视频制作得更加完美呢？

知识准备

After Effects 提供了多种抠像效果，通过抠像操作可以轻松替换背景，这在因使用过于复杂的物体而无法轻松进行遮蔽时非常有用。

选中素材，在菜单栏中选择“效果”→“抠像”子菜单中的命令，或在“效果和预设”面板中选择“抠像”子菜单中的命令，添加抠像效果，如图 7-9 所示。在“抠像”子菜单中选择命令后会在“效果控件”面板中添加对应的属性，通过修改该属性的参数调整素材效果。

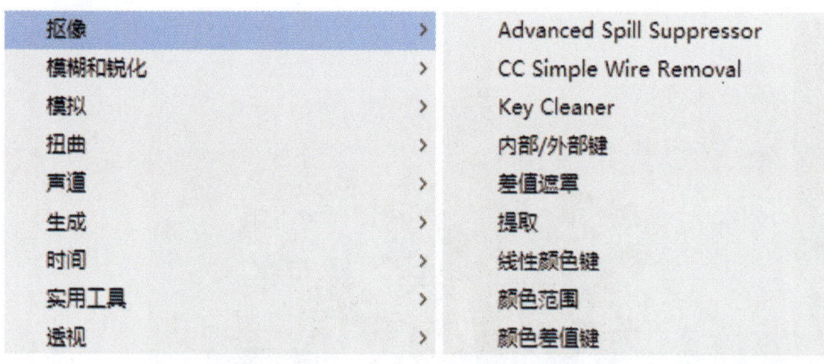

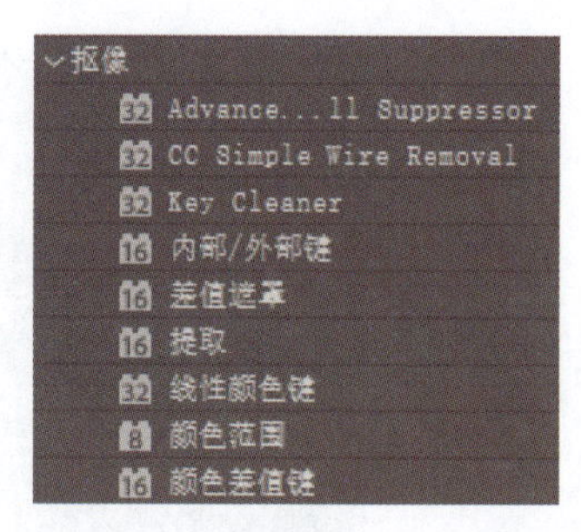

图 7-9　“抠像”子菜单

下面介绍“抠像”子菜单中的各种效果。

- Advanced Spill Suppressor（高级溢出抑制器）：可以去除用于进行颜色抠像的彩色背景中的前景主题颜色溢出，如图 7-10 所示。

原图

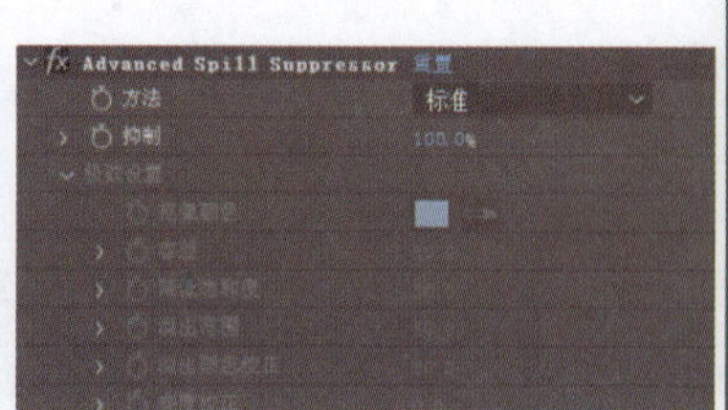

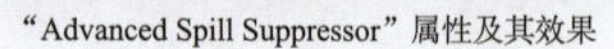

“Advanced Spill Suppressor”属性及其效果

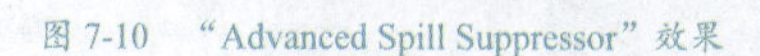

图 7-10　“Advanced Spill Suppressor”效果

- CC Simple Wire Removal（CC 简单威亚移除）：用于去除两点之间的一条线，如图 7-11 所示。

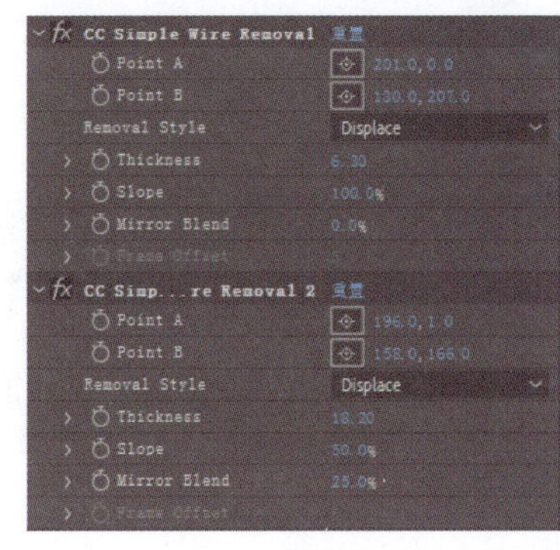

原图　　“CC Simple Wire Removal”属性及其效果

图 7-11　“CC Simple Wire Removal”效果

- Key Cleaner（抠像清除器）：改善杂色素材的抠像效果，同时保留细节。它只影响 Alpha 通道，有点类似于 Photoshop 中的调整边缘命令。
- 内部 / 外部键：可以在背景中隔离前景对象。除了在背景中对柔化边缘的对象使用蒙版以外，“内部 / 外部键”效果还会修改边界周围的颜色，用于移除沾染背景的颜色，如图 7-12 所示。

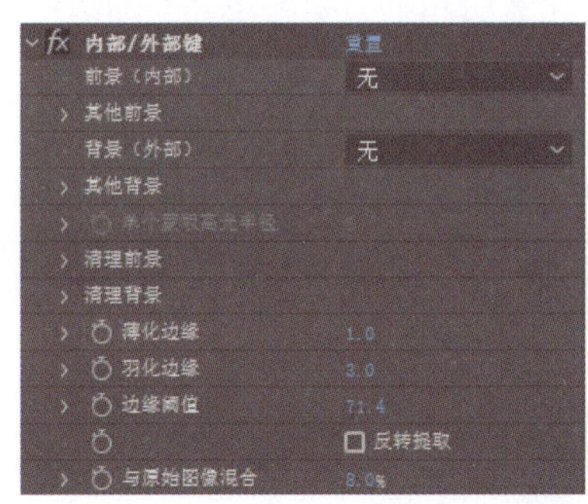

原图　　“内部 / 外部键”属性及其效果

图 7-12　“内部 / 外部键”效果

➢ 薄化边缘：指定受抠像影响的遮罩的边界数量。如果值为正数，可以使边缘朝透明区域的相反方向移动，从而增大透明区域；如果值为负数，可以使边缘朝透明区域移动，从而增大前景区域。

➢ 羽化边缘：增大此值，可以柔化抠像区域的边缘。该值越大，渲染时间越长。

➢ 边缘阈值：用于移除使图像背景产生不需要的杂色的低不透明度像素。

➢ 反转提取：反转前景区域和背景区域。

➢ 与原始图像混合：指定生成的提取图像与原始图像混合的程度。

- 差值遮罩：可以设置透明度，具体方法是先比较源图层和差值图层，然后抠出源图层中与差值图层中的位置和颜色匹配的像素。此效果主要用于先抠出移动对象后面的静态背景，然后将此对象放在其他背景上。差值图层通常只是背景帧素材（在移动对象进入此场景之前）。因此，“差值遮罩”效果适用于使用固定摄像机和静止背景拍摄的场景，如图 7-13 所示。

➢ 差值图层：主要用于选择背景文件。

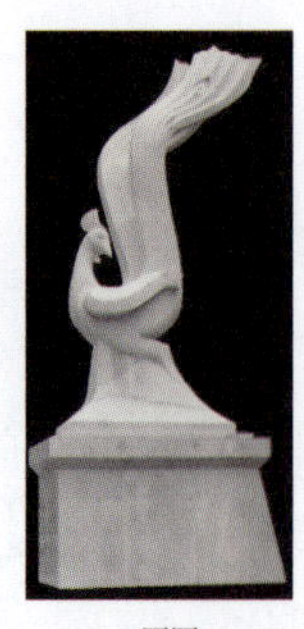

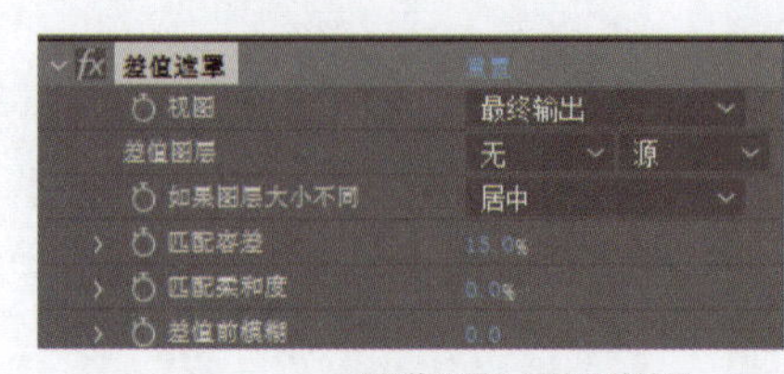

原图　　“差值遮罩”属性及其效果

图 7-13　“差值遮罩”效果

➢ 如果图层大小不同：包括“居中”选项和“伸缩以适应”选项。其中，“居中”将差值图层放在源图层的中央。如果差值图层比源图层小，那么此图层的其余部分使用黑色填充。“伸缩以适应”将差值图层伸展或收缩到源图层的大小，背景图像可能会发生扭曲。

➢ 匹配容差：根据图层之间的颜色必须匹配的严密程度指定透明度数量。该值越低，透明度越低；该值越高，透明度越高。

➢ 匹配柔和度：用于柔化透明和不透明区域之间的边缘。该值越高，匹配的像素越透明，但匹配像素的数量不会增加。

➢ 差值前模糊：使两个图层略微变模糊，从而抑制杂色。

- 提取：可以设置透明度，具体方法是根据指定通道的直方图抠出指定的亮度范围。此效果适合在黑色或白色背景中拍摄的图像或在包含多种颜色的黑暗或明亮的背景中拍摄的图像，如图 7-14 所示。

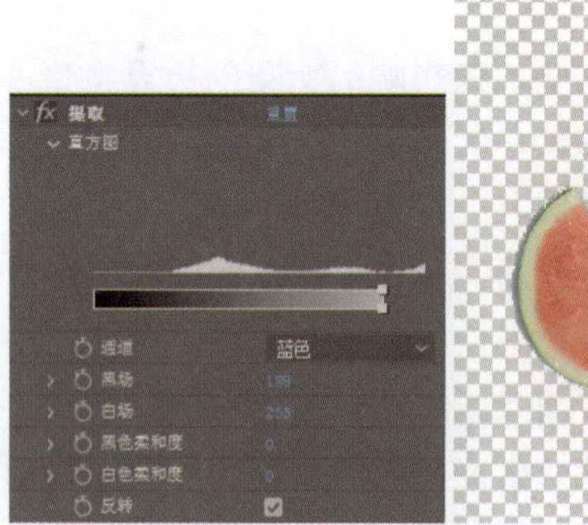

原图　　“提取”属性及其效果

图 7-14　“提取”效果

➢ 直方图：通过直方图可以了解图像各个影调的分布情况。

➢ 通道：设置抽取键控通道，包括明亮度、红色、绿色、蓝色和 Alpha。

➢ 黑场：设置黑点数值。

➢ 白场：设置白点数值。
➢ 黑色柔和度：设置暗部区域的柔和度。
➢ 白色柔和度：设置亮部区域的柔和度。
➢ 反转：勾选此选项，可以反转区域。

提示

拖动右上角或左上角的选择手柄，可以调整控制条的长度，并且缩小或增大透明度范围。另外，也可以移动“白场”和“黑场”滑块来调整控制条的长度，使高于白场并低于黑场的值变透明。

拖动右下角或左下角的选择手柄，可以使控制条变细。使左侧控制条变细会影响图像较暗区域的柔和度；使右侧控制条变细会影响图像较亮区域的柔和度。用户可以通过调整“白色柔和度”（亮区）和“黑色柔和度”（暗区）的值调整图像的柔和度。

• 线性颜色键：可以跨图像设置一系列透明度。使用“线性颜色键”效果可以对图像中的每个像素与指定的主色进行比较。颜色与主色近似匹配的像素会变得完全透明，不太匹配的像素会变得不太透明，根本不匹配的像素会保持不透明。因此，透明度值呈线性增长趋势，如图 7-15 所示。

原图

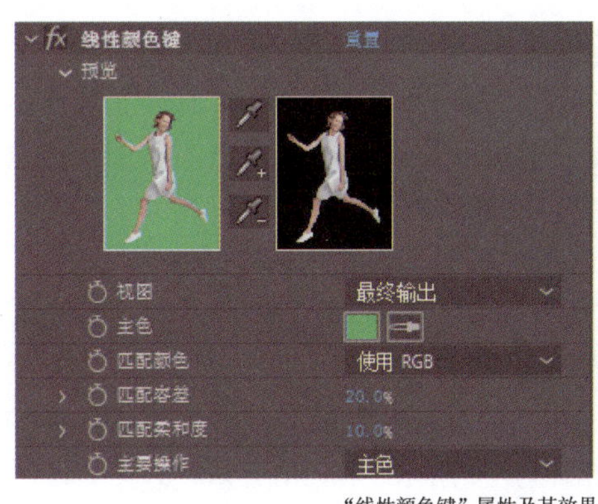

“线性颜色键”属性及其效果

图 7-15　“线性颜色键”效果

➢ 预览：可以直接观察键控选取效果。
➢ 视图：设置“合成”面板中的效果。
➢ 主色：设置颜色键的基本色，单击按钮，可以在图像中吸取抠像颜色。
➢ 匹配颜色：设置匹配颜色空间，包括使用 RGB、使用色相和使用色度。
➢ 匹配容差：如果值为 0.0%，则可以使整个图像变得不透明；如果值为 100.0%，则可以使整个图像变得透明。
➢ 匹配柔和度：通过减少容差值柔化匹配容差。通常小于 20% 的值可以产生最佳效果。
➢ 主要操作：设置主要操作方式，包括主色和保持颜色。

• 颜色范围：可以设置透明度，具体方法是在 Lab、YUV 或 RGB 颜色空间中抠出指定的颜色范围。用户可以在包含多种颜色的屏幕上，或者在亮度不均匀且包含同一种颜色的不同阴影的蓝屏或绿屏上使用此属性进行抠像操作，如图 7-16 所示。

原图

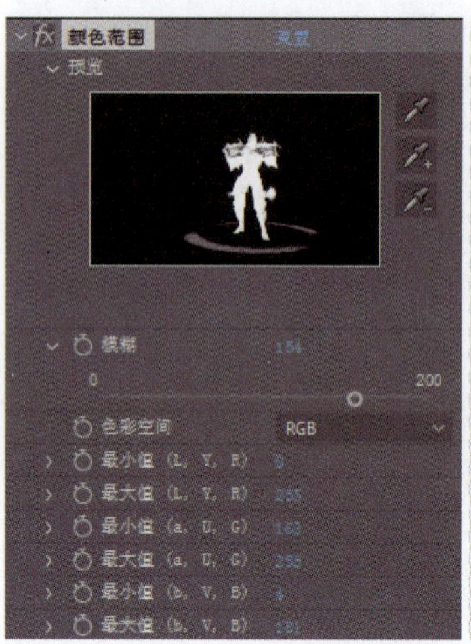

“颜色范围”属性及其效果

图 7-16 “颜色范围”效果

- “主色”吸管：单击此按钮后单击遮罩缩览图，用于选择“合成”面板中要使其变透明的颜色所对应的区域。在通常情况下，第一种颜色即覆盖图像最大区域的颜色。
- “加号”吸管：单击此按钮后单击遮罩缩览图中的其他区域，用于将其他颜色或阴影添加到为透明度抠出的颜色的范围中。
- “减号”吸管：单击此按钮后单击遮罩缩览图中的区域，用于从抠出的颜色的范围中去除其他颜色或阴影。
- 模糊：用于柔化透明区域和不透明区域之间的边缘。
- 色彩空间：包括“Lab”“YUV”和“RGB”选项。如果使用一种颜色空间难以隔离主体，则尝试使用其他颜色空间。
- 最大值 / 最小值：对使用“加号”或“减号”吸管选择的颜色范围进行微调。L、Y、R 滑块可以控制指定颜色空间的第一个分量；a、U、G 滑块可以控制第二个分量；b、V、B 滑块可以控制第三个分量。拖动“最小值”滑块，可以微调颜色范围的起始颜色；拖动“最大值”滑块，可以微调颜色范围的结束颜色。

- 颜色差值键：通过将图像分为“遮罩部分 A”和“遮罩部分 B”两部分，在相对的起始点设置透明度。“遮罩部分 B”基于指定的主色设置透明度，“遮罩部分 A”基于不含第二种不同颜色的图像区域设置透明度。“颜色差值键”效果可以对以蓝屏或绿屏为背景拍摄的所有亮度适宜的素材实现优质抠像，特别适合包含透明或半透明区域的图像，如烟、阴影或玻璃，如图 7-17 所示。
  - 预览：可以直接观察键控选取效果。
  - 视图：设置视图的显示方式。
  - A：单击此按钮，显示“遮罩部分 A”。
  - B：单击此按钮，显示“遮罩部分 B”。
  - α：单击此按钮，可以将最终合并的遮罩显示在遮罩缩览图中。

原图

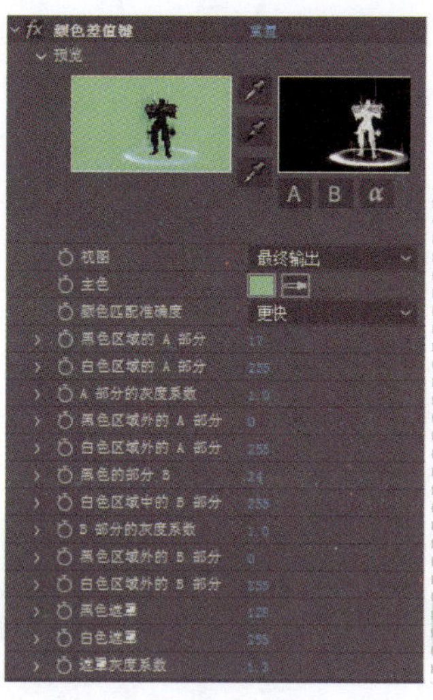

“颜色差值键”属性及其效果

图 7-17　“颜色差值键”效果

➢ 主色：设置需要抠除的背景颜色，单击■按钮，打开“主色”对话框，选中背景颜色；或者单击“吸管”按钮■，直接拾取背景颜色。

➢ 颜色匹配准确度：包括“更快”选项和“更准确”选项。如果不使用非主要颜色（红色、蓝色或黄色）的屏幕，则选择“更快”选项；如果使用主要颜色的屏幕，则选择“更准确”选项，虽然这样会增加渲染时间，但可以产生更好的效果。

➢ 黑色区域的 A 部分 / 黑色区域外的 A 部分 / 黑色的部分 B/ 黑色区域外的 B 部分 / 黑色遮罩：调整每个遮罩的透明度水平。可以使用“黑色”吸管调整同样的水平。

➢ 白色区域的 A 部分 / 白色区域外的 A 部分 / 白色区域中的 B 部分 / 白色区域外的 B 部分 / 白色遮罩：调整每个遮罩的不透明度水平。可以使用“白色”吸管调整不透明度水平。

➢ 遮罩灰度系数：用于控制透明度值遵循线性增长的严密程度。如果值为 1（默认值），则可以产生线性增长；如果值不为 1，则可以产生非线性增长，用于进行特殊调整或实现特殊视觉效果。

任务三　遮罩效果

任务引入

小白将做好的视频提交给老师，老师在检查时发现视频中有些物体的清晰轮廓变得不实、人物头发的抠取不细、某些不透明区域变透明等抠像遗留问题。那么应该如何有效地改善这些抠像遗留问题呢？

知识准备

选中素材，在菜单栏中选择“效果”→“遮罩”子菜单中的命令，或者在“效果和预设”

面板中选择“遮罩”子菜单中的命令，添加遮罩效果，如图 7-18 所示。

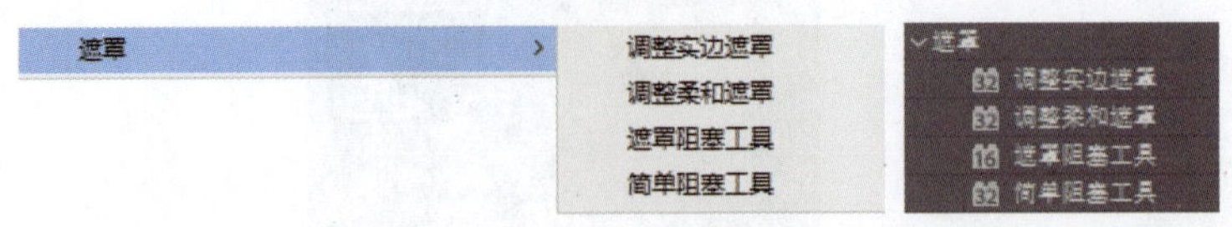

图 7-18 “遮罩”子菜单

下面以图 7-19 所示的图为例介绍“遮罩”子菜单中的各种效果。

- 调整实边遮罩：在进行抠像操作后，遮罩的清晰边缘（例如物体的清晰轮廓处）可能会变得不实，使用此效果可以使虚化的清晰边缘变实，如图 7-20 所示。

图 7-19 原图

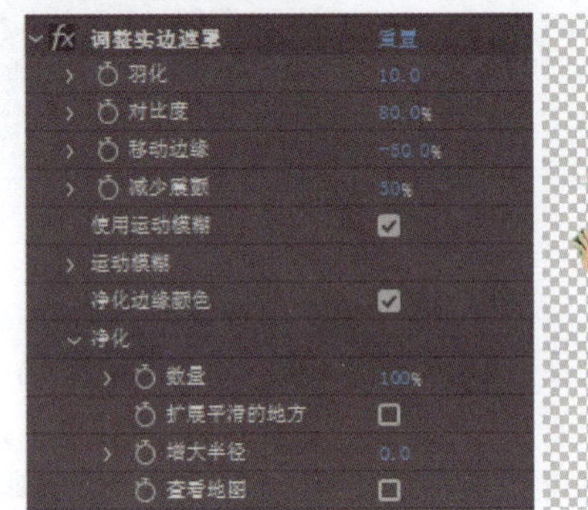

图 7-20 “调整实边遮罩”属性及其效果

  - ➢ 羽化：设置边缘的柔和程度。
  - ➢ 对比度：设置图像的明暗比例。
  - ➢ 移动边缘：设置移动边缘的百分比。
  - ➢ 减少震颤：设置震颤大小。
  - ➢ 使用运动模糊：勾选此选项，可使用运动模糊。
  - ➢ 运动模糊：制作运动模糊效果。
  - ➢ 净化边缘颜色：勾选此选项，可净化边缘颜色。
  - ➢ 净化：设置净化边缘属性。

- 调整柔和遮罩：沿遮罩的 Alpha 边缘改善复杂边缘（如人物的头发）的粗细细节，如图 7-21 所示。

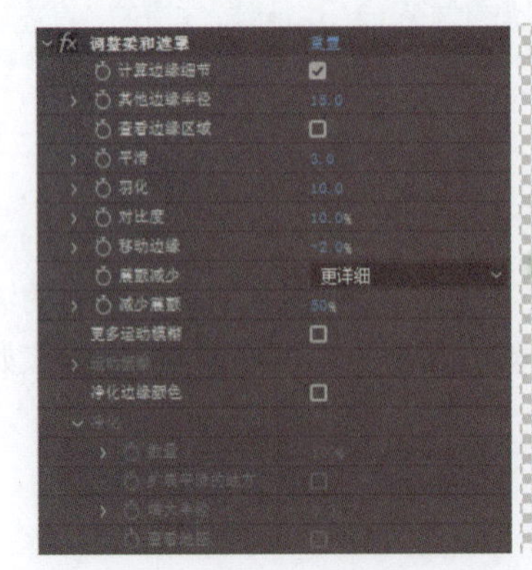

图 7-21 “调整柔和遮罩”属性及其效果

- ➢ 计算边缘细节：勾选此选项，可计算边缘细节。
- ➢ 其他边缘半径：设置其他边缘半径大小。
- ➢ 查看边缘区域：勾选此选项，设置边缘区域。
- ➢ 羽化：设置边缘的柔和程度。
- ➢ 对比度：设置图像的明暗比例。
- ➢ 移动边缘：设置移动边缘的百分比。
- ➢ 减少震颤：设置震颤大小。
- ➢ 更多运动模糊：勾选此选项，可使用运动模糊。
- ➢ 运动模糊：制作运动模糊效果。
- ➢ 净化边缘颜色：勾选此选项，可净化边缘颜色。
- ➢ 净化：设置净化边缘属性。

- 遮罩阻塞工具：可以重复一连串阻塞和扩展遮罩操作，用于在不透明区域填充不需要的缺口（透明区域）。在“效果控件”面板中的“遮罩阻塞工具”节点下设置“迭代”为“1”，效果如图 7-22 所示。

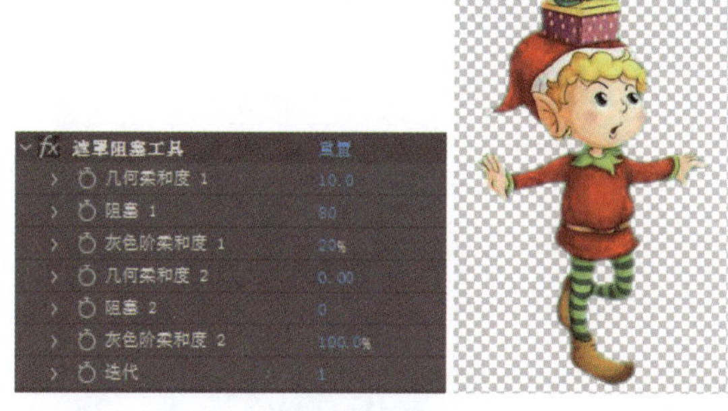

图 7-22　“遮罩阻塞工具”属性及其效果

- ➢ 几何柔和度：指定最大扩展或阻塞量（以像素为单位）。
- ➢ 阻塞：设置阻塞数量。负值用于扩展遮罩；正值用于阻塞遮罩。
- ➢ 灰色阶柔和度：指定使遮罩边缘柔和的程度。当值为 0% 时，遮罩边缘仅包含完全不透明值和完全透明值；当值为 100% 时，遮罩边缘包含完整的灰色值范围，但可能看似模糊。

- 简单阻塞工具：可以小增量缩小或扩展遮罩边缘，以便创建更整洁的遮罩。在“效果控件”面板中的“简单阻塞工具”节点下设置“阻塞遮罩”为“5.00”，效果如图 7-23 所示。

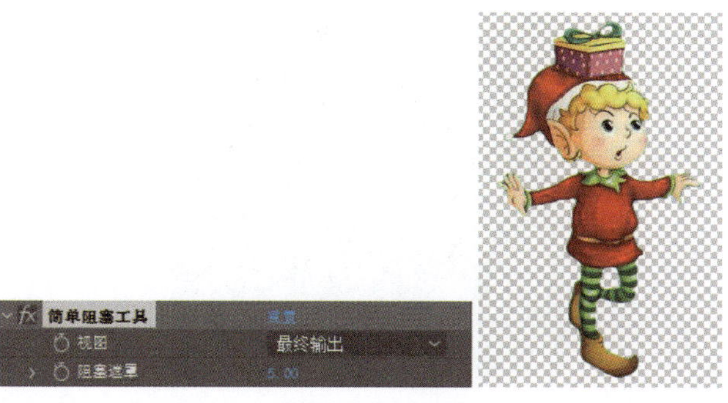

图 7-23　“简单阻塞工具”属性及其效果

➢ 视图：设置在“合成”面板中效果的查看方式。

➢ 阻塞遮罩：设置遮罩的阻塞程度。

项目总结

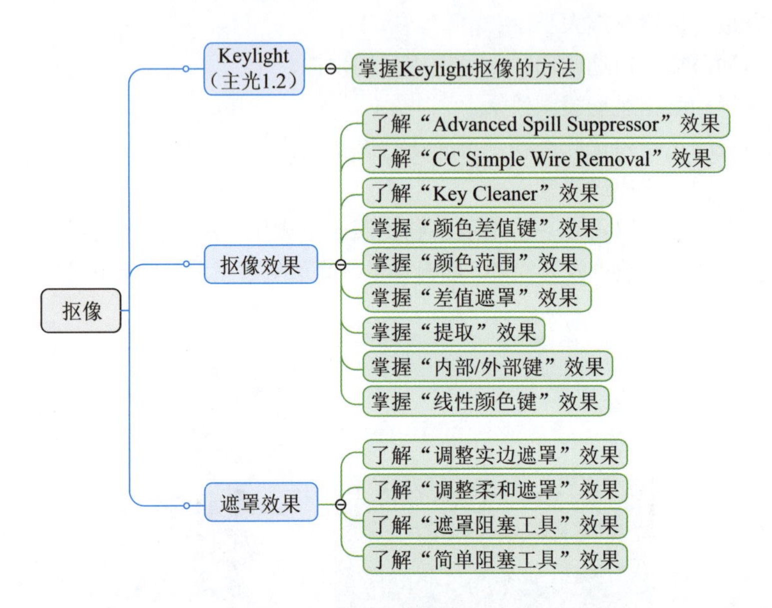

项目实战

实战一　跳跃的女孩

01 导入如图 7-24 所示的素材。

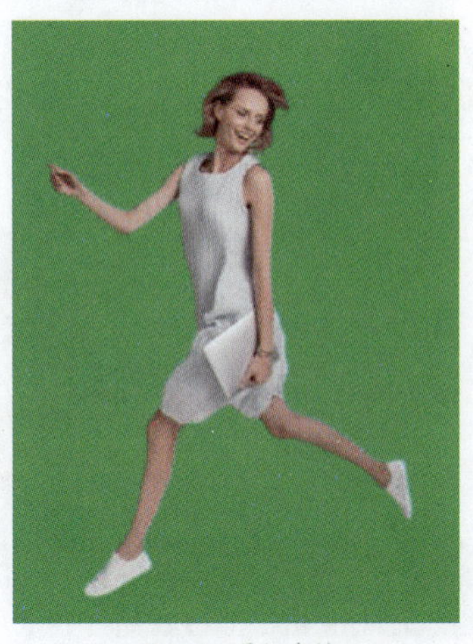

图 7-24　导入素材

02 选中“跳跃.jpg”图层，在菜单栏中选择“效果”→“抠像”→“线性颜色键”命令，在“匹配容差”选项的数值上按住鼠标左键并拖动，用于调整该值，或者直接设置“匹配容差”为“20.0%”，如图 7-25 所示。

图 7-25 调整“匹配容差”

03 选中“跳跃.jpg”图层，在菜单栏中选择“效果”→“遮罩”→“简单阻塞工具”命令，在“效果控件”面板中添加“简单阻塞工具”属性，设置“阻塞遮罩”为“1.00”，效果如图 7-26 所示。

04 在菜单栏中选择“文件”→“导入”→“文件”命令（组合键：Ctrl+I），打开“导入文件”对话框，选择“桌面.jpg”文件，取消勾选“创建合成”复选框，单击“导入”按钮，导入素材，并且将其放置在“跳跃.jpg”图层的下方，设置“缩放”为“50%”，调整“跳跃.jpg”图层的位置，如图 7-27 所示。

图 7-26 “简单阻塞工具”属性及其效果

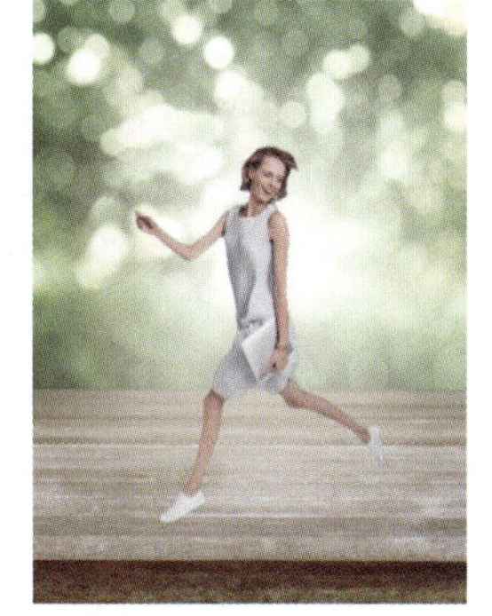

图 7-27 加入背景

05 在菜单栏中选择“文件”→“保存”命令（组合键：Ctrl+S），打开“另存为”对话框，设置保存路径，输入文件名“跳跃的女孩”，单击“保存”按钮，保存项目。

实战二 爱的告白

01 导入“背景.jpg”文件，并创建合成，如图 7-28 所示。

02 导入“鲜花.png”文件，将其拖入“时间轴”面板，放置在“背景.jpg”图层的上方，如图 7-29 所示。

图 7-28　导入背景素材

图 7-29　导入鲜花素材

03 选中“鲜花.png”图层，在菜单栏中选择“效果”→“抠像”→“提取”命令，在“效果控件”面板中添加“提取”属性，设置“通道”为“绿色”，拖动直方图下的透明度控制条，调整变透明的像素的范围，勾选“反转”复选框，设置“黑场”为“185”、“黑色柔和度”为“200”、“白色柔和度”为“50”，效果如图 7-30 所示。

04 在菜单栏中选择“效果”→“抠像”→“内部 / 外部键”命令，在“效果控件”面板中添加“内部 / 外部键”属性，设置“薄化边缘”为“5.0”、“羽化边缘”为“66.0”，其他参数采用默认设置，效果如图 7-31 所示。

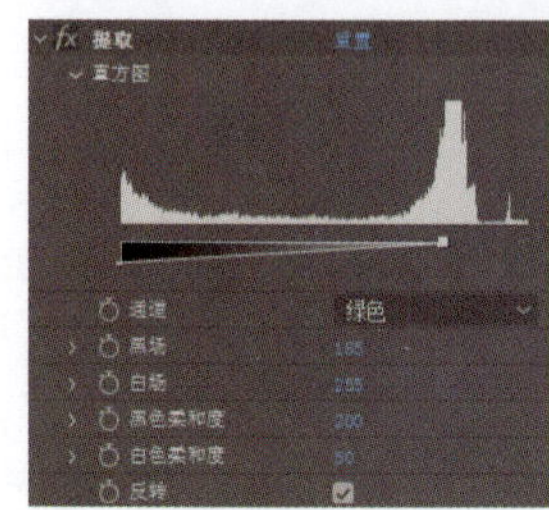

图 7-30　“提取”属性及其效果

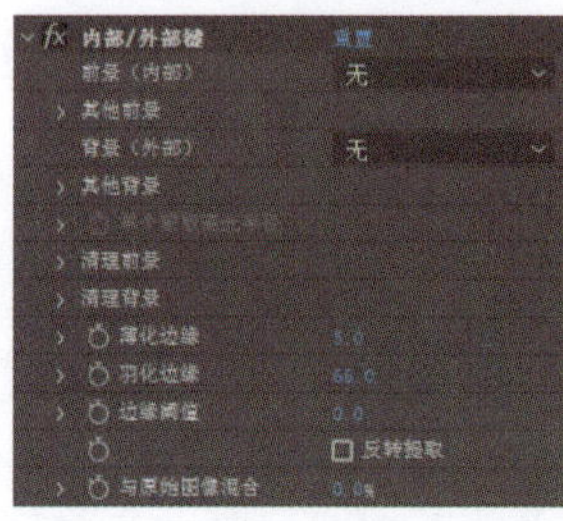

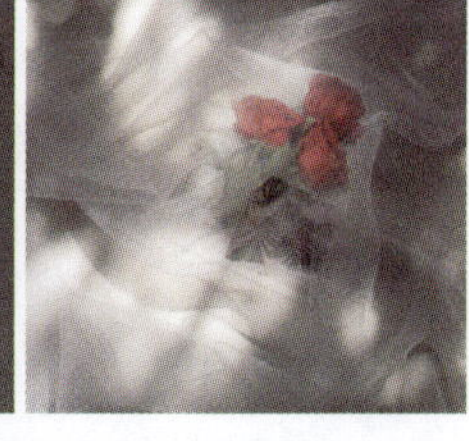

图 7-31　“内部 / 外部键”属性及其效果

05 在菜单栏中选择“图层”→“新建”→“文本”命令（组合键：Ctrl+Alt+Shift+T），在“字符”面板中设置“字体”为“全新硬笔楷书简”、“填充颜色”为“黑色”，在视图中输入文字“爱的告白”，设置“不透明度”为“50%”，分别调整字的大小，效果如图 7-32 所示。

06 在菜单栏中选择“图层”→“新建”→“形状图层”命令，创建“形状图层 1”图层。单击工具栏中的“钢笔工具”按钮，设置“填充”为纯色、“填充颜色”为红色、“描边”为纯色、“描边颜色”为白色、“描边宽度”为“1 像素”，在适当位置绘制一个心形图案，如图 7-33 所示。

图 7-32　输入文字并调整其效果

图 7-33　绘制心形图案

07 将形状图层拖至文本图层下方并选中，在菜单栏中选择“效果”→“风格化”→“发光”

命令，在“效果控件”面板中添加“发光”属性，设置“发光阈值”为“60.0%”、“发光半径”为“40.0”，其他参数采用默认设置，如图 7-34 所示。

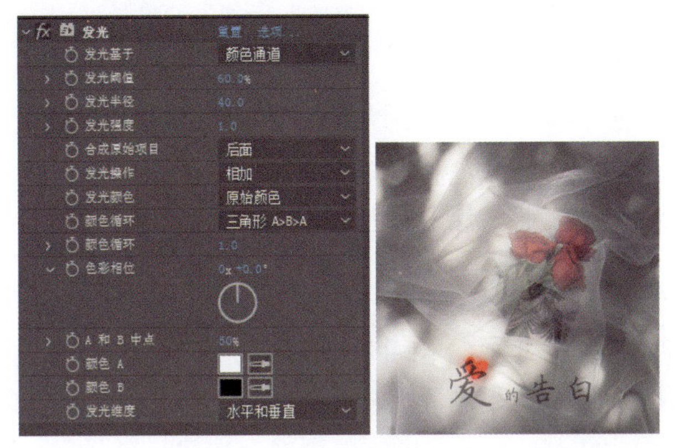

图 7-34　“发光”属性及其效果

08 在菜单栏中选择“文件”→“保存”命令（组合键：Ctrl+S），打开“另存为”对话框，设置保存路径，输入文件名“爱的告白”，单击“保存”按钮，保存项目。

项目八 视频效果

思政目标

- 具体问题具体分析，精准制定策略。
- 培养预见性和前瞻性，注重思考。

技能目标

- 能够根据不同的需求选择不同的视频效果。
- 能够使用各种视频效果进行相关视频处理。

项目导读

After Effects包含多种效果，可以将其应用到图层上，用于添加或修改静止图像、视频和音频的特性，例如，改变图像的曝光度或颜色、添加新视觉元素、操作声音、扭曲图像、删除颗粒、增强照明、创建过渡效果。

任务一　风格化效果

任务引入

小白在微信的朋友圈中发现同学发了一组具有素描、浮雕、画笔效果的图片，他也想做一组这样的图片，那么在 After Effects 中如何添加这些效果呢？

知识准备

风格化效果是指通过修改原图像像素、改变图像的对比度等操作添加不同的效果。

选中素材，在菜单栏中选择“效果”→“风格化”子菜单中的命令，或者在“效果和预设”面板中选择“风格化”子菜单中的命令，添加风格化效果，如图 8-1 所示。在“风格化”子菜单中选择命令后会在“效果控件”面板中添加对应的属性，通过修改该属性的参数调整素材效果。

下面介绍“风格化”子菜单中的各种命令，原图如图 8-2 所示。

- 阈值：将灰度或彩色图像转换为高对比度的黑白图像，效果如图 8-3 所示。指定特定的级别作为阈值，比阈值浅的所有像素会转换为白色，比阈值深的所有像素会转换为黑色。

风格化
阈值
画笔描边
卡通
散布
CC Block Load
CC Burn Film
CC Glass
CC HexTile
CC Kaleida
CC Mr. Smoothie
CC Plastic
CC RepeTile
CC Threshold
CC Threshold RGB
CC Vignette
彩色浮雕
马赛克
浮雕
色调分离
动态拼贴
发光
查找边缘
毛边
纹理化
闪光灯

图 8-1 “风格化”子菜单

图 8-2 原图

图 8-3 “阈值”效果

- 画笔描边：可以将粗糙的绘画外观应用到图像中，效果如图 8-4 所示。此效果会改变 Alpha 通道及颜色通道。如果对一部分图像使用蒙版，那么画笔描边会描到蒙版边缘上。
- 卡通：可以简化和平滑图像中的阴影和颜色，并且可以将描边添加到轮廓之间的边缘上，效果如图 8-5 所示。

图 8-4 “画笔描边”效果

图 8-5 “卡通”效果

- 散布：可以在图层中散布像素，从而创建模糊的外观，效果如图 8-6 所示。在不更改每个单独像素的颜色的情况下，“散布”效果会随机散布像素，但散布位置位于与其原始位置相同的常规区域。

图 8-6 “散布”效果

- CC Block Load（CC 块装载）：可以模拟图像加载，如图 8-7 所示。
- CC Burn Film（CC 胶片烧灼）：可以模拟影片灼烧效果，如图 8-8 所示。

图 8-7 “CC Block Load”效果

图 8-8 “CC Burn Film”效果

- CC Glass（CC 玻璃）：可以模拟玻璃效果，如图 8-9 所示。
- CC HexTile（CC 十六进制砖）：可以模拟砖块拼贴效果，如图 8-10 所示。

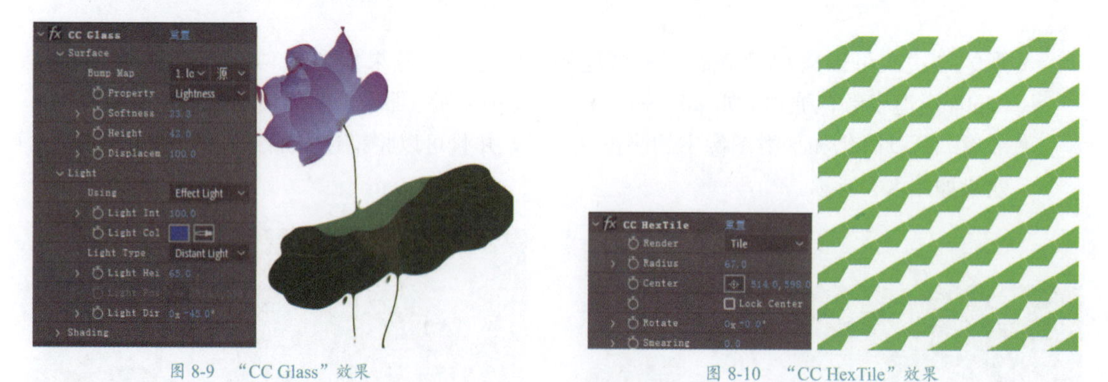

图 8-9 “CC Glass”效果

图 8-10 “CC HexTile”效果

- CC Kaleida（CC 万花筒）：可以模拟万花筒效果，如图 8-11 所示。
- CC Mr.Smoothie（CC 像素溶解）：可以将颜色映射到一个形状上，如图 8-12 所示。

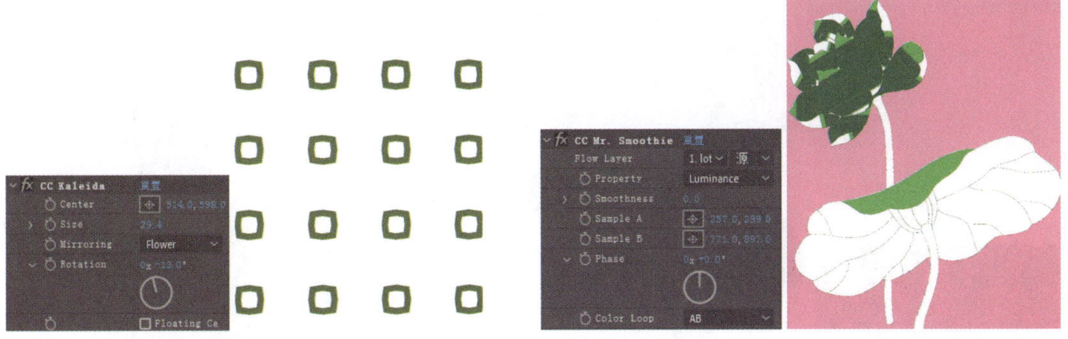

图 8-11　“CC Kaleida”效果　　图 8-12　“CC Mr.Smoothie”效果

- CC Plastic（CC 塑料）：可以产生塑料质感，如图 8-13 所示。
- CC RepeTile（CC 重复拼贴）：可以扩展层大小与瓷砖边缘，制作多种叠印效果，如图 8-14 所示。

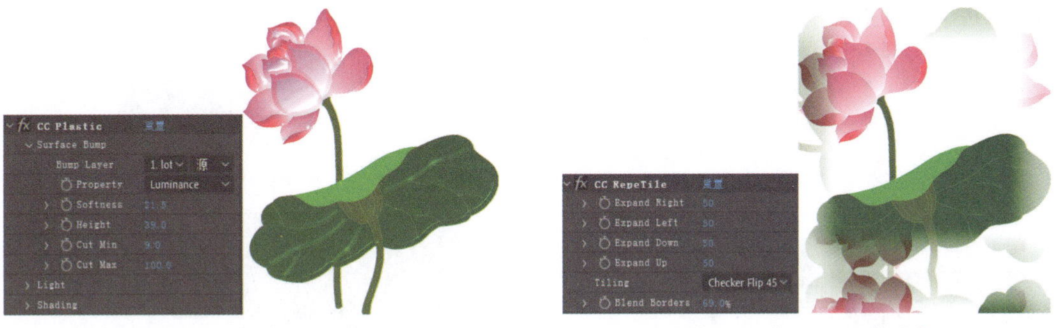

图 8-13　“CC Plastic”效果　　图 8-14　“CC RepeTile”效果

- CC Threshold（CC 阈值）：可以使画面中高于指定阈值的部分呈白色，低于指定阈值的部分呈黑色，如图 8-15 所示。
- CC Threshold RGB（CC RGB 阈值）：可以使画面中高于指定阈值的部分呈亮色，低于指定阈值的部分呈暗色，如图 8-16 所示。

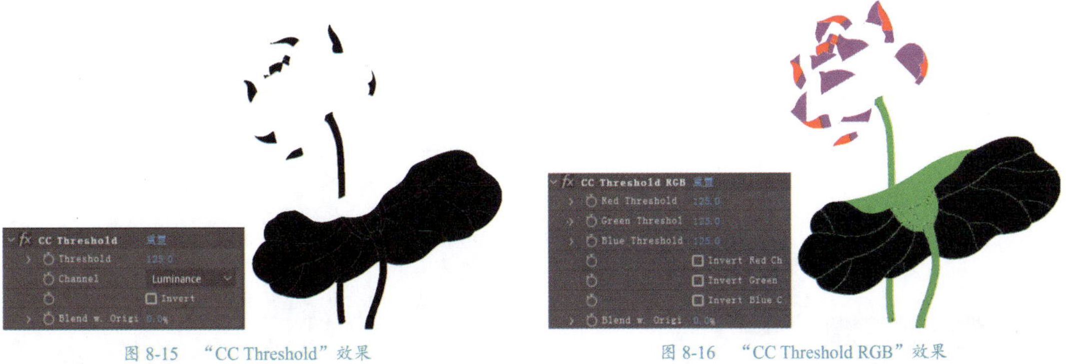

图 8-15　“CC Threshold”效果　　图 8-16　“CC Threshold RGB”效果

- CC Vignette（CC 晕影）：可以添加或删除边缘光晕，如图 8-17 所示。
- 彩色浮雕：此效果与“浮雕”效果一样，但不会抑制图像的原始颜色，效果如图 8-18 所示。

图 8-17 “CC Vignette”效果

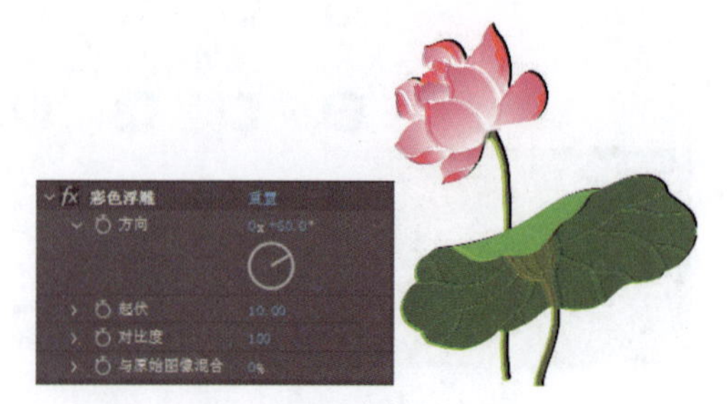

图 8-18 “彩色浮雕”效果

- 马赛克：可以使用纯色矩形填充图层，使原始图像像素化，效果如图 8-19 所示。使用此效果可以模拟低分辨率显示效果及遮蔽面部，也可以设置过渡动画。
- 浮雕：可以锐化图像的对象边缘，并且可以抑制颜色，效果如图 8-20 所示。此效果还可以根据指定角度对边缘使用高光。

图 8-19 “马赛克”效果

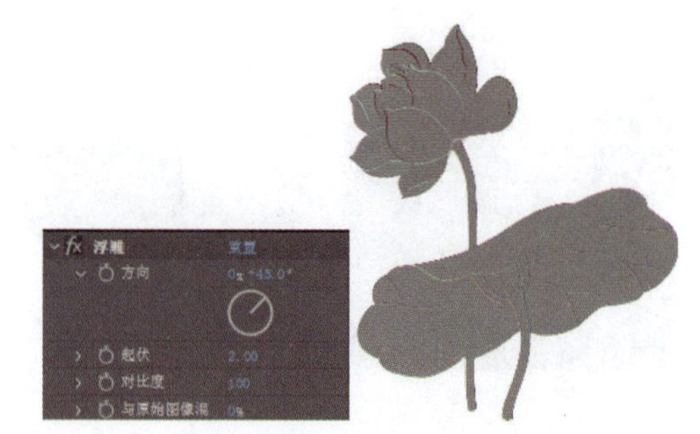

图 8-20 “浮雕”效果

- 色调分离：可以使颜色色调分离，颜色数量会减少，并且渐变颜色过渡会替换为突变颜色过渡，效果如图 8-21 所示。
- 动态拼贴：可以跨输出图像复制源图像，效果如图 8-22 所示。如果已启用“运动模糊”功能，那么在修改拼贴位置时，此效果会因使用“运动模糊”效果使移动更明显。

图 8-21 “色调分离”效果

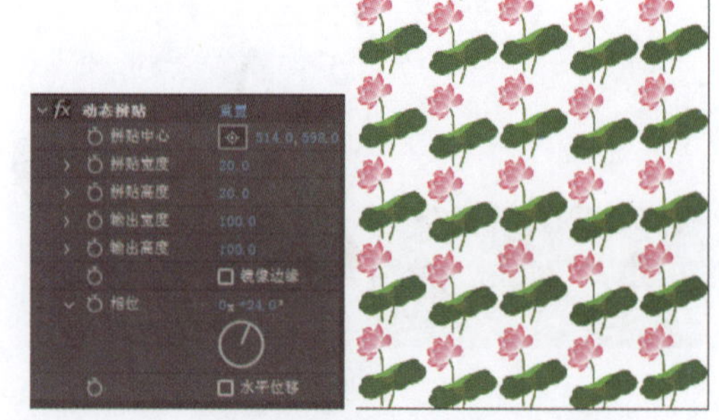

图 8-22 “动态拼贴”效果

- 发光：可以找到图像的较亮部分，使这部分像素和周围的像素变亮，从而创建漫射的发光光环，效果如图 8-23 所示。使用“发光”效果可以模拟明亮的光照对象的过度曝光效果。

可以基于图像的原始颜色实现“发光”效果，也可以基于图像的 Alpha 通道实现“发光”效果。基于 Alpha 通道的“发光”效果仅在不透明和透明区域之间的图像边缘产生漫射亮度。可以使用“发光”效果创建两种颜色（A 和 B 颜色）之间的渐变发光，以及创建循环的多色效果。

- 查找边缘：可以确定具有大过渡的图像区域，并且可以强调边缘，效果如图 8-24 所示。边缘可以在白色背景上显示为深色线条，也可以在黑色背景上显示为彩色线条。在应用“查找边缘”效果时，图像通常看起来像原始图像的草图。

图 8-23　“发光”效果　　　　图 8-24　“查找边缘”效果

- 毛边：可以使 Alpha 通道变粗糙，并且可以增加颜色，用于模拟铁锈和其他类型的腐蚀效果，效果如图 8-25 所示。此效果可以为格栅化文本或图形提供自然粗制的外观，就像旧打字机文本的外观一样。

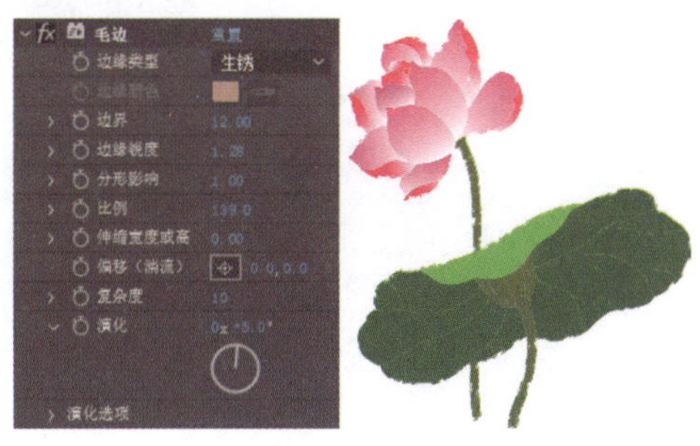

图 8-25　“毛边”效果

- 纹理化：可以让图层看起来具有其他图层的纹理，效果如图 8-26 所示。例如，可以使树的图像看起来好像具有砖的纹理，并且控制纹理深度和明显的光源。

图 8-26　“纹理化”效果

- 闪光灯：可以定期或以随机时间间隔在图层中执行算术运算，使图层变透明。例如，每5秒，图层会变为完全透明状态十分之一秒，或者图层颜色以随机时间间隔发生反转。

任务二　过渡效果

任务引入

小白根据老师的要求分别为每段视频添加了效果。现在老师要求将视频组合在一起，形成一个完整的影片，可是在组合时小白发现视频之间的连接不是很完美，转场很生硬。那么在After Effects中如何制作场景的过渡效果？使用哪些效果可以在图像或素材的过渡过程中获得最佳效果？

知识准备

过渡效果是指让本图层以各种形态逐渐消失，直至完全显示出下方图层或指定图层的效果。

选中素材，在菜单栏中选择“效果”→“过渡”子菜单中的命令，或者在“效果和预设”面板中选择“过渡”子菜单中的命令，添加过渡效果，如图8-27所示。在“过渡”子菜单中选择命令后会在“效果控件”面板中添加对应的属性，通过修改该属性的参数调整素材效果。

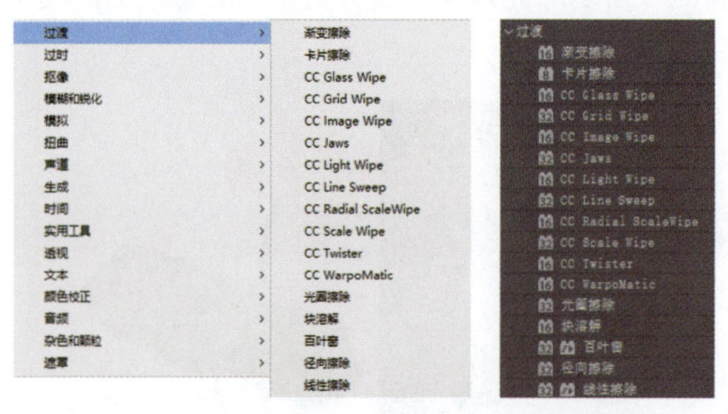

图8-27　“过渡”子菜单

下面介绍“过渡”子菜单中的各种命令，原图如图8-28所示。

- 渐变擦除：使图层中的像素基于另一个图层（称为渐变图层）中相应像素的明亮度值变得透明，效果如图8-29所示。

图8-28　原图

图8-29　“渐变擦除”效果

- 卡片擦除：可以模拟一组卡片，这组卡片先显示一张图片，然后翻转显示另一张图片，效果如图8-30所示。

- CC Glass Wipe（CC 玻璃擦除）：可以融化当前层到第 2 层，效果如图 8-31 所示。

图 8-30 “卡片擦除”效果

图 8-31 “CC Glass Wipe”效果

- CC Grid Wipe（CC 网格擦除）：可以模拟网格图形进行擦除，效果如图 8-32 所示。
- CC Image Wipe（CC 图像擦除）：使用图像某个图层的某种属性来完成擦除过渡，效果如图 8-33 所示。

图 8-32 “CC Grid Wipe”效果

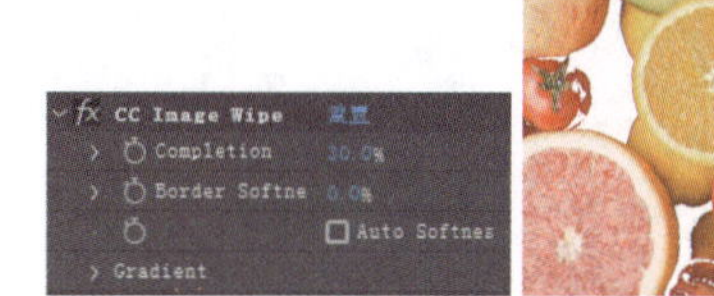

图 8-33 “CC Image Wipe”效果

- CC Jaws（CC 锯齿）：包括 Spikes、RoboJaw、Block、Waves 4 种形状，Spikes 效果如图 8-34 所示。
- CC Light Wipe（CC 光线擦除）：包括 Doors、Round、Square 3 种形状，Doors 效果如图 8-35 所示。

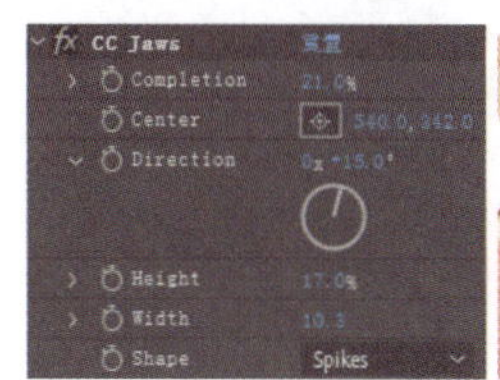

图 8-34 “CC Jaws”效果

图 8-35 “CC Light Wipe”效果

- CC Line Sweep（CC 线扫描）：可以产生线性擦除的效果，如图 8-36 所示。
- CC Radial ScaleWipe（CC 径向缩放擦除）：可以径向弯曲图层进行画面过渡，效果如图 8-37 所示。

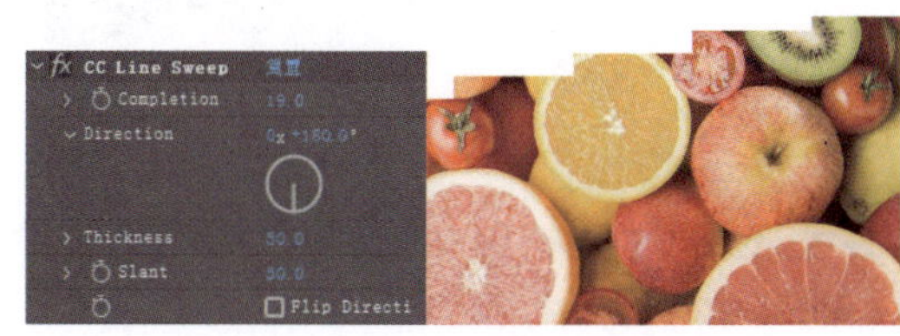

图 8-36 “CC Line Sweep”效果

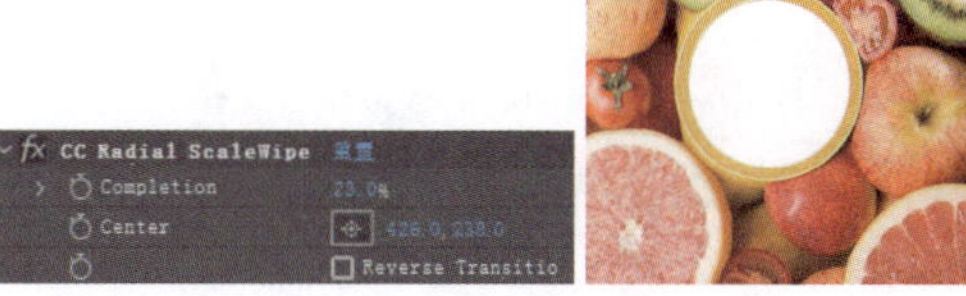

图 8-37 “CC Radial ScaleWipe”效果

- CC Scale Wipe（CC 缩放擦除）：可以通过指定中心点进行拉伸擦除，效果如图 8-38 所示。
- CC Twister（CC 扭曲）：可以使图像产生扭曲的效果，如图 8-39 所示。

图 8-38 “CC Scale Wipe”效果

图 8-39 “CC Twister”效果

- CC WarpoMatic（CC 变形过渡）：可以使图像间通过亮度和对比度产生不同的融合效果，如图 8-40 所示。
- 光圈擦除：实现显示底层图层的径向过渡效果，如图 8-41 所示。“光圈擦除”效果是唯一不具有“过渡完成”属性的过渡效果。

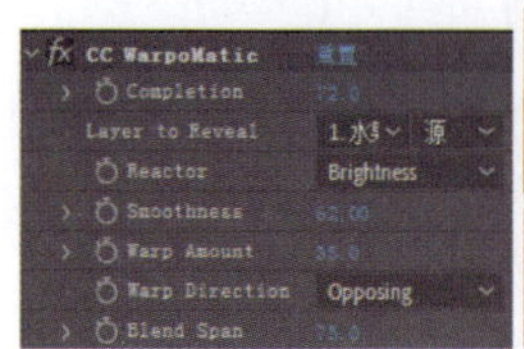

图 8-40 “CC WarpoMatic”效果

图 8-41 “光圈擦除”效果

- 块溶解：可以使图层消失在随机块中，可以单独设置随机块的宽度和高度，效果如图 8-42 所示。
- 百叶窗：使用具有指定方向和宽度的条显示底层图层，效果如图 8-43 所示。

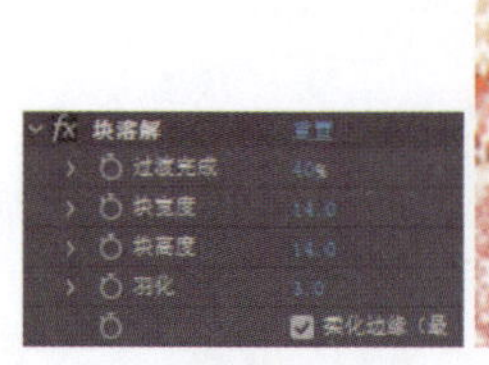

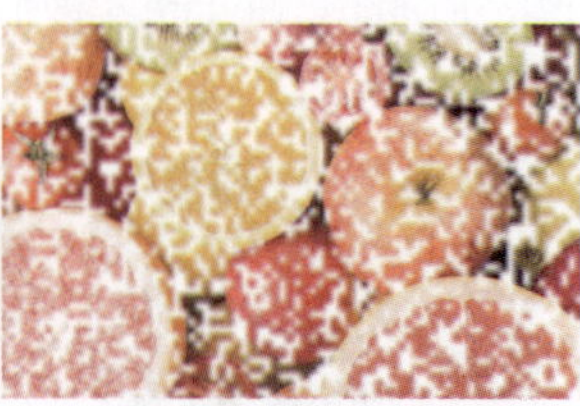

图 8-42 “块溶解”效果

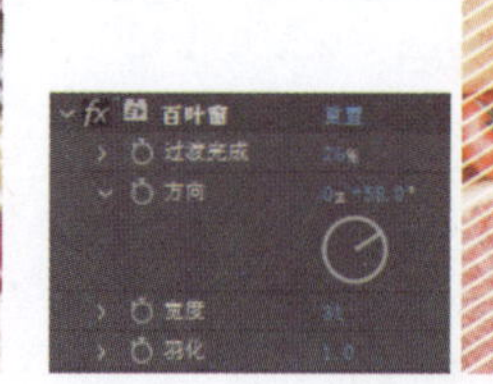

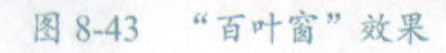
图 8-43 “百叶窗”效果

- 径向擦除：使用环绕指定点的擦除显示底层图层，效果如图 8-44 所示。
- 线性擦除：按指定方向对图层进行简单的线性擦除操作，从而显示底层图层，效果如图 8-45 所示。

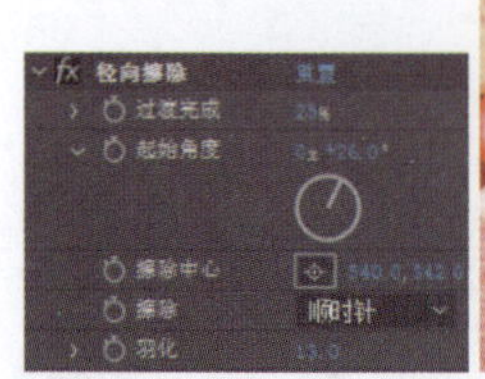

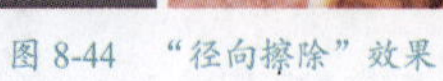
图 8-44 “径向擦除”效果

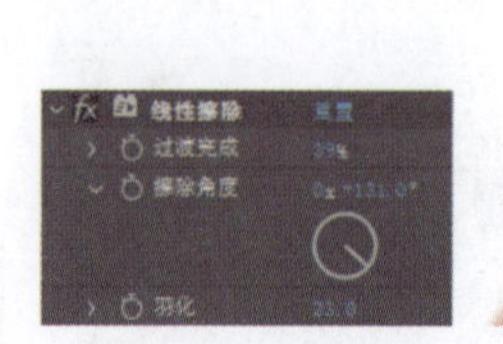

图 8-45 “线性擦除”效果

任务三　模糊和锐化效果

任务引入

小白是一个摄影爱好者，作为初学者，他拍到的图片或视频经常有模糊的情况，或者画面中没有重点。那么应该如何将有点模糊的画面处理清晰呢？如何将重要的物品凸显出来呢？

知识准备

在通常情况下，模糊效果会对特定像素周围的区域采样，并且将采样值的平均值作为新值分配给此像素。无论采样区域大小是以半径表示的，还是以长度表示的，只要样本大小增加，模糊度就会增加。模糊与锐化效果主要用于调整素材的清晰或模糊程度。

选中素材，在菜单栏中选择“效果”→“模糊和锐化”子菜单中的命令，或者在“效果和预设”面板中选择“模糊和锐化”子菜单中的命令，可以添加模糊和锐化效果，如图 8-46 所示。在“模糊和锐化”子菜单中选择命令后会在“效果控件”面板中添加对应的属性，通过修改该属性的参数调整素材效果。

图 8-46　“模糊和锐化”子菜单

下面介绍“模糊和锐化”子菜单中的各种命令，原图如图 8-47 所示。

- 复合模糊：可以根据控件图层（又称为模糊图层或模糊图）的明亮度使效果图层中的像素变模糊，效果如图 8-48 所示。在默认情况下，模糊图层中明亮的值表示增强效果图层的模糊度，黑暗的值表示减弱效果图层的模糊度。

图 8-47　原图

图 8-48　“复合模糊”效果

- 锐化：可以增强颜色变化的对比度，效果如图 8-49 所示。对图层的品质设置不会影响“锐化”效果。
- 通道模糊：可以分别使图层的红色、绿色、蓝色或 Alpha 通道变模糊，效果如图 8-50 所示。

图 8-49　“锐化”效果

图 8-50　“通道模糊”效果

- CC Cross Blur（CC 交叉模糊）：可以对画面进行水平和垂直的模糊处理，如图 8-51 所示。
- CC Radial Blur（CC 放射模糊）：可以缩放或旋转模糊当前图层，如图 8-52 所示。

图 8-51　“CC Cross Blur”效果

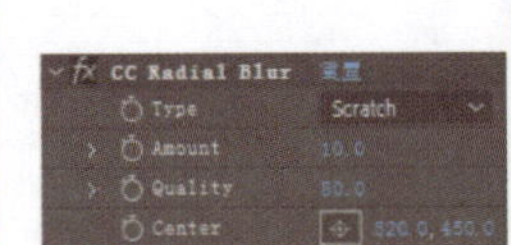

图 8-52　“CC Radial Blur”效果

- CC Radial Fast Blur（CC 快速放射模糊）：可以快速对画面进行径向模糊处理，如图 8-53 所示。
- CC Vector Blur（CC 通道模糊）：可以将当前图层定义为向量模糊，如图 8-54 所示。

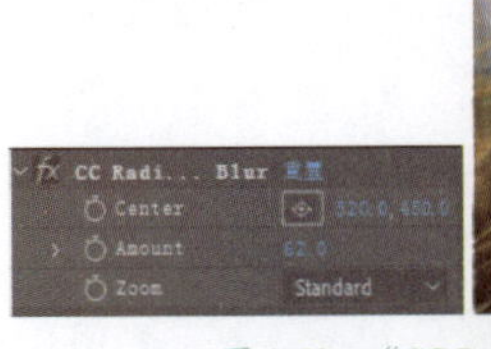

图 8-53　“CC Radial Fast Blur”效果

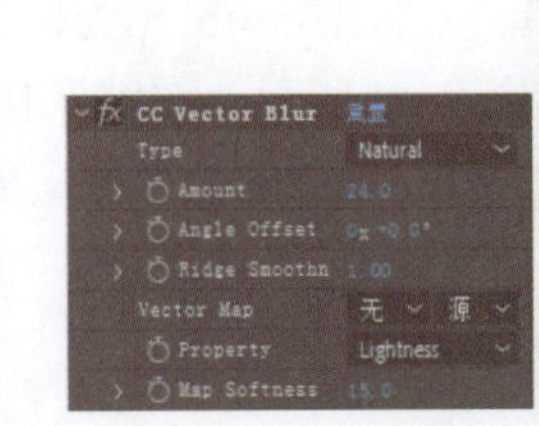

图 8-54　“CC Vector Blur”效果

- 摄像机镜头模糊：“镜头模糊”效果的替代效果，效果如图 8-55 所示。此效果具有更大的模糊半径（500），并且比“镜头模糊”效果的模糊速度更快。
- 摄像机抖动去模糊：可以帮助恢复因摄像机抖动造成的模糊素材。可以用“变形稳定器 VFX”效果稳定抖动的素材，但是“运动模糊”效果中不必要的伪影仍然可能存在。此效果可以减少不必要的伪影，从而产生更好的效果。

- 双向模糊：可以有选择性地使图像变模糊，从而保留边缘和其他细节，效果如图 8-56 所示。与低对比度区域相比，高对比度区域变模糊的程度低一些，在高对比度区域中，像素值差别很大。

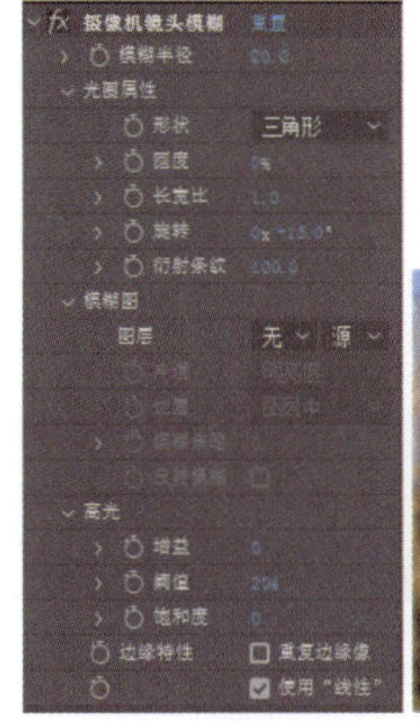

图 8-55　“摄像机镜头模糊”效果

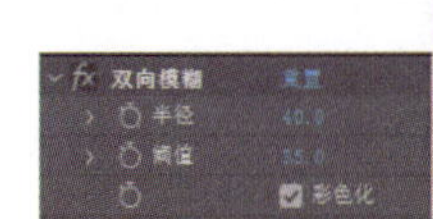

图 8-56　“双向模糊”效果

- 定向模糊：可以为图层提供运动幻觉，效果如图 8-57 所示。
- 径向模糊：可以围绕某点创建模糊效果，从而模拟推拉或旋转摄像机的效果，效果如图 8-58 所示。

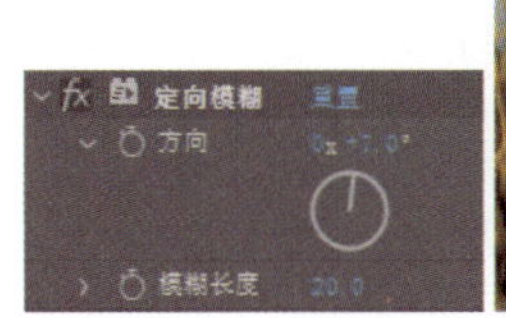

图 8-57　“定向模糊”效果

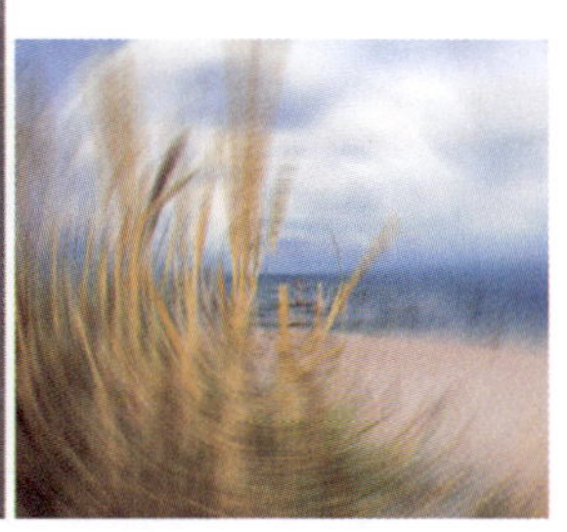

图 8-58　“径向模糊”效果

- 快速方框模糊：与“快速模糊”和“高斯模糊”的效果类似，效果如图 8-59 所示。“快速方框模糊”效果具有“迭代”属性，主要用于控制模糊质量。
- 钝化蒙版：可以增强定义边缘的颜色之间的对比度。
- 高斯模糊：可以使图像变模糊，柔化图像并消除杂色，效果如图 8-60 所示。对图层的品质设置不会影响“高斯模糊”效果。

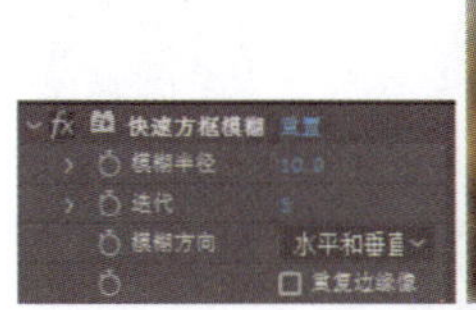

图 8-59　“快速方框模糊”效果

图 8-60　“高斯模糊”效果

任务四　模拟效果

任务引入

小白在假期找到一个在剧组实习的工作，他在剧组的工作主要是对视频进行后期处理。现在剧组正在拍摄一部战争片，需要拍摄很多爆炸、燃烧、碎片等场景，导演为了演员的安全，将这些效果交给后期制作人员处理。那么怎样在影片中添加这些特效呢？

知识准备

通过模拟效果可以模拟各种特殊效果，例如碎片、泡沫、下雨等。

选中素材，在菜单栏中选择“效果”→“模拟”子菜单中的命令，或者在“效果和预设”面板中选择“模拟”子菜单中的命令，添加模拟效果，如图 8-61 所示。在“模拟”子菜单中选择命令后会在“效果控件”面板中添加对应的属性，通过修改该属性的参数调整素材效果。

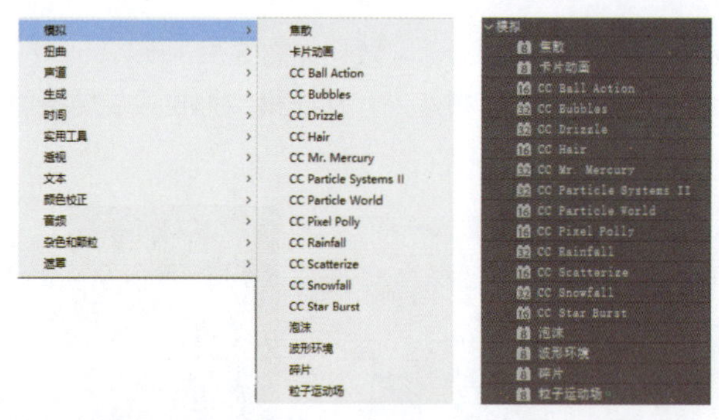

图 8-61　“模拟”子菜单

下面介绍“模拟”子菜单中的各种命令，原图如图 8-62 所示。

- 焦散：可以模拟焦散（在水域底部的反射光）现象，它是光通过水面折射而形成的，效果如图 8-63 所示。在将“波形环境”效果和“无线电波”效果结合使用时，使用“焦散”效果可以模拟真实的水面效果。

图 8-62　原图

图 8-63　“焦散”效果

- 卡片动画：可以创建卡片动画外观。具体方法是将图层分为许多卡片，使用第二个图层控制这些卡片的所有几何形状，如图 8-64 所示。
- 粒子运动场：可以独立地为大量相似的对象（例如一群蜜蜂或暴风雪）设置动画。
- CC Ball Action（CC 球形粒子化）：可以使图像形成球形网格，如图 8-65 所示。

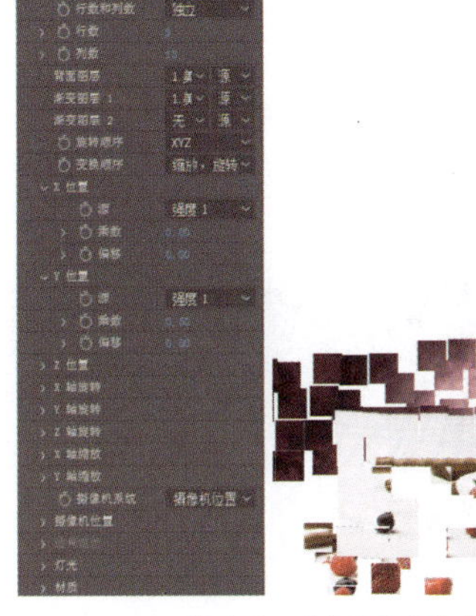

图 8-64　“卡片动画”效果

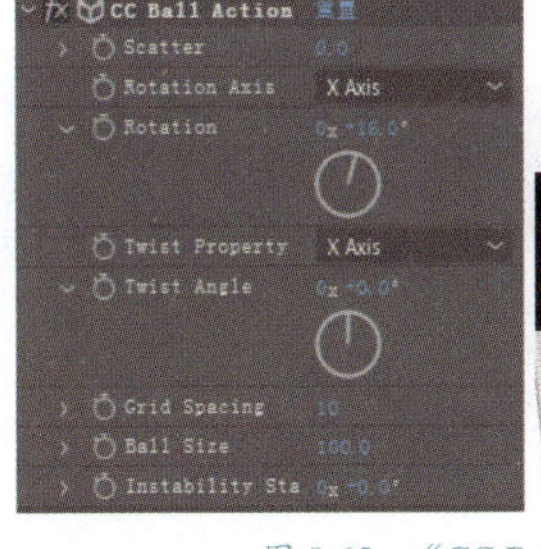

图 8-65　“CC Ball Action”效果

- CC Bubbles（CC 气泡）：根据画面内容模拟气泡效果，如图 8-66 所示。
- CC Drizzle（CC 细雨）：可以模拟雨滴落入水面的涟漪效果，如图 8-67 所示。

图 8-66　“CC Bubbles”效果

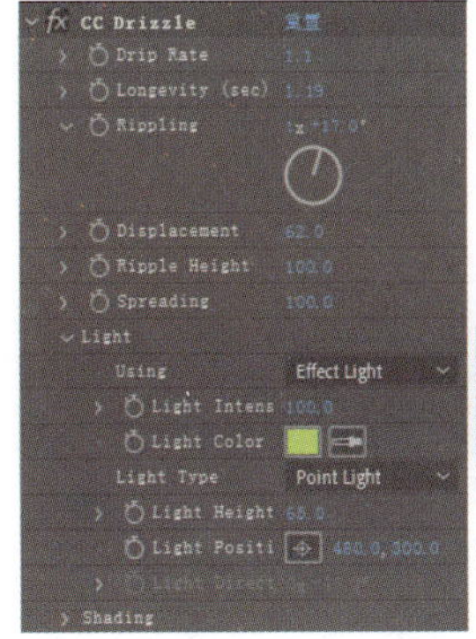

图 8-67　“CC Drizzle”效果

- CC Hair（CC 毛发）：可以将当前图像转换为毛发显示，如图 8-68 所示。

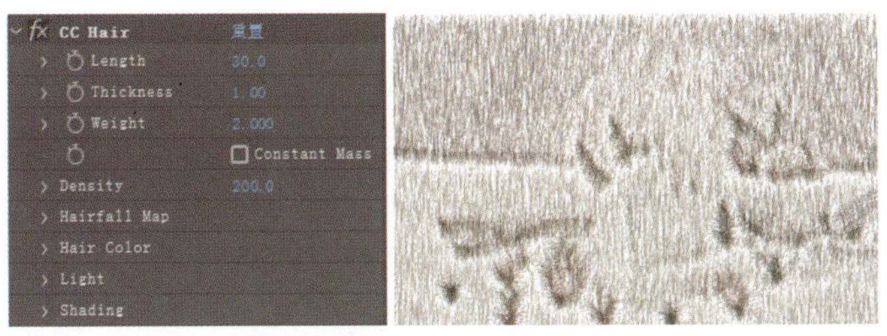

图 8-68　“CC Hair”效果

- CC Mr.Mercury（CC 仿水银流动）：可以模拟类似水银流动的效果。

- CC Particle Systems II（CC 粒子仿真系统 II）：可以模拟烟花效果。
- CC Particle World（CC 粒子仿真世界）：可以模拟烟花、飞灰效果。
- CC Pixel Polly（CC 像素多边形）：可以制作画面破碎效果。
- CC Rainfall（CC 降雨）：可以模拟降雨效果，如图 8-69 所示。
- CC Scatterize（CC 发散粒子）：可以将当前画面分散为粒子状，模拟吹散效果，如图 8-70 所示。

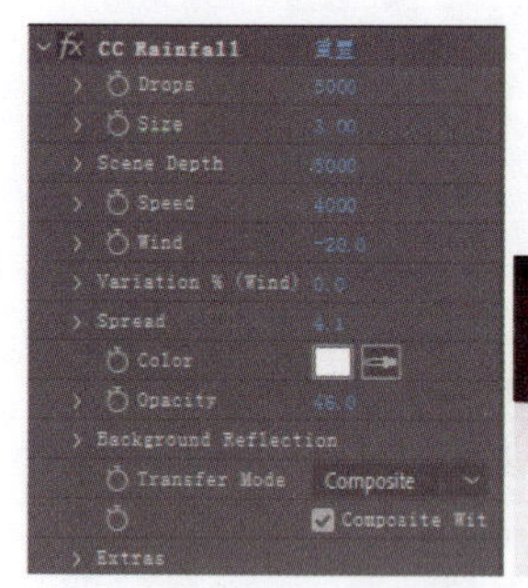

图 8-69 “CC Rainfall”效果

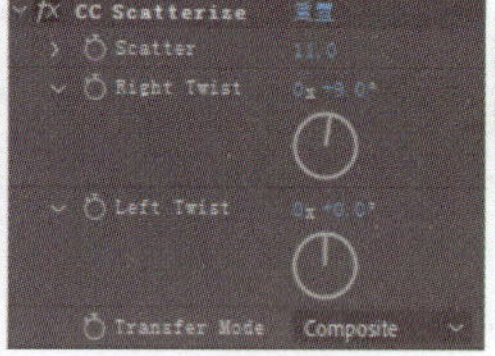

图 8-70 “CC Scatterize”效果

- CC Snowfall（CC 下雪）：可以模拟雪花漫天飞舞的效果，如图 8-71 所示。
- CC Star Burst（CC 星团）：可以模拟星团效果，如图 8-72 所示。

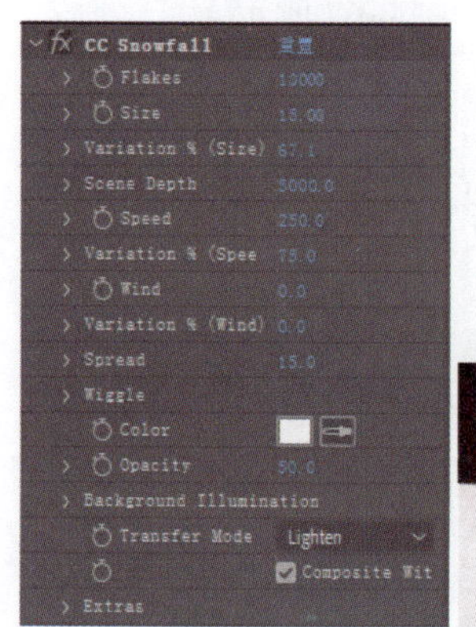

图 8-71 “CC Snowfall”效果

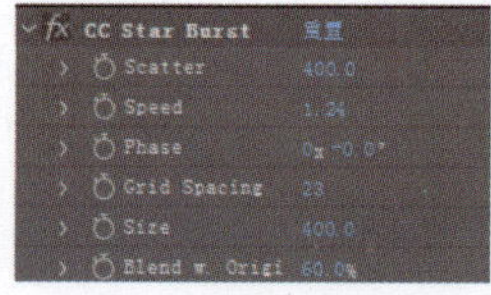

图 8-72 “CC Star Burst”效果

- 泡沫：可以生成流动、黏附和弹出的气泡。使用此效果的控件可以调整气泡的属性，例如黏性、黏度、寿命和气泡的强度。
- 波形环境：可以创建灰度置换图，以便用于其他效果，例如“焦散”或“色光”效果。此效果可以根据液体的物理学性质模拟波形。波形从效果点发出，相互作用，并且反映其环境。使用“波形环境”效果可以创建徽标的俯视视图，同时波形会反映徽标和图层的边，如图 8-73 所示。
- 碎片：可以使图像爆炸。使用此效果的控件可以设置爆炸点，以及调整爆炸的强度和半径，效果如图 8-74 所示。为了使图层的某些部分保持不变，半径外部的所有内容都不会爆炸。

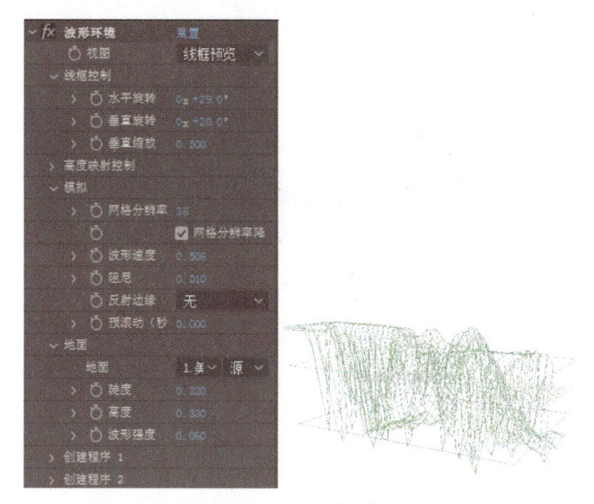

图 8-73　“波形环境”效果

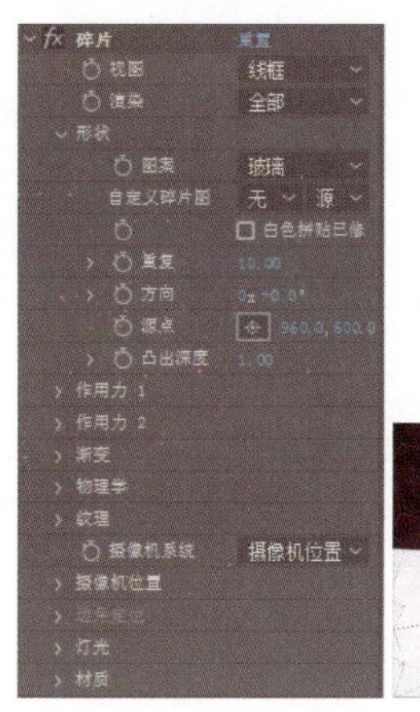

图 8-74　“碎片”效果

任务五　扭曲效果

任务引入

小白的同学制作了一组搞笑表情包，小白的女朋友看见了非常喜欢，要求小白做一组以小白头像为素材的搞笑表情包送给她。下面看一下小白可以做出哪些效果。

知识准备

在 After Effects 中，图像要变形，需要通过添加扭曲效果来实现。扭曲效果是在不损坏图像质量的前提下对图像进行拉长、挤压等操作，从而模拟 3D 空间效果，制作真实的立体画面。

After Effects 中包含大量扭曲效果，同时具有本机和第三方增效工具。扭曲效果包括可校正效果和果冻效应扭曲效果等。

选中素材，在菜单栏中选择“效果”→“扭曲”子菜单中的命令，或者在“效果和预设”面板中选择“扭曲”子菜单中的命令，添加扭曲效果，如图 8-75 所示。在“扭曲”子菜单中选择命令后会在“效果控件”面板中添加对应的属性，通过修改该属性的参数调整素材效果。

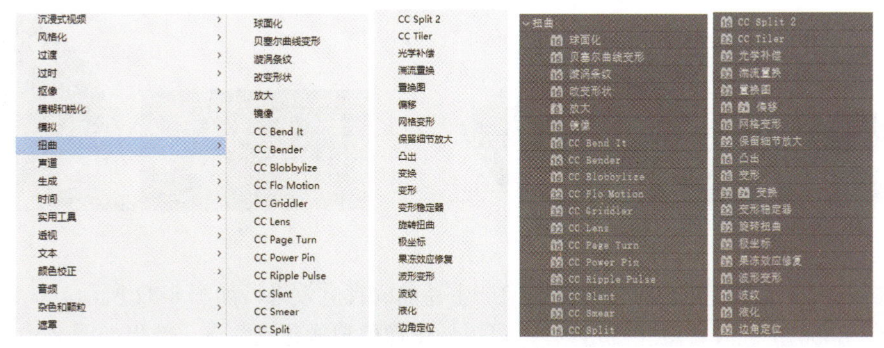

图 8-75　“扭曲”子菜单

下面介绍“扭曲”子菜单中的各种命令，原图如图 8-76 所示。

- 球面化：将图像区域绕到球面上，从而扭曲图层，效果如图 8-77 所示。

图 8-76　原图

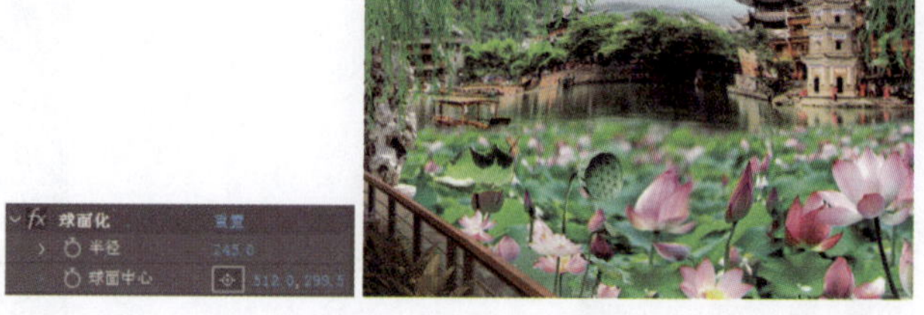

图 8-77　“球面化”效果

- 贝塞尔曲线变形：可沿图层边界使用封闭的贝塞尔曲线形成图像，效果如图 8-78 所示。
- 漩涡条纹：可以在图像内定义区域，将该区域移至新位置，并且使用此效果对图像的周围部分进行伸缩或使用漩涡条纹，可以使用蒙版定义要扭曲的区域。
- 改变形状：可以在同一个图层中将一个形状转换为另一个形状，并且随之拖动底层图像。
- 放大：可以扩大图像的全部或部分区域，此效果的作用类似于放在图像区域上的放大镜的效果；也可以以远超出 100% 的比例缩放整个图像，同时保持图像分辨率，效果如图 8-79 所示。

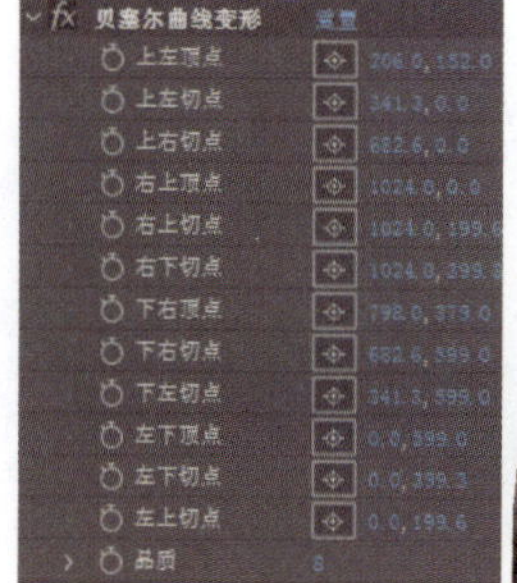

图 8-78　“贝塞尔曲线变形”效果

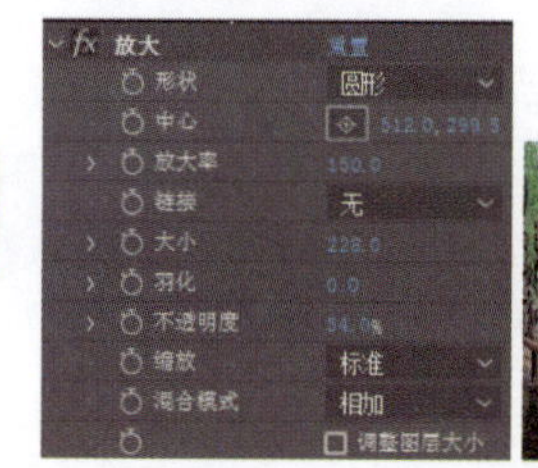

图 8-79　“放大”效果

- 镜像：可以沿线拆分图像，并且将一侧图像反射到另一侧，效果如图 8-80 所示。
- CC Bend It（CC 弯曲）：可以弯曲、扭曲图像的一个区域，效果如图 8-81 所示。

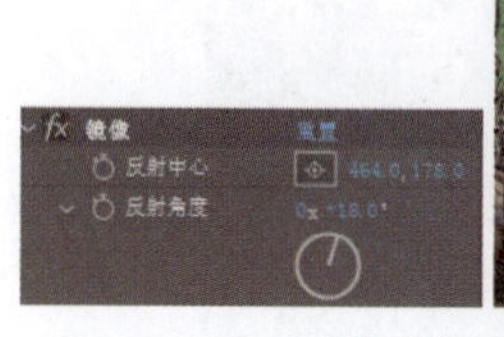

图 8-80　“镜像”效果

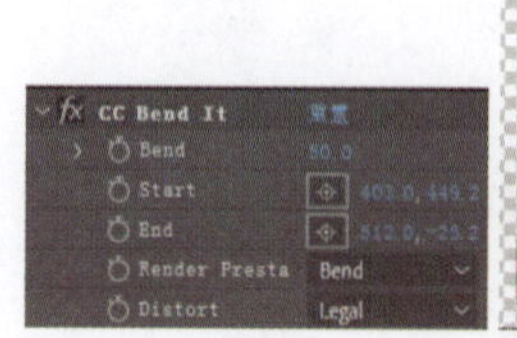

图 8-81　“CC Bend It”效果

- CC Bender（CC 卷曲）：可以使图像产生卷曲的视觉效果，如图 8-82 所示。
- CC Blobbylize（CC 融化溅落点）：可以使图像模拟融化溅落点，效果如图 8-83 所示。

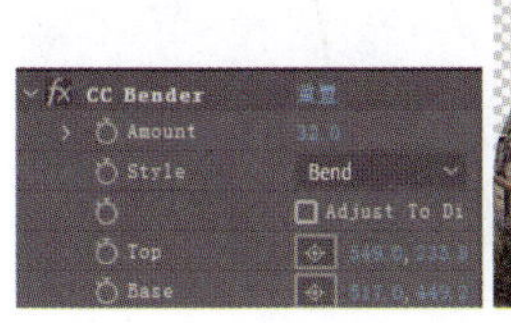

图 8-82　“CC Bender”效果

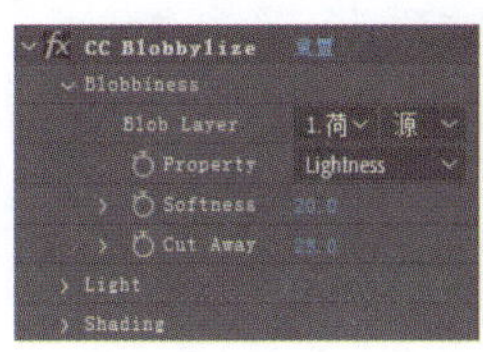

图 8-83　“CC Blobbylize”效果

- CC Flo Motion（CC 两点收缩变形）：可以使图像产生卷曲的视觉效果，如图 8-84 所示。
- CC Griddler（CC 网格变形）：可以使画面模拟出错位的网格效果，如图 8-85 所示。

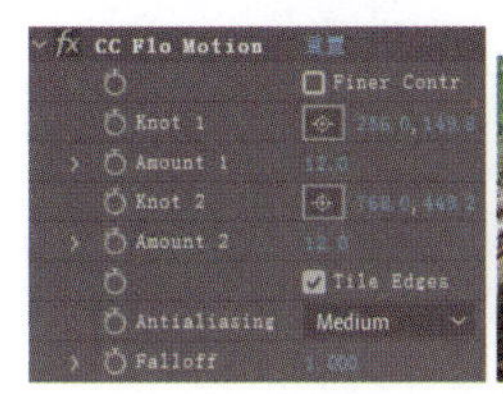

图 8-84　“CC Flo Motion”效果

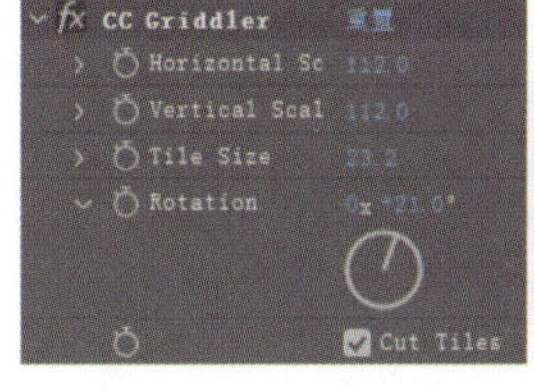

图 8-85　“CC Griddler”效果

- CC Lens（CC 镜头）：可以变形图像模拟镜头扭曲效果，如图 8-86 所示。
- CC Page Turn（CC 卷页）：可以使图像模拟书页卷曲效果，如图 8-87 所示。

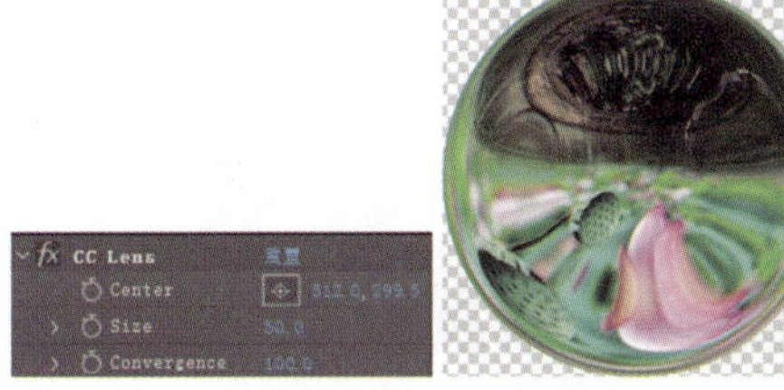

图 8-86　“CC Lens”效果

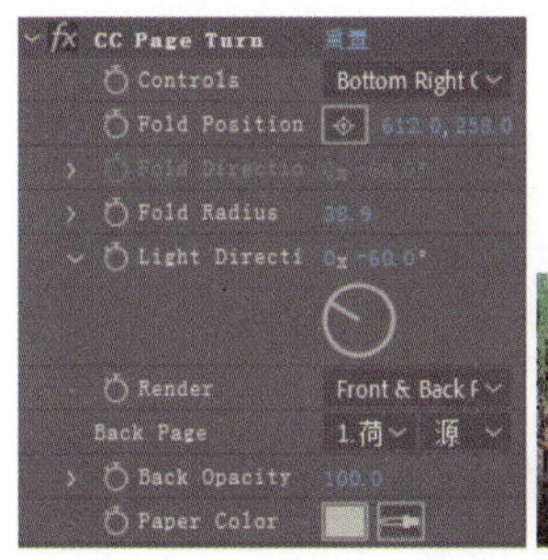

图 8-87　“CC Page Turn”效果

- CC Power Pin（CC 四角缩放）：可以通过对边角位置的调整对图像进行拉伸、倾斜等变形，效果如图 8-88 所示。
- CC Ripple Pulse（CC 波纹脉冲）：可以模拟波纹扩散效果。
- CC Slant（CC 倾斜）：可以使图像产生平行倾斜效果，如图 8-89 所示。

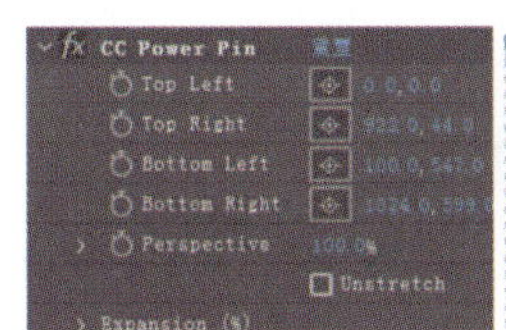

图 8-88　“CC Power Pin”效果

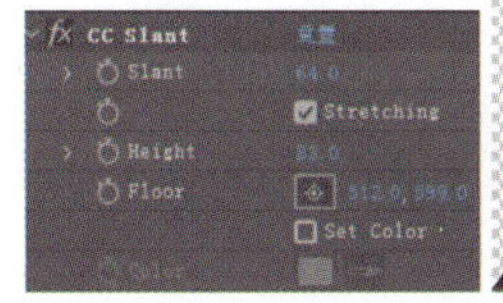

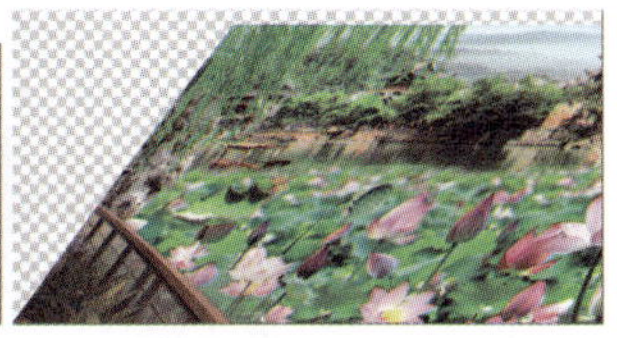

图 8-89　“CC Slant”效果

- CC Smear（CC 涂抹）：可以通过调整控制点对画面中的某一部分进行变形处理，如图 8-90 所示。
- CC Split（CC 分裂）：可以使图像产生分裂效果，如图 8-91 所示。

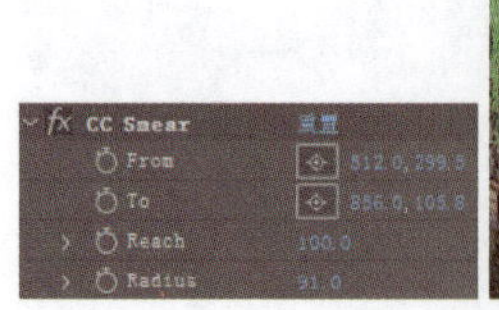

图 8-90 “CC Smear”效果

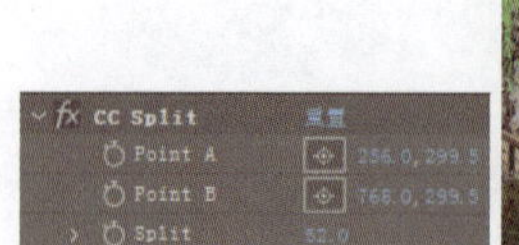

图 8-91 “CC Split”效果

- CC Split 2（CC 分裂 2）：可以使图像产生不对称分裂效果，如图 8-92 所示。
- CC Tiler（CC 平铺）：可以使图像产生重复画面效果，如图 8-93 所示。

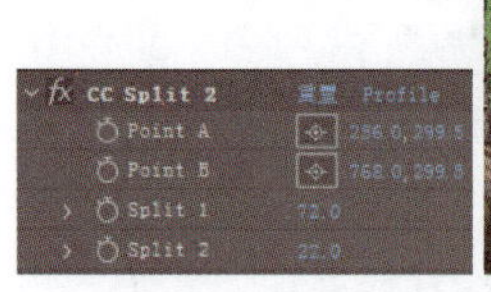

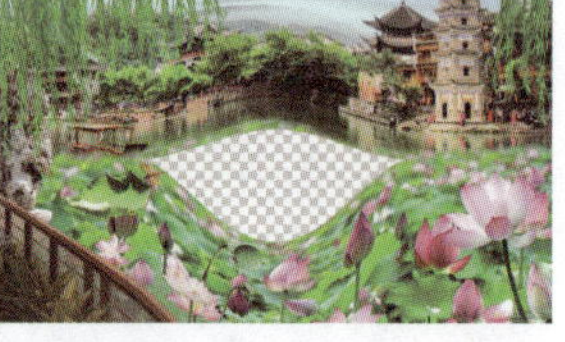

图 8-92 “CC Split 2”效果

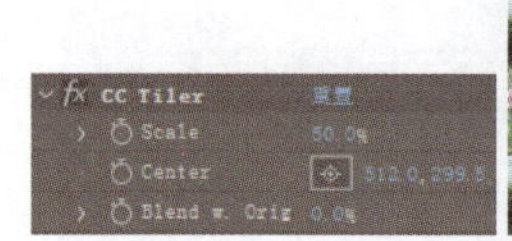

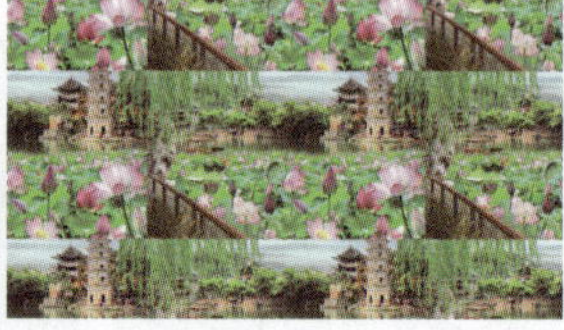

图 8-93 “CC Tiler”效果

- 光学补偿：可以添加或移除摄像机镜头扭曲效果，如图 8-94 所示。使用不匹配的镜头扭曲合成的元素会导致动画中出现异常。
- 湍流置换：可以使用分形杂色在图像中创建湍流扭曲效果，如图 8-95 所示。

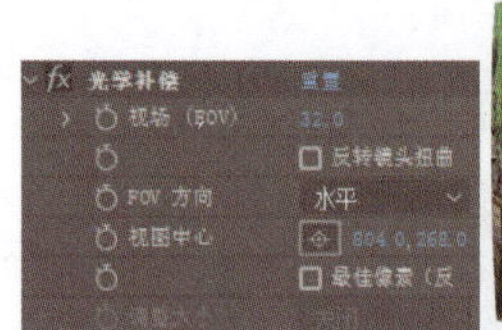

图 8-94 “光学补偿”效果

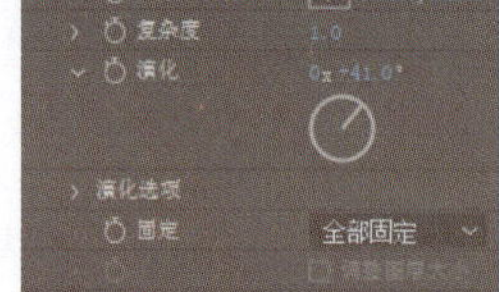

图 8-95 “湍流置换”效果

- 置换图：根据“置换图”属性指定的控件图层中的像素的颜色值水平和垂直置换像素，从而扭曲图层，效果如图 8-96 所示。

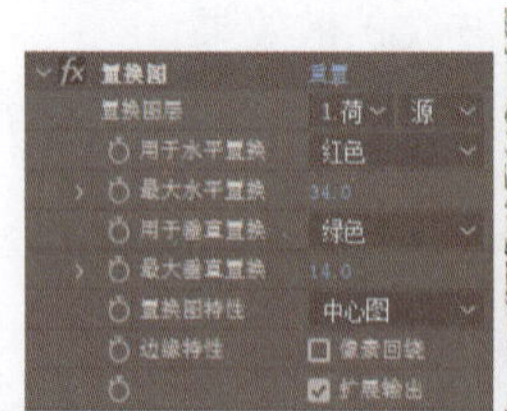

图 8-96 “置换图”效果

- 偏移：可以在图层内平移图像，推出图像一侧的视觉信息会显示在对面。偏移效果的用途之一是在图层中创建循环背景，效果如图 8-97 所示。
- 网格变形：可以在图层上应用贝塞尔补丁的网格，用于扭曲图像区域。补丁的每个角均包括一个顶点和 2 ～ 4 个切点（控制构成补丁边缘的直线段的曲率的点）。切点的数量取决于顶点是在角中、边缘上还是在网格内。通过移动顶点和切点，可以处理曲线段的形状。网格越精细，对补丁内图像区域的调整越紧密，效果如图 8-98 所示。

图 8-97　“偏移”效果

图 8-98　“网格变形”效果

- 保留细节放大：可以放大图层并保留图像边缘锐度，同时还可以进行降噪，如图 8-99 所示。
- 凸出：可围绕指定点扭曲图像，使图像似乎朝观众方向或远离观众的方向凸出，具体取决于实际参数设置，效果如图 8-100 所示。

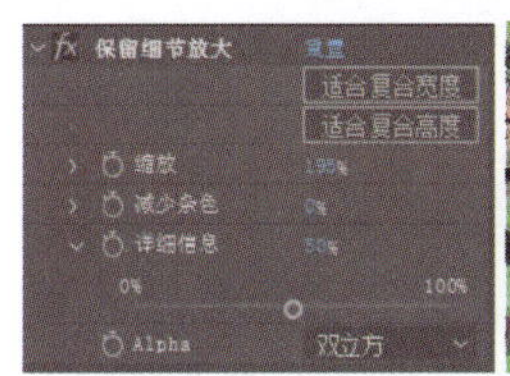

图 8-99　“保留细节放大”效果

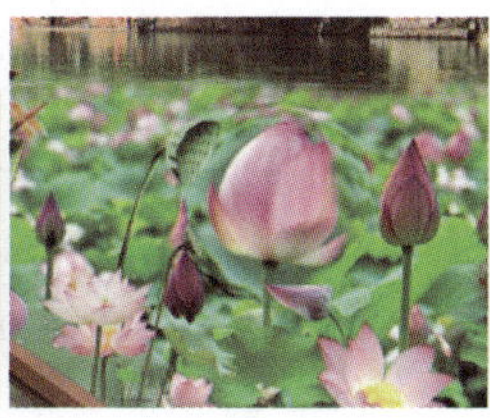

图 8-100　“凸出”效果

- 变形：可以使图层扭曲或变形。此效果与 Adobe Illustrator 的变形效果和 Adobe Photoshop 的文本变形效果类似，效果如图 8-101 所示。
- 变换：可以将二维几何变换应用到图层上。此效果可以在“时间轴”面板中为每个图层补充可用的“变换”属性，效果如图 8-102 所示。

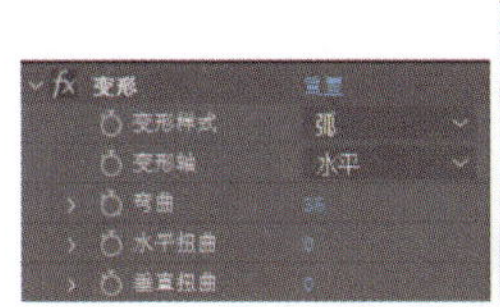

图 8-101　“变形”效果

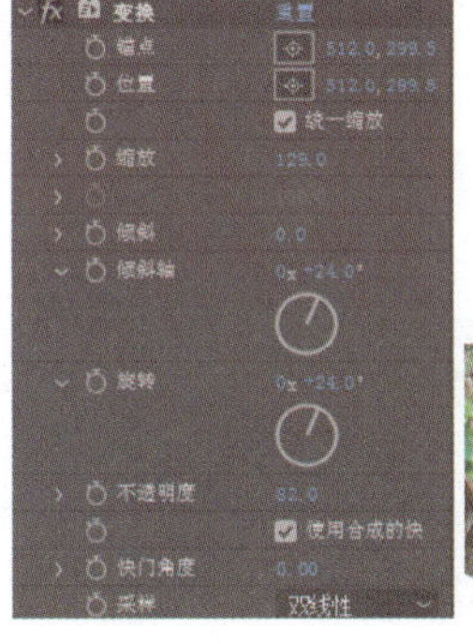

图 8-102　“变换”效果

- 变形稳定器：用于稳定不稳定素材的新选项。
- 旋转扭曲：围绕中心旋转图层，从而扭曲图像，效果如图 8-103 所示。与边缘相比，图像中心扭曲得更厉害，导致极端设置区域产生旋涡效果。
- 极坐标：可以扭曲图层，具体方法是将图层在直角坐标系中的每个像素转换到极坐标中的相应位置，反之亦然。此效果会产生反常的和令人惊讶的扭曲效果。选择的图像和控件不同，扭曲效果会有很大的不同，效果如图 8-104 所示。

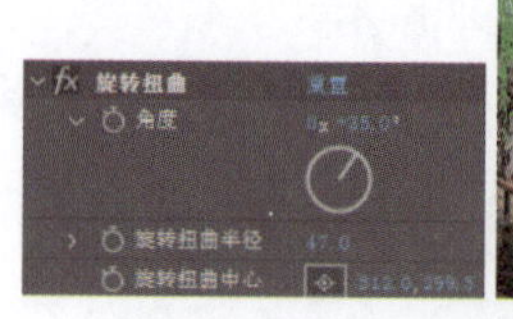

图 8-103 “旋转扭曲”效果

图 8-104 “极坐标”效果

- 果冻效应修复：可以去除前期因摄像机拍摄而形成的扭曲现象。
- 波形变形：产生在图像上波形移动的外观，可以生成多种波形形状，例如正方形、圆形和正弦波形。此效果可在指定的时间范围内以定速（无关键帧或表达式）自动设置动画，效果如图 8-105 所示。
- 波纹：产生类似于在池塘中投下石头的效果。可以在指定图层中创建波纹外观，这些波纹朝远离同心圆中心点的方向移动，效果如图 8-106 所示。

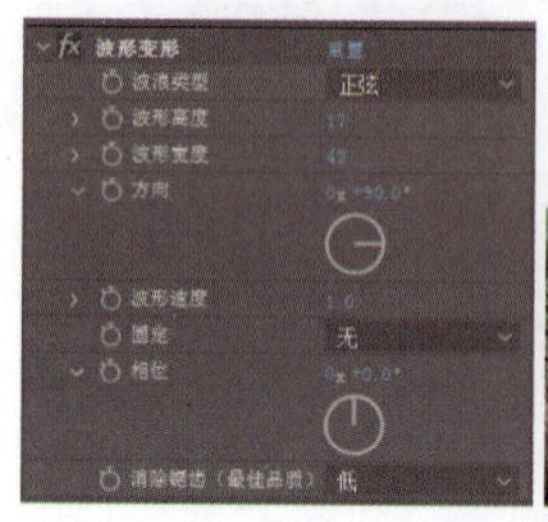

图 8-105 “波形变形”效果

图 8-106 “波纹”效果

- 液化：可以推动、拖拉、旋转、扩大和收缩图层中的区域。多种液化工具可以在按住鼠标按键或拖动鼠标时扭曲笔刷区域。扭曲集中在笔刷区域的中心，并且其效果随着按住鼠标按键或在某个区域重复拖动鼠标而增强，效果如图 8-107 所示。
- 边角定位：可通过重新定位 4 个边角扭曲图像。此效果可用于伸展、收缩、倾斜或扭转图像，或者模拟从图层边缘开始转动的透视或运动，例如开门。可以使用此效果将图层附加到动态跟踪器跟踪的移动矩形区域，效果如图 8-108 所示。

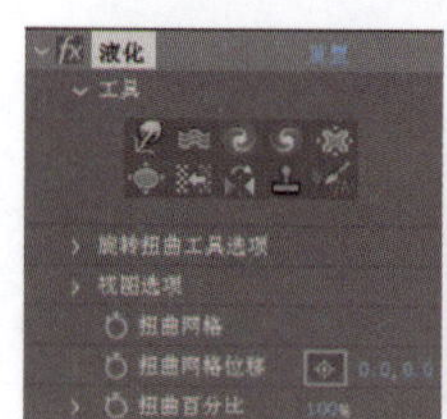

图 8-107 “液化”效果

图 8-108 “边角定位”效果

任务六　生成效果

任务引入

小白所在的剧组拍摄了一段夜晚时分恋人在路灯下雨中相见的场景，导演要求小白为其添加电闪雷鸣和灯光光晕的效果，使视频看起来更加真实。那么如何利用 After Effects 创建这些特效呢？

知识准备

生成效果主要用于为图像添加各种填充或纹理效果，或者为视频添加指定的特效和渲染效果。

选中素材，在菜单栏中选择“效果”→“生成”子菜单中的命令，或者在“效果和预设”面板中选择“生成”子菜单中的命令，添加生成效果，如图 8-109 所示。在“生成”子菜单中选择命令后会在“效果控件”面板中添加对应的属性，通过修改该属性的参数调整素材效果。

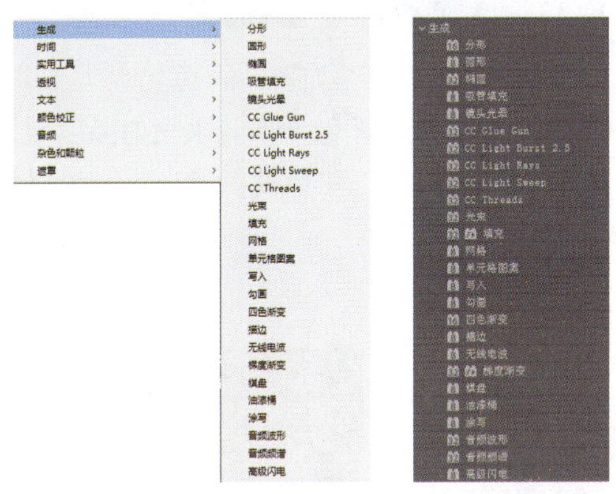

图 8-109　“生成”子菜单

下面介绍“生成”子菜单中的各种命令，原图如图 8-110 所示。

- 分形：可以渲染曼德布罗特或朱莉娅集合，从而创建多彩的纹理，效果如图 8-111 所示。

图 8-110　原图

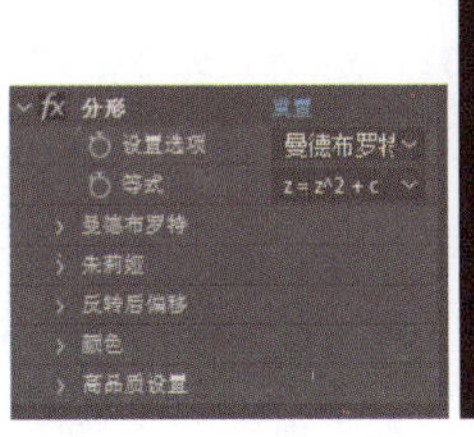

图 8-111　“分形”效果

- 圆形：可以创建可自定义的实心圆形或环形，效果如图 8-112 所示。
- 椭圆：可以绘制椭圆，效果如图 8-113 所示。

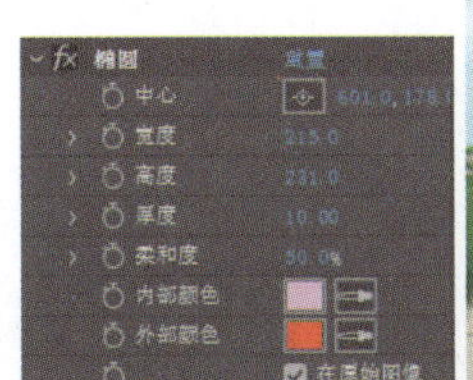

图 8-112　“圆形”效果

图 8-113　“椭圆”效果

- 吸管填充：以前是“拾色器”命令。可以将采样颜色应用到源图层中，效果如图 8-114 所示。使用此效果可以从原始图层的采样点快速拾取纯色，或者从一个图层中拾取颜色，并且使用混合模式将此颜色应用到第二个图层中。
- 镜头光晕：可以模拟将明亮的灯光照射到摄像机镜头产生的折射效果，效果如图 8-115 所示。单击图像缩览图中的任意位置或拖动其十字线，可以指定光晕中心的位置。

图 8-114 “吸管填充”效果

图 8-115 “镜头光晕”效果

- CC Glue Gun（CC 喷胶枪）：可以使图像产生胶水喷射弧度效果，如图 8-116 所示。
- CC Light Burst 2.5（CC 突发光 2.5）：可以使图像产生光线爆裂的透视效果，如图 8-117 所示。

图 8-116 “CC Glue Gun”效果

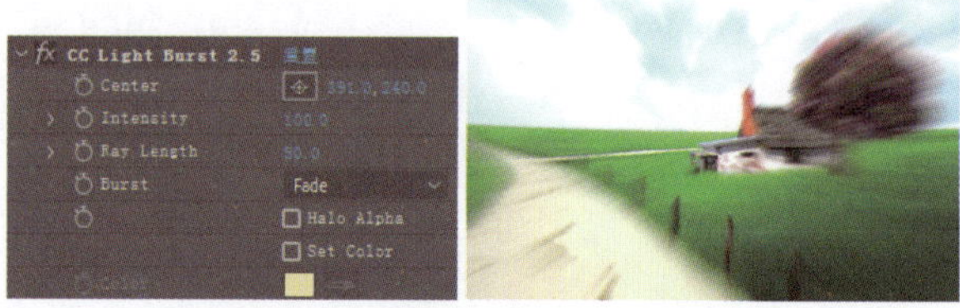

图 8-117 “CC Light Burst 2.5”效果

- CC Light Rays（CC 光线）：可以通过图像上的不同颜色映射出不同颜色的光芒效果，如图 8-118 所示。
- CC Light Sweep（CC 扫光）：可以使图像以某点为中心产生扫光的效果，如图 8-119 所示。

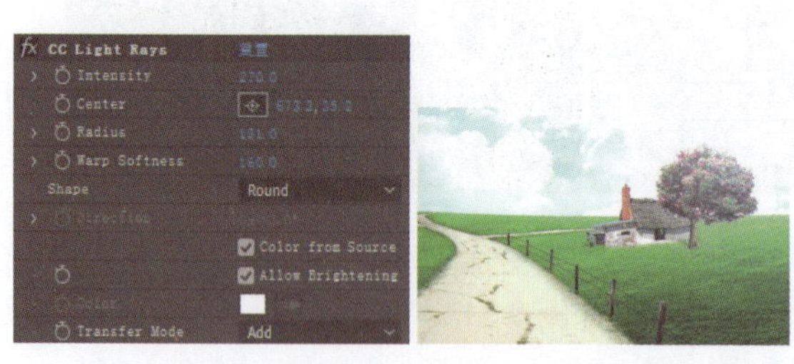

图 8-118 “CC Light Rays”效果

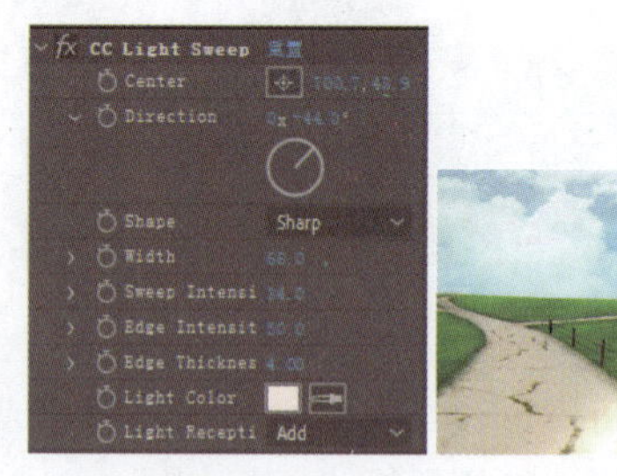

图 8-119 “CC Light Sweep”效果

- CC Threads（CC 线）：可以使图像产生带有纹理的编织交叉效果，如图 8-120 所示。

图 8-120 “CC Threads”效果

- 光束：可以模拟光束的移动效果，例如激光光束；也可以制作光束发射效果；还可以制作有固定起始点或结束点的棍状光束效果，效果如图 8-121 所示。
- 填充：可以使用指定颜色填充指定蒙版。
- 网格：可以创建可自定义的网格，效果如图 8-122 所示。可以使用纯色渲染此网格，也可以使用此网格作为源图层 Alpha 通道的蒙版。

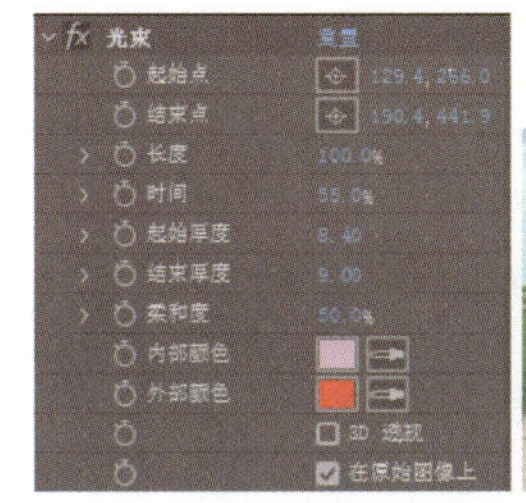

图 8-121　“光束”效果

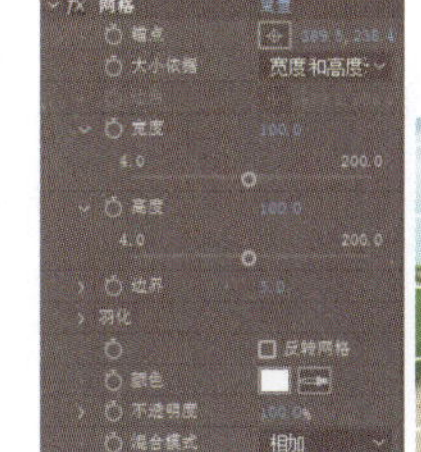

图 8-122　“网格”效果

- 单元格图案：可以根据单元格杂色生成单元格图案，效果如图 8-123 所示。使用此效果可以创建静态或移动的背景纹理和图案。
- 写入：可以在图层中为描边设置动画。
- 勾画：可以在对象周围生成航行灯和其他基于路径的脉冲动画，效果如图 8-124 所示。可以勾画任意一个对象的轮廓，使用光照或更长的脉冲围绕此对象，为其设置动画，可以创建在对象周围追光的景象。

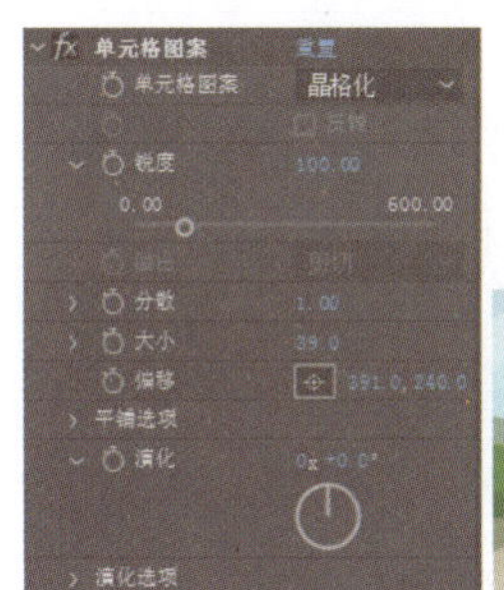

图 8-123　“单元格图案”效果

图 8-124　“勾画”效果

- 四色渐变：可以产生“四色渐变”效果，此效果由混合在一起的 4 个纯色圆形组成，每个圆形均使用一个效果点作为中心，效果如图 8-125 所示。
- 描边：可以在一个或多个蒙版定义的路径周围创建描边或边界，效果如图 8-126 所示。另外，还可以指定描边颜色、不透明度、间距及笔刷特性。

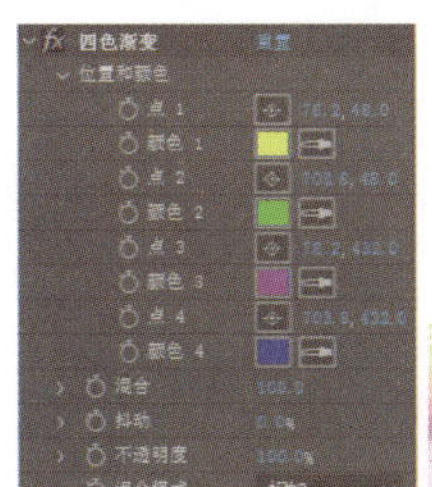

图 8-125　“四色渐变”效果

图 8-126　“描边”效果

- 无线电波：可以根据固定控制点或动画效果控制点创建辐射波。可以使用此效果生成池塘波纹、声波或复杂的几何图案。
- 梯度渐变：可以产生线性或径向渐变效果，并且随时间改变渐变的位置和颜色，效果如图 8-127 所示。
- 棋盘：可以创建矩形的棋盘图案，但其中一半是透明的，效果如图 8-128 所示。

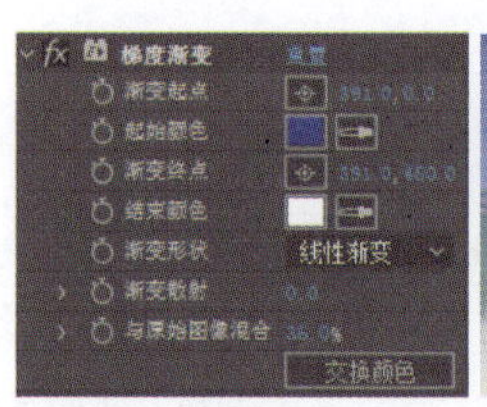

图 8-127 “梯度渐变”效果

图 8-128 “棋盘”效果

- 油漆桶：以前是“基本填充”命令。使用纯色来填充区域的非破坏性绘画效果，效果如图 8-129 所示。此效果与 Adobe Photoshop 中的“油漆桶”效果类似。用户可以使用“油漆桶”效果为卡通型轮廓的绘图着色，或者替换图像中的颜色区域。
- 涂写：可以涂写蒙版，效果如图 8-130 所示。

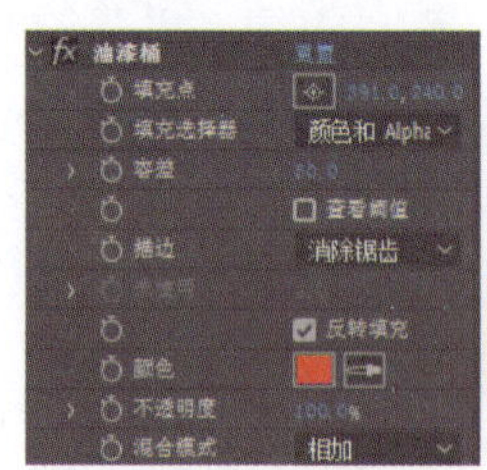

图 8-129 “油漆桶”效果

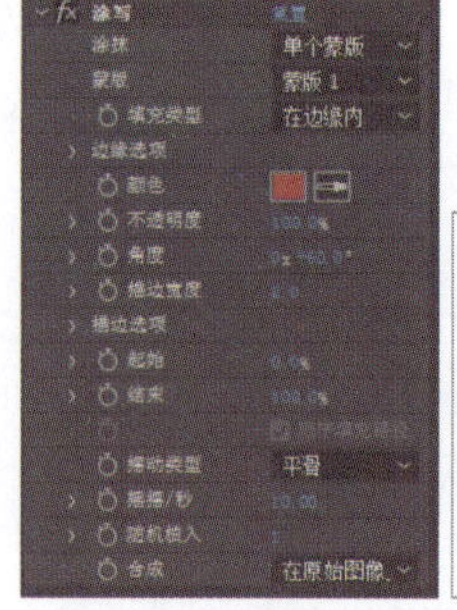

图 8-130 “涂写”效果

- 音频波形：将此效果应用到视频图层中，用于显示包含音频（和可选视频）的图层的音频波形。
- 音频频谱：将此效果应用到视频图层中，用于显示包含音频（和可选视频）的图层的音频频谱。
- 高级闪电：可以模拟放电效果，效果如图 8-131 所示。与“闪电”效果不同，“高级闪电”效果不能自行设置动画效果。

图 8-131 “高级闪电”效果

任务七　杂色和颗粒效果

任务引入

小白作为一名摄影爱好者，经常会随手拍摄一些视频、图像。经过一段时间的积累，他的计算机中存储了许多视频，在整理这些视频时，他发现有的视频因为时间太长或当时拍摄速度过快出现了让人不愉快的颗粒效果。那么应该如何处理均匀地出现在整个图像上的颗粒呢？

知识准备

从实际环境捕获的大部分数字图像都包含颗粒或可视杂色，这些颗粒或可视杂色是由录制、编码、扫描、复制过程及创建图像所用的设备造成的。

选中素材，在菜单栏中选择“效果”→“杂色和颗粒”子菜单中的命令，或者在“效果和预设”面板中选择“杂色和颗粒”子菜单中的命令，添加杂色和颗粒效果，如图 8-132 所示。在“杂色和颗粒”子菜单中选择命令后会在“效果控件”面板中添加对应的属性，通过修改该属性的参数调整素材效果。

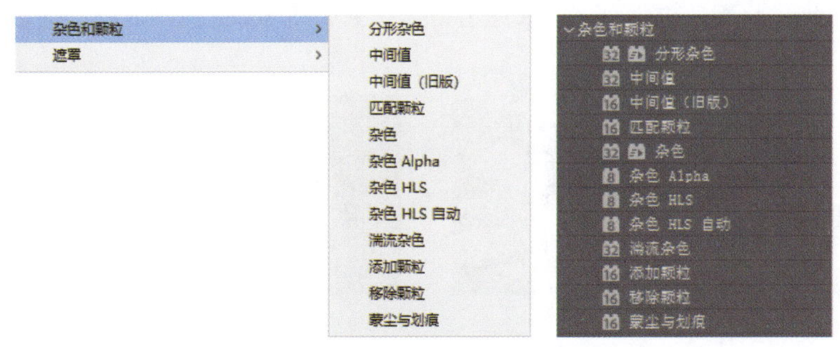

图 8-132　“杂色和颗粒”子菜单

下面介绍“杂色和颗粒”子菜单中的各种命令，原图如图 8-133 所示。

- 分形杂色：可以使用柏林杂色创建自然景观背景、置换图和纹理的灰度杂色，或者模拟云、火、熔岩、蒸汽、流水或蒸气等效果，效果如图 8-134 所示。

图 8-133　原图

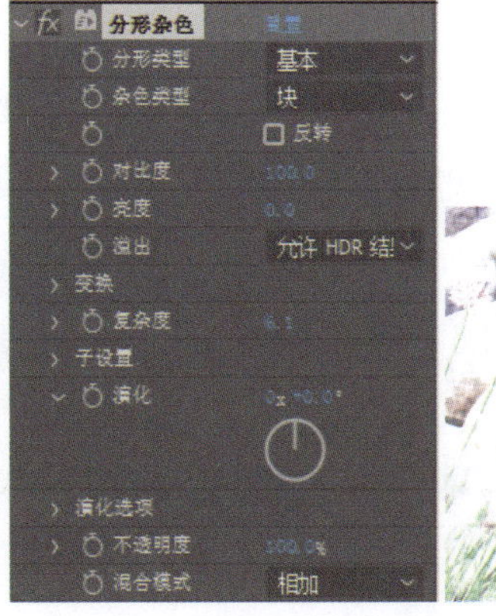

图 8-134　“分形杂色”效果

- 中间值：将每个像素替换为另一个像素，此像素具有指定半径的邻近像素的中间颜色值，效果如图 8-135 所示。
- 匹配颗粒：可以匹配两个图像之间的杂色，效果如图 8-136 所示。此效果对合成和蓝屏 / 绿屏工作特别有用。使用“匹配颗粒”效果只能添加杂色，不能移除杂色，因此，如果目标图像中的杂色比源图像中的杂色多，则不能实现精确匹配。

图 8-135 “中间值”效果

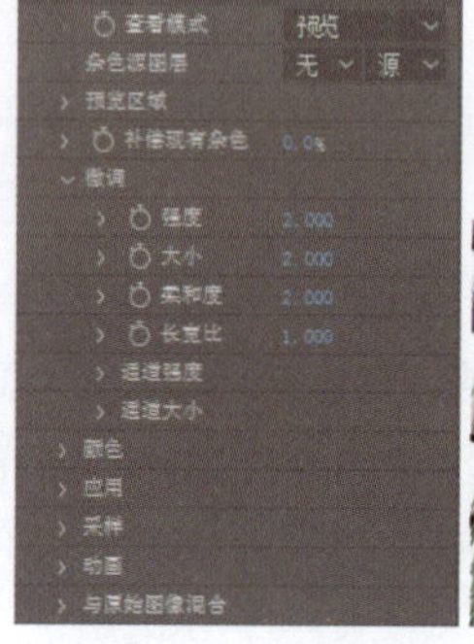

图 8-136 “匹配颗粒”效果

- 杂色：随机更改整个图像中的像素值，效果如图 8-137 所示。
- 杂色 Alpha：将杂色添加到 Alpha 通道中，效果如图 8-138 所示。

图 8-137 “杂色”效果

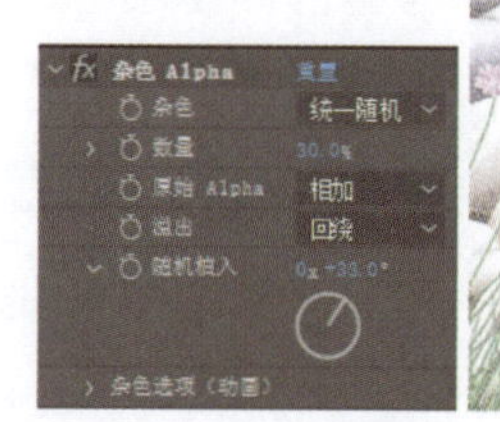

图 8-138 “杂色 Alpha”效果

- 杂色 HLS：此效果和“杂色 HLS 自动”效果都可以将杂色添加到图像的“色相”“亮度”和“饱和度”属性中，效果如图 8-139 所示。
- 湍流杂色：“湍流杂色”效果本质上是“分形杂色”效果的现代高性能实现，效果如图 8-140 所示。

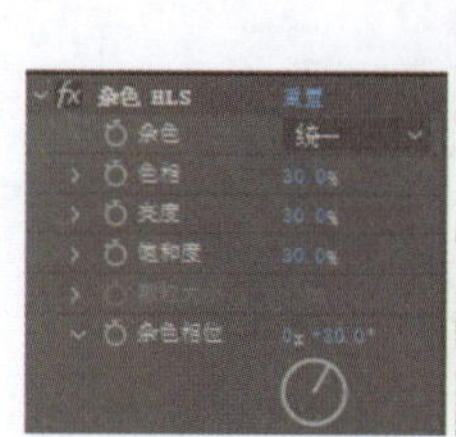

图 8-139 “杂色 HLS”效果

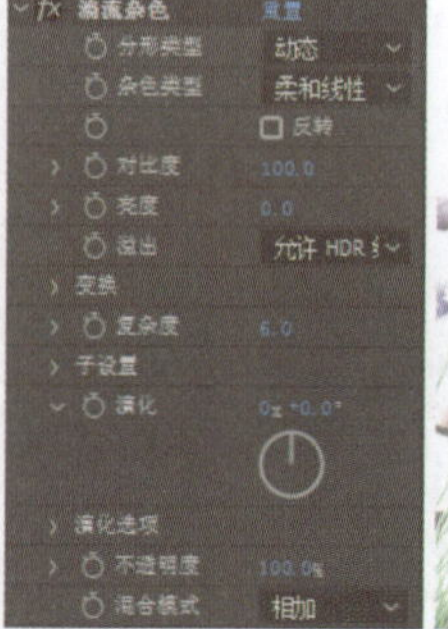

图 8-140 “湍流杂色”效果

- 添加颗粒：可以从头开始生成新杂色，但不能从现有杂色中采样，效果如图 8-141 所示。使用不同类型的胶片的参数和预设可以合成不同类型的杂色或颗粒。
- 移除颗粒：可以移除颗粒或可见杂色。此效果可以使用复杂信号处理和统计评估技术，尝试将图像恢复到没有颗粒或杂色的外观。
- 蒙尘与划痕：将位于指定半径内的不同像素更改为邻近的像素，从而减少杂色和瑕疵，效果如图 8-142 所示。

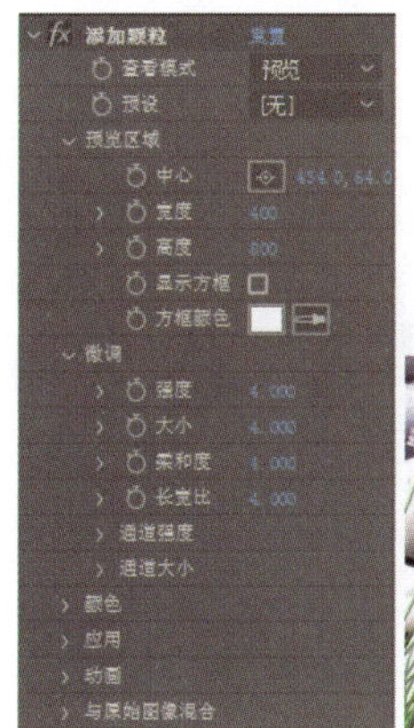

图 8-141 “添加颗粒”效果

图 8-142 “蒙尘与划痕”效果

案例——文字消失动画

01 选择“合成”→“新建合成”命令（组合键：Ctrl+N），或者单击“合成”面板中的“新建合成”按钮，或者在“项目”面板中单击“新建合成”按钮，打开“合成设置”对话框，输入合成名称为“文字”，设置“宽度”为 1920 像素、“高度”为 1080 像素，勾选“锁定长宽比为 16：9”复选框，设置“像素长宽比”为“方形像素”、“帧速率”为 24、“持续时间”为 15 秒，其他采用默认设置，如图 8-143 所示，单击“确定”按钮，创建合成。

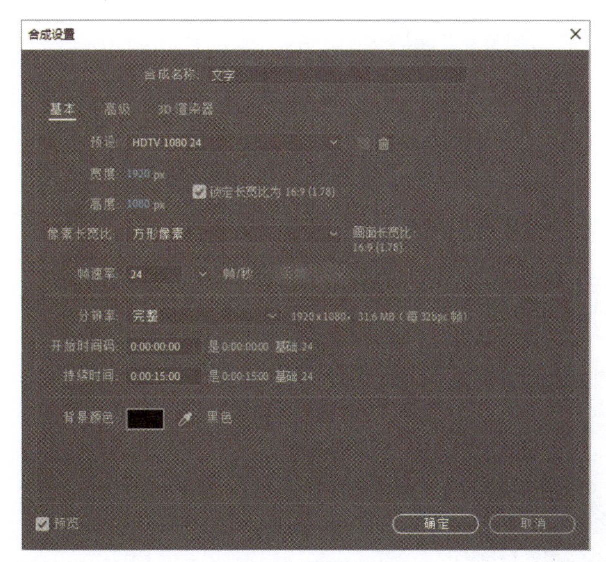

图 8-143 “合成设置”对话框

02 在菜单栏中选择“图层”→“新建”→“文本”命令（组合键：Ctrl+Alt+Shift+T），或者直接单击工具栏中的“横排文字工具”T，在视图中的适当位置单击确定文本的起点，创建空文本图层。

03 输入文字“NEW CINEMA”，在“字符”面板中设置“字体”为“Algerian”、“大小”为“200 像素”，设置“填充颜色”为黑色、“描边颜色”为白色、“描边大小”为“8 像素”，如图 8-144 所示。

图 8-144 输入文字

04 在“对齐”面板中设置将图层对齐到“合成”，单击“水平对齐”按钮和“垂直对齐”按钮，如图 8-145 所示，使文字位于合成的中间位置。

图 8-145 “对齐”面板

05 在菜单栏中选择“图层”→“新建”→“纯色”命令（组合键：Ctrl+Y），打开“纯色设置”对话框，输入名称为“杂色”，设置“颜色”为白色，其他采用默认设置，单击“确定”按钮，创建杂色图层。

06 选中“杂色”图层，在菜单栏中选择“效果”→“杂色和颗粒”→“分形杂色”命令，在“效果控件”面板中添加“分形杂色”效果，在“杂色类型”下拉列表中选择“柔和线性”，设置“对比度”为“500”、“亮度”为“200”，或者在数值上拖动鼠标调整数值，直至画面变成白色，单击“亮度”选项前的“时间变换秒表”图标，创建第一个关键帧，如图 8-146 所示。

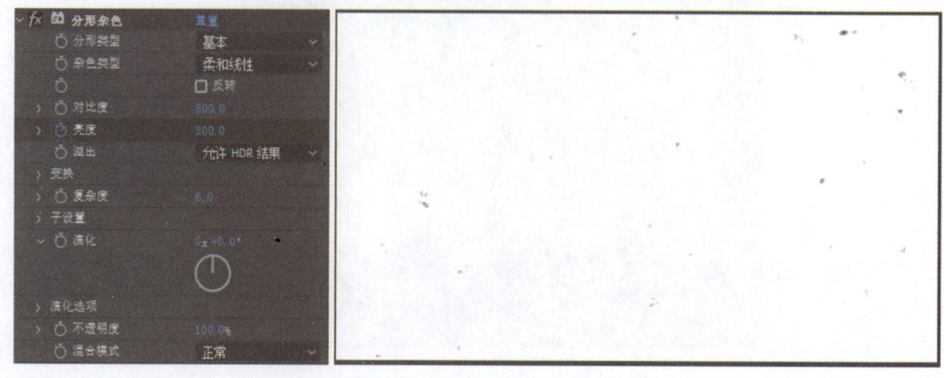

图 8-146 添加“分形杂色”效果

07 将时间线拖曳到 4s 处，在效果控件的“分形杂色”效果中设置“亮度”为“-200”，或者在数值上拖动鼠标调整数值，直至画面成黑色，创建第二个关键帧，如图 8-147 所示。

图 8-147　调整亮度

08 在“NEW CINEMA”图层的“TrkMat”下拉列表中选择“亮度遮罩‘杂色’”选项，0 到 4s 文字逐渐消失，在 2s 处的效果如图 8-148 所示。

图 8-148　文字逐渐消失

任务八　透视效果

任务引入

小白在前面的任务中已经学会了如何通过图层属性调整图像的不透明度，但是在包装作品时，小白通过调整不透明度无法实现景深透视效果。那么应该如何实现景深透视效果呢？

知识准备

透视效果是专门对素材进行各种三维透视变换的一组效果。

选中素材，在菜单栏中选择“效果”→“透视”子菜单中的命令，或者在“效果和预设”面板中选择“透视”子菜单中的命令，添加透视效果，如图 8-149 所示。在“透视”子菜单中选择命令后会在“效果控件”面板中添加对应的属性，通过修改该属性的参数调整素材效果。

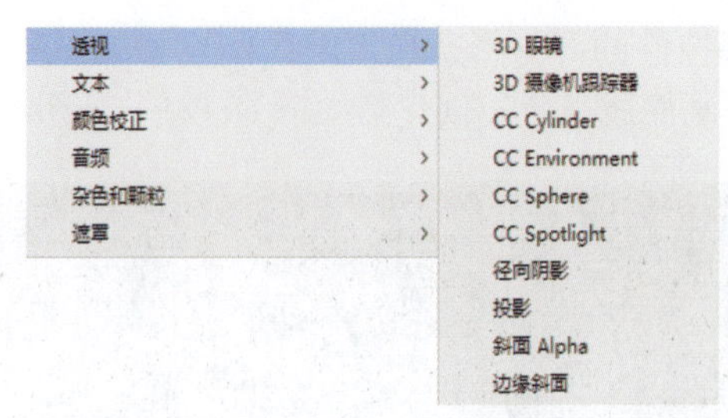

图 8-149 “透视”子菜单

下面介绍“透视”子菜单中的各种命令，原图如图 8-150 所示。

- 3D 眼镜：合并左、右 3D 视图，从而创建单个 3D 图像，效果如图 8-151 所示。用户可以使用“3D 眼镜”效果创建立体电影图像，此图像中包含同一个主体的两个略有不同的透视图，它们使用对比颜色着色，并且彼此重叠。如果要创建立体电影图像，需要先合并左、右 3D 视图，然后使用不同颜色为每个视图着色，最后使用具有红色和绿色镜片或红色和蓝色镜片的 3D 眼镜立体查看生成的图像。

图 8-150 原图

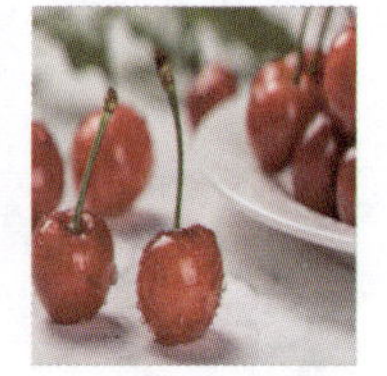

图 8-151 “3D 眼镜”效果

- 3D 摄像机跟踪器：可以从视频中提取 3D 场景数据。
- CC Cylinder（CC 圆柱体）：可以使图像呈圆柱体卷起，形成 3D 立体效果，如图 8-152 所示。
- CC Environment（CC 环境）：可以将环境映射到相机视图上。
- CC Sphere（CC 球体）：可以使图像呈球体卷起，形成 3D 立体效果，如图 8-153 所示。

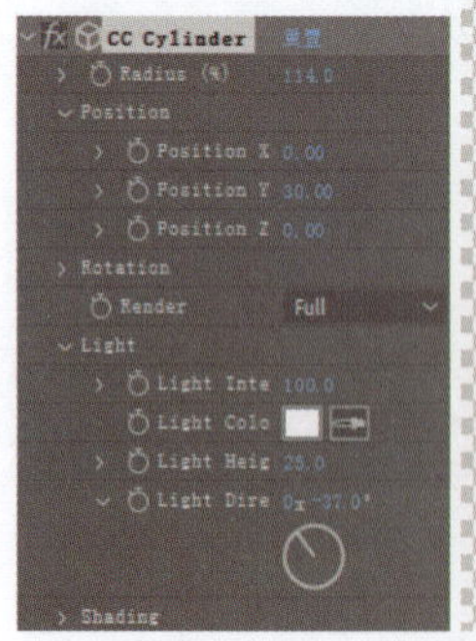

图 8-152 “CC Cylinder”效果

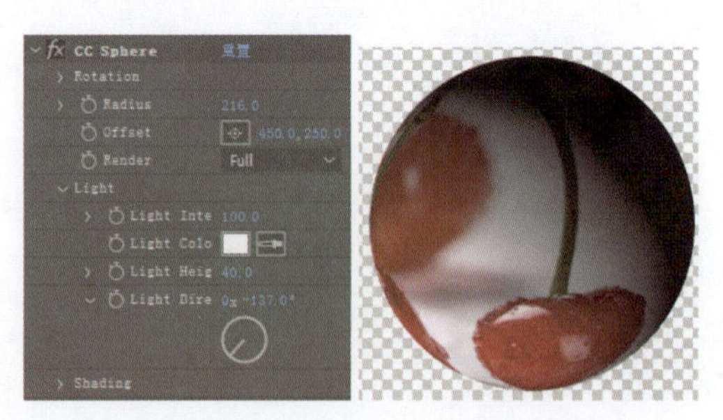

图 8-153 “CC Sphere”效果

- CC Spotlight（CC 聚光灯）：可以模拟聚光灯效果，如图 8-154 所示。
- 径向阴影：可以在应用此效果的图层上根据点光源而非无限光源（与“投影”效果一样）创建阴影，效果如图 8-155 所示。阴影从源图层的 Alpha 通道投射出来，在光透过半透明区域时，使该图层的颜色影响阴影的颜色。

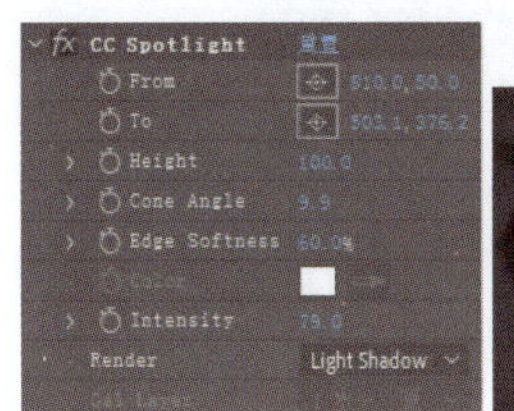

图 8-154　“CC Spotlight”效果

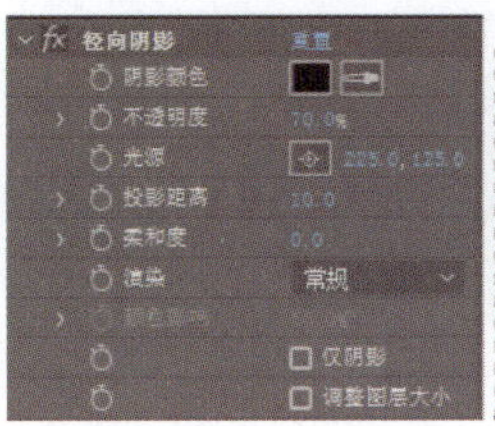

图 8-155　“径向阴影”效果

- 投影：可以添加显示在图层后面的阴影，效果如图 8-156 所示。图层的 Alpha 通道可以确定阴影的形状。在将“投影”效果添加到图层中时，图层 Alpha 通道的柔和边缘轮廓会在其后面显示，就像将阴影投射到背景或底层对象上一样。

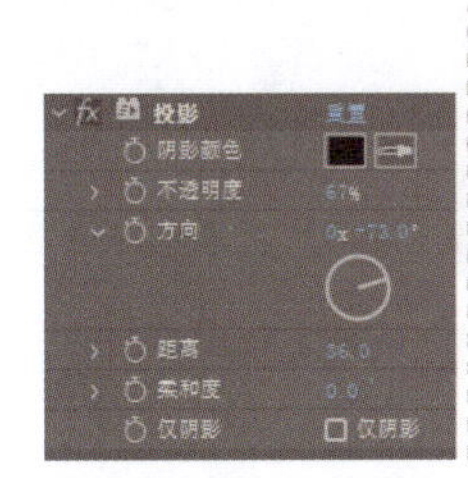

图 8-156　“投影”效果

- 斜面 Alpha：可以为图像的 Alpha 边界增添凿刻、明亮的外观，通常用于为 2D 元素添加 3D 外观，效果如图 8-157 所示。如果图层完全不透明，则将此效果应用到图层的定界框。使用此效果创建的边缘比使用“边缘斜面”效果创建的边缘柔和。

图 8-157　“斜面 Alpha”效果

- 边缘斜面：可以为图像的边缘添加凿刻、明亮的 3D 外观，效果如图 8-158 所示。边缘位置由源图像的 Alpha 通道确定。与“斜面 Alpha”效果不同，使用此效果创建的边缘始终是矩形，因此具有非矩形 Alpha 通道的图像不能产生适当的外观。另外，所有边缘的厚度均相同。

图 8-158　“边缘斜面”效果

项目总结

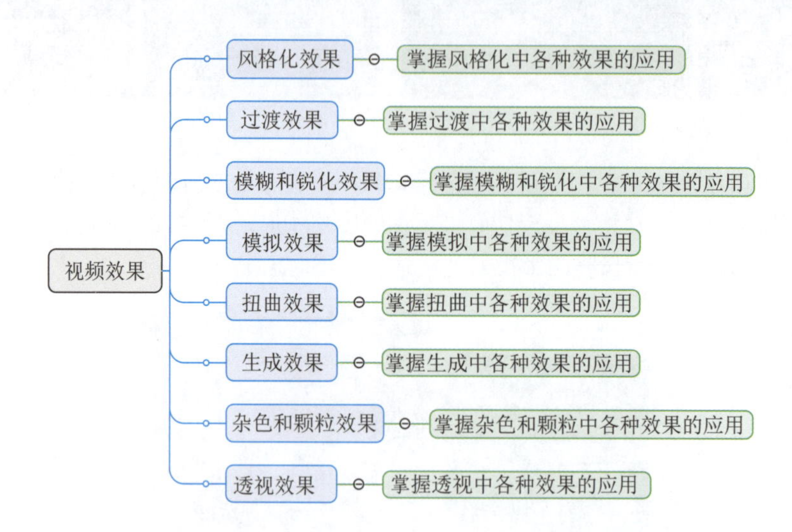

项目实战

实战一　绚丽背景

01 新建 800px×800px 的合成，在菜单栏中选择“图层”→“新建”→“纯色”命令（组合键：Ctrl+Y），打开“纯色设置”对话框，设置“像素长宽比”为“方形像素”、“宽度”为“800 像素”、“高度”为“800 像素”、“颜色”为黑色，其他参数采用默认设置，单击“确定”按钮，创建纯色图层。

02 在菜单栏中选择“效果”→“生成”→“镜头光晕”命令，在“效果控件”面板中添加“镜头光晕”属性，设置“光晕亮度”为“100%”、“镜头类型”为“50-300 毫米变焦”，并且调整光晕中心的位置，效果如图 8-159 所示。

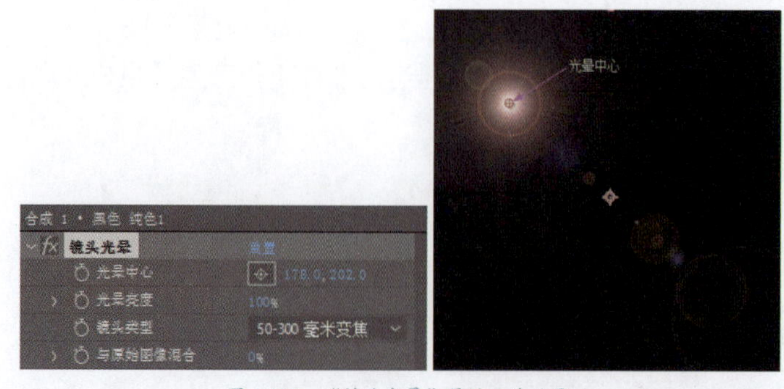

图 8-159　“镜头光晕”属性及其效果

03 继续添加“镜头光晕”效果，并且调整光晕中心的位置，效果如图 8-160 所示。

04 在菜单栏中选择“效果”→“杂色和颗粒”→“杂色”命令，在“效果控件”面板中添加“杂色”属性，设置“杂色数量”为“100%”，勾选“使用杂色”复选框和“剪切结果值”复选框，效果如图 8-161 所示。

图 8-160　添加其他“镜头光晕”效果

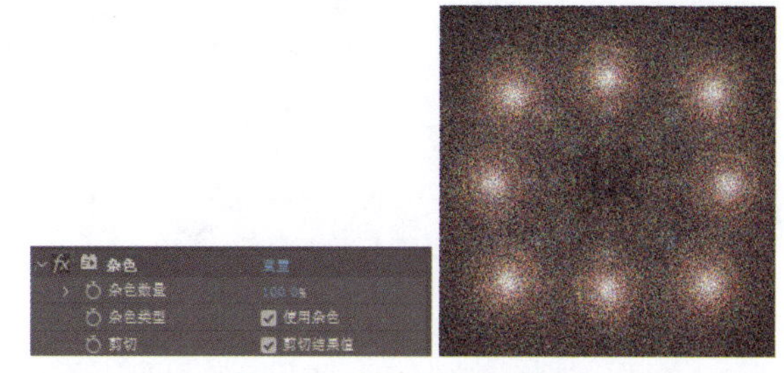

图 8-161　“杂色”属性及其效果

05 在菜单栏中选择“效果”→“模糊和锐化”→“径向模糊”命令，在“效果控件”面板中添加“径向模糊”属性，设置“数量”为“100.0”、“类型”为“缩放”、“消除锯齿（最佳品质）”为“高”，效果如图 8-162 所示。

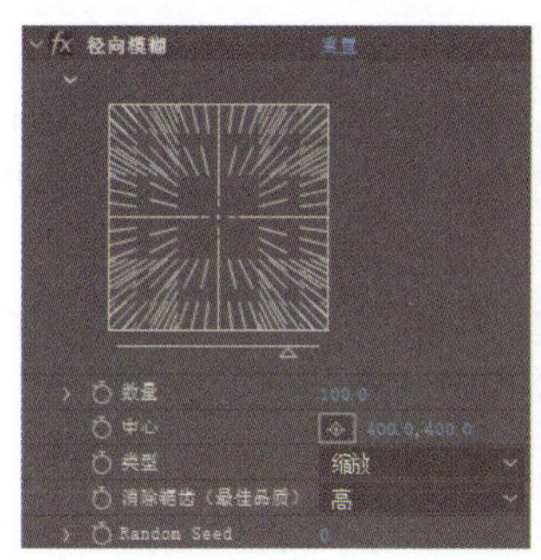

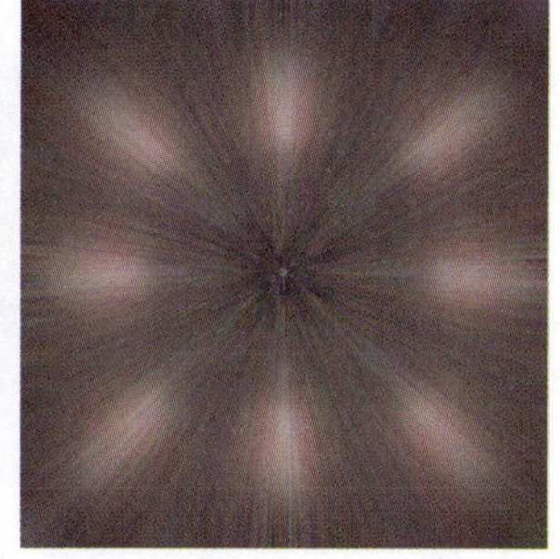

图 8-162　“径向模糊”属性及其效果

06 在菜单栏中选择“效果”→“扭曲”→“旋转扭曲”命令，在“效果控件”面板中添加“旋转扭曲”属性，设置“角度”为“0x+50.0”、“旋转扭曲半径”为“50.0”，效果如图 8-163 所示。

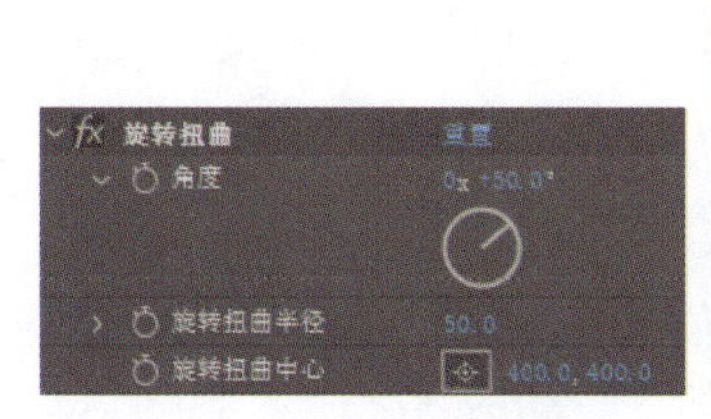

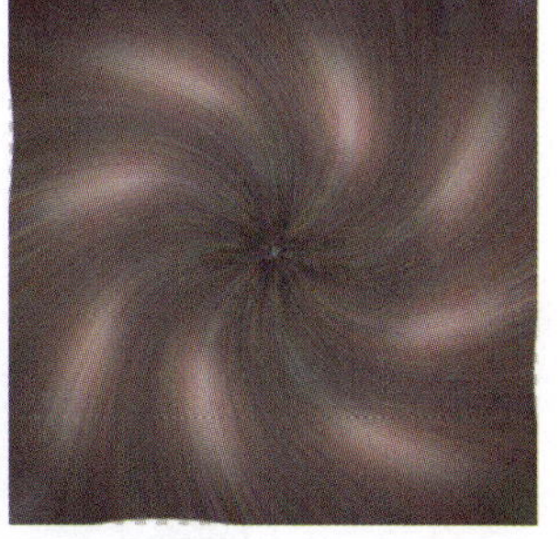

图 8-163　“旋转扭曲”属性及其效果（一）

07 选中“黑色 纯色 1”图层，按组合键 Ctrl+C，按组合键 Ctrl+V，复制得到新的图层“黑色 纯色 2”，在该图层的“效果控件”面板中设置“旋转扭曲”节点下的“角度”为“0x-50.0°”，效果如图 8-164 所示。

08 选中“黑色 纯色 1”图层，在菜单栏中选择“图层”→“纯色设置”命令（组合键：

Ctrl+Shift+Y），打开“纯色设置”对话框，设置“颜色”为蓝色，单击“确定”按钮，更改图层颜色；采用相同的方法设置“黑色 纯色 2”图层的“颜色”为蓝色，效果如图 8-165 所示。

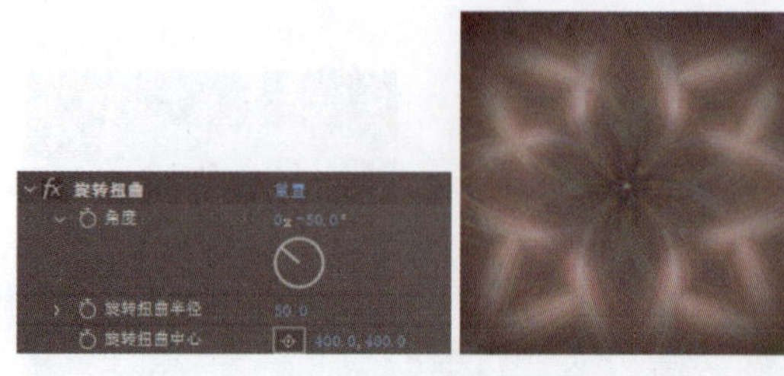
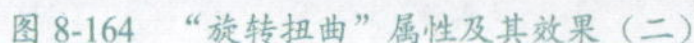
图 8-164　“旋转扭曲”属性及其效果（二）

图 8-165　更改图层颜色

09 在菜单栏中选择“文件”→“保存”命令（组合键：Ctrl+S），打开“另存为”对话框，设置保存路径，输入文件名“绚丽背景”，单击“保存”按钮，保存项目。

实战二　木版画

01 新建 450px×450px 的合成，在菜单栏中选择“图层”→“新建”→“纯色”命令（组合键：Ctrl+Y），打开“纯色设置”对话框，设置“像素长宽比”为“方形像素”、“宽度”为“450 像素”、“高度”为“450 像素”、“颜色”为深橙色（值为 #864C13），其他参数采用默认设置，单击“确定”按钮，创建深橙色图层。

02 创建颜色为中间色橙色（值为 # F19F3C）的纯色图层，即“中间橙色 纯色 1”图层，设置图层的“混合模式”为“叠加”，效果如图 8-166 所示。

03 在菜单栏中选择“效果”→“杂色和颗粒”→“分形杂色”命令，在“效果控件”面板中添加“分形杂色”属性，在“变换”节点下取消勾选“统一缩放”复选框，设置“缩放宽度”为“600.0”、“缩放高度”为“2.0”、“混合模式”为“正常”，其他参数采用默认设置，效果如图 8-167 所示。

图 8-166　创建纯色图层

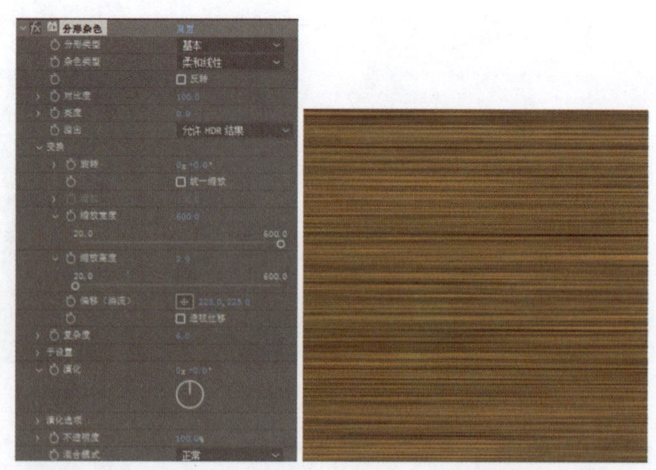
图 8-167　“分形杂色”属性及其效果

04 在菜单栏中选择“效果”→“扭曲”→“液化”命令，在“效果控件”面板中添加“液化”属性，在“工具”节点下单击“顺时针旋转扭曲”按钮，在“变形工具选项”节点下设置“画笔大小”为“60”、“画笔压力”为“80”，其他参数采用默认设置，在视图中的适当位置单击，制作“液化”效果，如图 8-168 所示。

图 8-168　“液化”属性及其效果

05 导入“图像.jpg”文件，取消勾选“创建合成”复选框，单击“导入”按钮，导入素材，将其从“项目”面板中拖到“时间轴”面板中，创建“图像.jpg”图层，如图 8-169 所示。

06 在菜单栏中选择“效果”→“风格化”→“浮雕”命令，在“效果控件”面板中添加“浮雕”属性，设置“方向”为“0x+0.0°”、“起伏”为“2.00”，其他参数采用默认设置，如图 8-170 所示。

图 8-169　导入素材

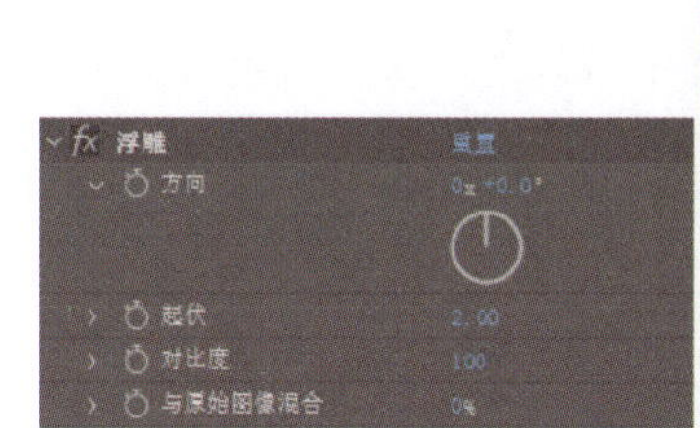

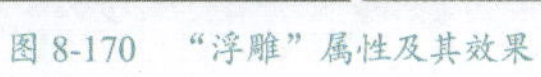

图 8-170　“浮雕”属性及其效果

07 选中“中间橙色 纯色 1”图层，在菜单栏中选择“效果”→“风格化”→“纹理化”命令，在“效果控件”面板中添加“纹理化”属性，设置“纹理图层”的“源”为“图像.jpg”、“纹理位置”为“居中纹理”，其他参数采用默认设置，关闭“图像.jpg”图层，效果如图 8-171 所示。

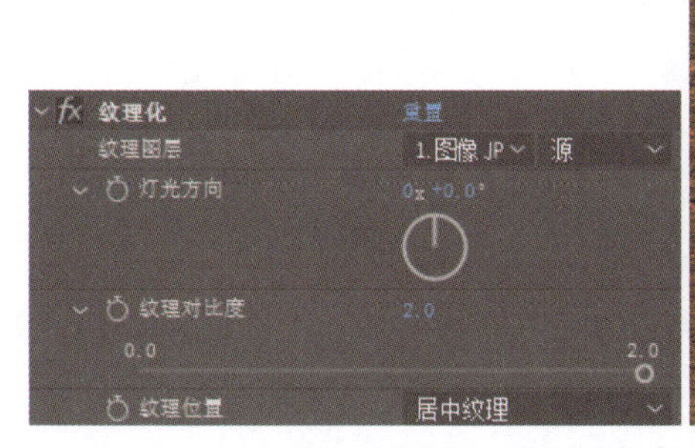

图 8-171　“纹理化”属性及其效果

08 在菜单栏中选择“文件”→“保存”命令（组合键：Ctrl+S），打开“另存为”对话框，设置保存路径，输入文件名“木版画”，单击“保存”按钮，保存项目。

项目九 调色

思政目标

- 注重培养分析能力，及时调整，合理改进。
- 积极探索、迎难而上，培养坚持不懈的科学精神。

技能目标

- 掌握调色的基础知识。
- 能够使用通道效果调整素材的色彩。
- 能够使用实用工具调整素材的色彩。
- 能够使用颜色校正效果调整素材的色彩。

项目导读

不同的颜色可以带有不同的情感色彩，调色是指将特定的色调加以改变，形成不同感觉的颜色效果。

在 After Effects 中可以使用多种调色效果对素材进行色彩调整校正，创建与作品主题相匹配的色调，以更贴切地表达作品的内涵。

任务一 调色的基础知识

任务引入

小白在调整图像颜色时总是得不到自己想要的效果，同一个图像，他和同学设置的颜色一样，但是显示出来的效果却不一样。他查询资料后发现调色不只是调整颜色，还要调整色相、饱和度等。那么什么是色相？什么是饱和度？不同色彩模式的应用范围有什么区别呢？

知识准备

调色在视频处理后期具有很重要的地位，不仅可以使素材更漂亮，而且可以使作品的整体画面更融合。在调整素材的色彩之前，读者有必要先了解色彩的一些基础知识，以便对之后涉及的调色效果有更深入的理解。

一、色彩的构成

色彩由色相、饱和度和明度 3 个要素构成。

色相也称为色调，是指画面整体的颜色倾向，用于区分光谱上的不同部分，例如红、橙、黄、绿、青、蓝、紫等。根据有无色相属性，视觉色彩可分为两大类——无彩色和有彩色。无彩色是指白色、黑色和由白色和黑色调和形成的灰色，没有色相属性，饱和度为零，使用明度进行度量。有彩色是指除黑色、白色和灰色以外的其他颜色，光的波长决定色相，振幅决定明度，纯度决定饱和度。

饱和度指色彩的纯度，纯度越高，色彩越鲜艳，反之越暗淡。低饱和度和高饱和度图像的对比效果如图 9-1 所示。

图 9-1 低饱和度和高饱和度图像的对比

明度指色彩的明亮程度，用于区分明暗层次，这种明暗层次决定亮度的强弱。不同明度图像的对比效果如图 9-2 所示。

图 9-2 不同明度图像的对比

二、色彩模式

色彩模式是数字世界中表示颜色的一种算法。显示器、投影仪、扫描仪这类靠色光直接合成颜色的颜色设备，与打印机、印刷机这类靠颜料合成颜色的印刷设备，由于成色原理不同，决定了在生成颜色方式上的区别。

常用的色彩模式有以下几种。

- RGB 模式：自然界中所有肉眼能看到的颜色都由红、绿、蓝 3 种颜色按照不同的强度组合而成，也就是通常所说的三原色原理，也称为加色模式。通过改变每个像素点上每个基色的亮度（256 个亮度级），可以将这 3 种颜色调制为成千上万种颜色。RGB 颜色模型的颜色数值是十进制数，范围是 0 ～ 255。该模式适用于显示器、投影仪、扫描仪、数码相机等。
- CMYK 模式：由青（C）、洋红（M）、黄（Y）、黑（K）4 种颜色组成，与 RGB 模式刚好相反，它通过减少光线产生色彩，也就是通常所说的减色模式。该模式一般在印刷中使用，适用于打印机、印刷机等。

- Lab 模式：由 RGB 模式转换而来，该模式由一个无色通道 L 和两个颜色通道 a（red-green 通道）、b（yellow-blue 通道）组成，是比较接近人眼视觉显示的一种颜色模式。
- HSB 模式：这种模式以色调（Hue）、饱和度（Saturation）和亮度（Brightness）的值表示颜色，比较符合人的主观感受。

任务二　通道效果

任务引入

小白不小心把妈妈 30 年前拍摄的老照片弄丢了，为了不被妈妈发现，他去相同的地方拍摄了照片，但是怎么看照片也不像以前拍摄的。那么怎样使用通道效果调整素材的颜色使其符合要求呢？

知识准备

通道效果是指控制、抽取、插入或转换一个图像色彩的通道，从而使素材图层产生相应的效果。在 After Effects 中，通道包含各自的颜色分量（RGB）、计算颜色值（HSV）及透明度值（Alpha）。

选中素材，在菜单栏中选择“效果”→“通道”子菜单中的命令，或者在“效果和预设”面板中选择“通道”子菜单中的命令，添加通道效果，如图 9-3 所示。在“通道”子菜单中选择命令后会在“效果控件”面板中添加对应的属性，通过修改该属性的参数调整素材效果。

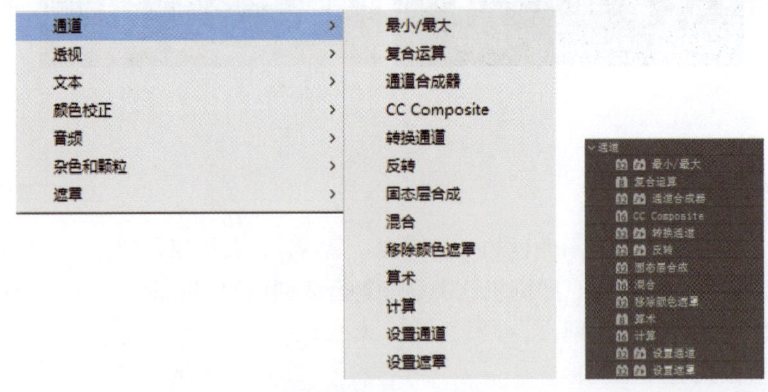

图 9-3　“通道”子菜单

下面介绍“通道”子菜单中的各种命令。

- 最小 / 最大：可以为像素的每个通道分配指定半径内该通道的最小值或最大值，效果如图 9-4 所示。
- 复合运算：可以用数学方式合并应用此效果的图层和控件图层，效果如图 9-5 所示。

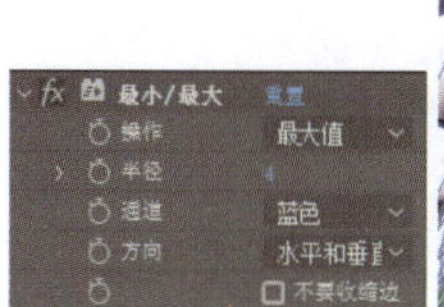

图 9-4　“最小 / 最大”效果

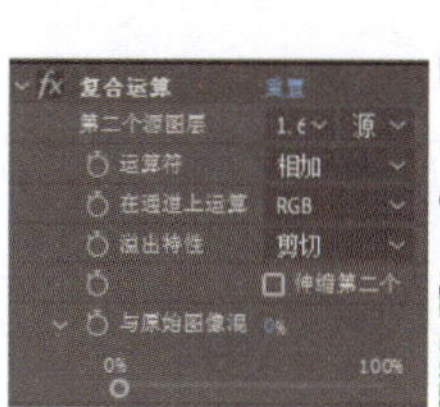

图 9-5　“复合运算”效果

- 通道合成器：可以提取、显示和调整图层的通道值，效果如图 9-6 所示。
- CC Composite（CC 合成）：需要与原图层混合形成复合图层效果，如图 9-7 所示。

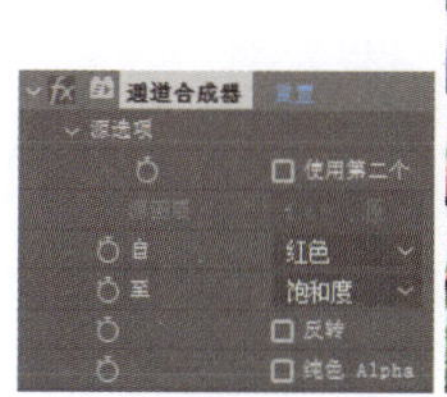

图 9-6　“通道合成器”效果

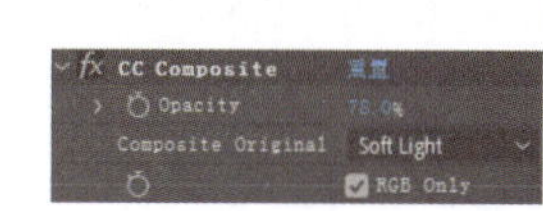

图 9-7　“CC Composite”效果

- 转换通道：可以将 Alpha、红色、绿色、蓝色通道进行替换，效果如图 9-8 所示。
- 反转：可以反转图像的颜色信息，效果如图 9-9 所示。

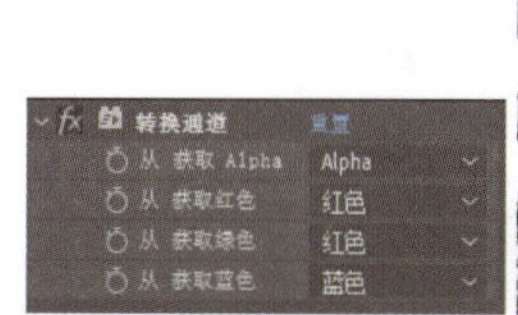

图 9-8　“转换通道”效果

图 9-9　“反转”效果

- 固态层合成：可以用一种颜色与当前图层进行混合模式和透明度的合成，也可以用一种颜色填充当前图层，效果如图 9-10 所示。
- 混合：可以使用 5 种模式之一混合两个图层。用户可以使用“混合”模式更轻松、快速地混合图层，但不可以为“混合”模式设置动画，效果如图 9-11 所示。

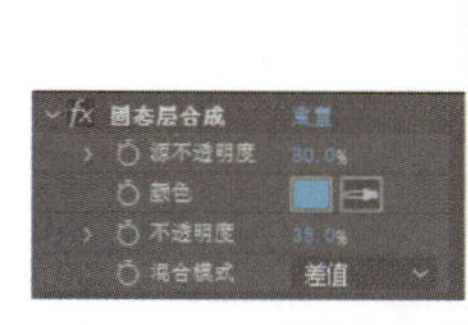

图 9-10　“固态层合成”效果

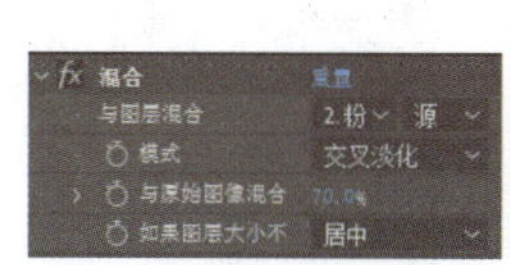

图 9-11　“混合”效果

- 移除颜色遮罩：可以从带有预乘颜色通道的图层移除色边（色晕）。在部分透明区域中保留原始背景的颜色，将其他背景颜色合成到文件中时通常会出现色边。
- 算术：可以在图像的红色、绿色和蓝色通道上执行各种简单的数学运算，效果如图 9-12

所示。通过控制不同色彩通道信息可以实现不同的曝光效果，从而增加图像的视觉感染力和冲击力。

- 计算：可以将一个图层的通道与另一个图层的通道合并，效果如图 9-13 所示。

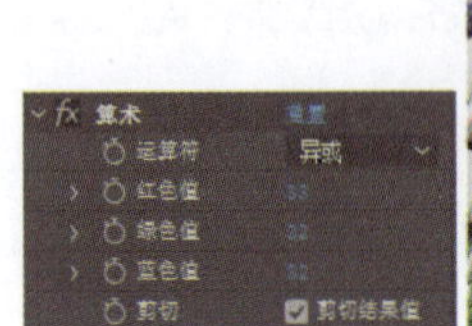

图 9-12 “算术”效果

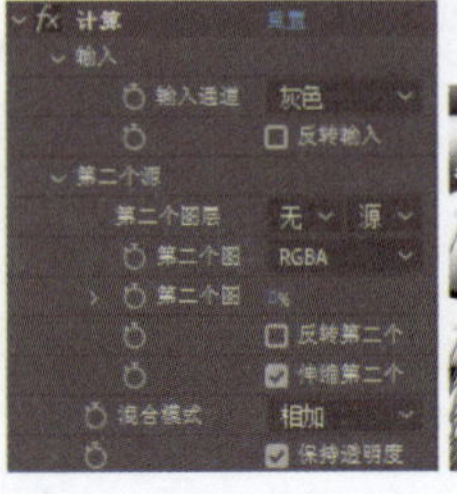

图 9-13 “计算”效果

- 设置通道：可以将控件图层（源图层）的通道复制到效果图层的“红色”“绿色”“蓝色”和“Alpha”通道，效果如图 9-14 所示。
- 设置遮罩：可以将某个图层的 Alpha 通道（遮罩）替换为该图层上面的另一个图层的通道，从而实现移动遮罩效果，效果如图 9-15 所示。

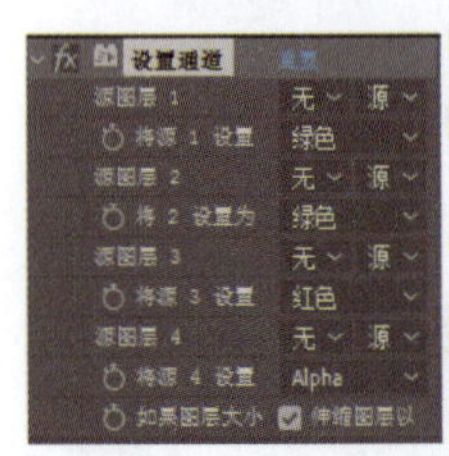

图 9-14 “设置通道”效果

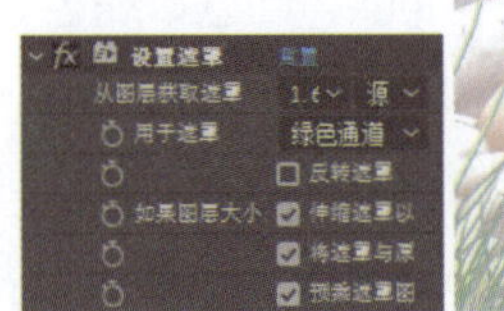

图 9-15 “设置遮罩”效果

案例——怀旧老照片

本案例制作怀旧老照片效果，并且对操作步骤进行详细讲解，使读者熟练掌握通道效果的使用方法。

01 在菜单栏中选择“文件”→“导入”→“文件”命令（组合键：Ctrl+I），打开“导入文件”对话框，选择“照片.jpg”文件，勾选“创建合成”复选框，单击“导入”按钮，导入素材并创建合成，系统会采用素材名称作为合成名称，如图 9-16 所示。

图 9-16 导入素材

02 在菜单栏中选择“效果”→“通道”→“转换通道”命令，在“效果控件”面板中添加“转换通道”属性，设置“从获取红色”为“绿色”、“从获取绿色”为“蓝色”，其他参数采用默认设置，效果如图 9-17 所示。

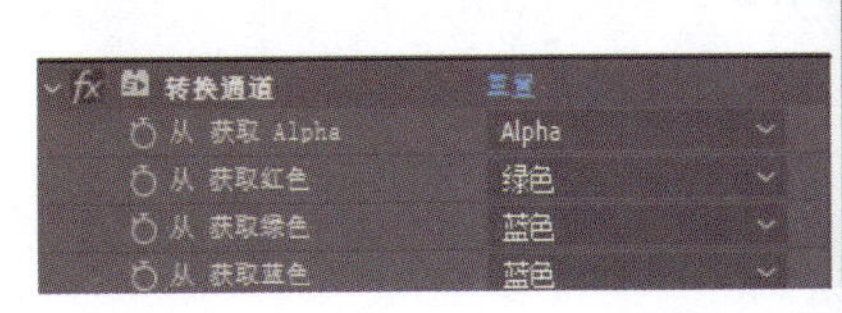

图 9-17　“转换通道”属性及其效果

03 在菜单栏中选择“效果”→“模糊和锐化”→“智能模糊”命令，在“效果控件”面板中添加“智能模糊”属性，设置“半径”为“10.0”，其他参数采用默认设置，效果如图 9-18 所示。

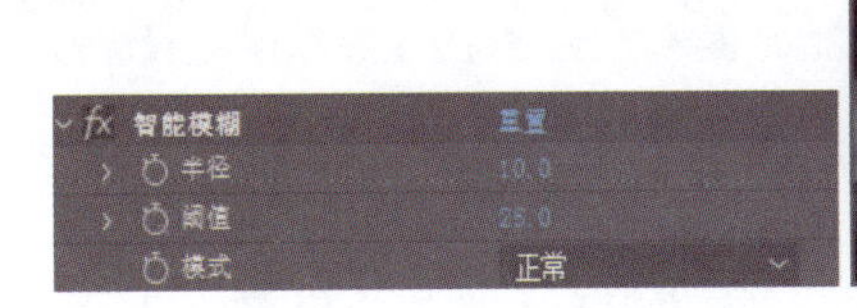

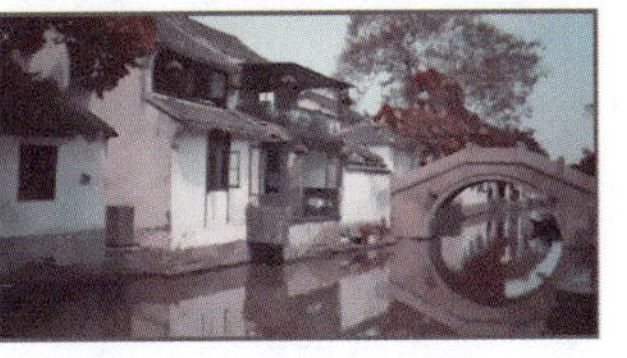

图 9-18　“智能模糊”属性及其效果

04 在菜单栏中选择“图层”→“新建”→“纯色”命令（组合键：Ctrl+Y），打开“纯色设置”对话框，设置“颜色”为深黄色（值为 #B99A1C），其他参数采用默认设置，单击“确定”按钮，创建深黄色图层，并且将其拖曳到“照片.jpg”图层的下方。

05 在菜单栏中选择“效果”→“通道”→“混合”命令，在“效果控件”面板中添加“混合”属性，设置“与图层混合”的“源”为上一步创建的深黄色图层、“模式”为“仅颜色”、“与原始图像混合”为“36.0%”，其他参数采用默认设置，效果如图 9-19 所示。

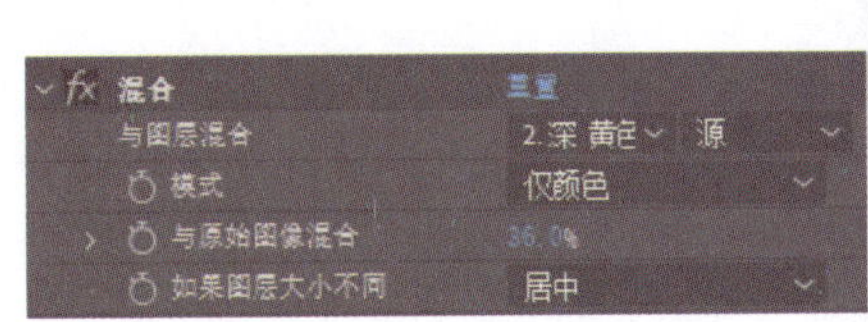

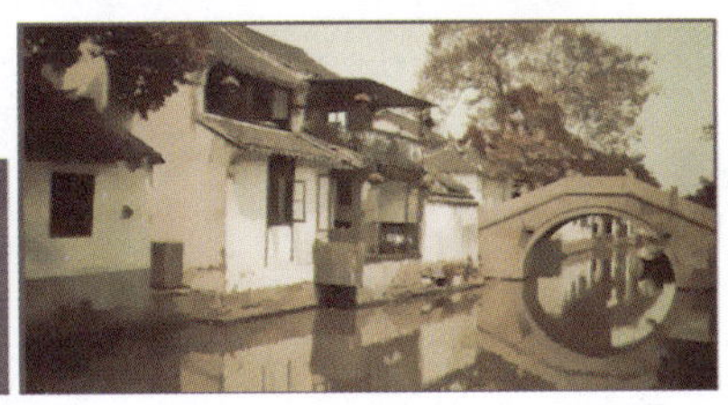

图 9-19　“混合”属性及其效果

06 在菜单栏中选择“效果”→“模糊和锐化”→“高斯模糊”命令，在“效果控件”面板中添加“高斯模糊”属性，设置“模糊度”为“5.0”，其他参数采用默认设置，效果如图 9-20 所示。

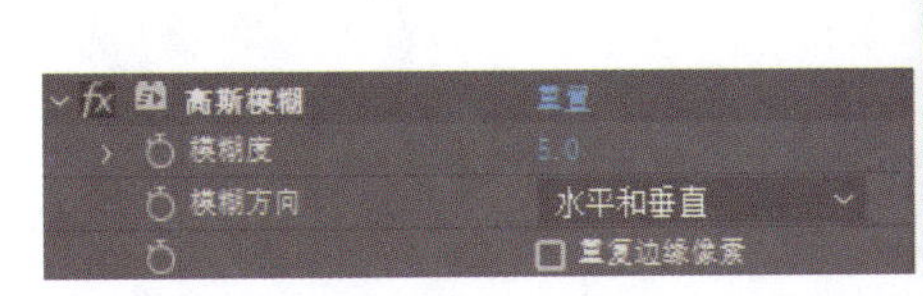

图 9-20　“高斯模糊”属性及其效果

07 在菜单栏中选择“效果”→“风格化”→“毛边”命令，在“效果控件”面板中添加“毛边”属性，设置“边缘类型”为“生锈”、“边界”为“5.00”、“伸缩宽度或高度”为“8.00”、“复杂度”为“10”，其他参数采用默认设置，效果如图 9-21 所示。

图 9-21　“毛边”属性及其效果

08 在菜单栏中选择“文件”→“保存”命令（组合键：Ctrl+S），打开“另存为”对话框，设置保存路径，输入文件名“怀旧老照片”，单击“保存”按钮，保存项目。

任务三　实用工具

任务引入

小白已经对使用通道效果调整素材的颜色有所掌握，但是仅使用通道效果似乎不能解决图像色彩的所有问题，那么还需要掌握哪些知识才能将图像的色彩调整得更完美呢？

知识准备

实用工具可以用来调整图像颜色的输出和输入设置。

选中素材，在菜单栏中选择“效果”→“实用工具”子菜单中的命令，或者在“效果和预设”面板中选择“实用工具”子菜单中的命令，添加实用工具效果，如图 9-22 所示。在“实用工具”子菜单中选择命令后会在“效果控件”面板中添加对应的属性，通过修改该属性的参数调整素材效果。

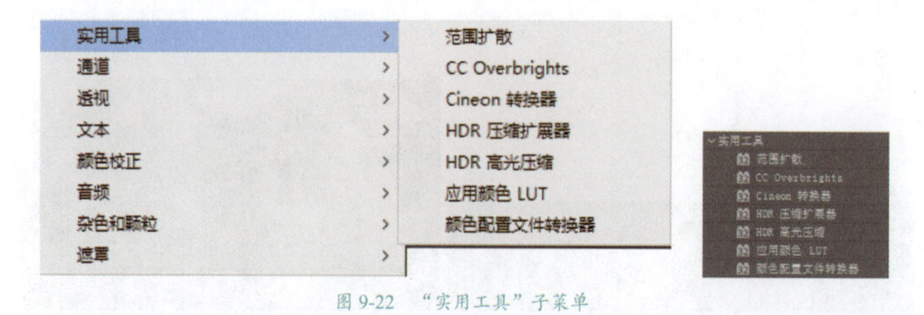

图 9-22　“实用工具”子菜单

下面介绍“实用工具”子菜单中的各种命令，原图如图 9-23 所示。

- 范围扩散：可以增大紧跟它的效果的图层大小。

- CC Overbrights：可以确定在明亮的像素范围内工作。
- Cineon 转换器：可以将标准线性应用到对数转换曲线，效果如图 9-24 所示。每个 Cineon 渠道中可用于每个像素的 10 位数据使用户能够更轻松地增强重要的色调范围，同时保持总体色调平衡。

图 9-23　原图

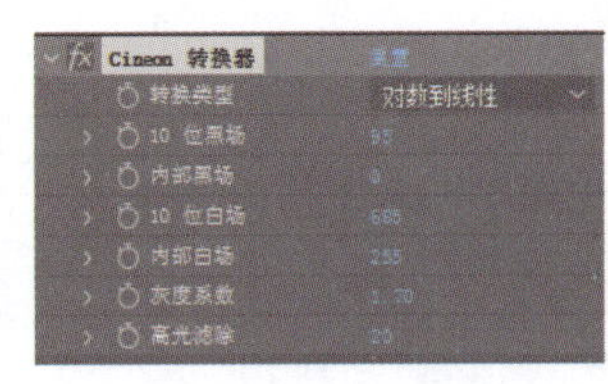

图 9-24　“Cineon 转换器”效果

- HDR 压缩扩展器：能够使用不支持高动态范围颜色的工具，而不必牺牲素材的高动态范围，效果如图 9-25 所示。
- HDR 高光压缩：可压缩高动态范围图像中的颜色值，以便它们归入低动态范围图像的值范围内，效果如图 9-26 所示。

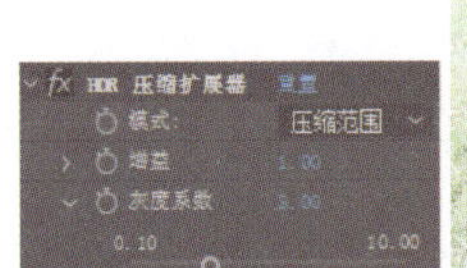

图 9-25　“HDR 压缩扩展器”效果

图 9-26　“HDR 高光压缩”效果

- 应用颜色 LUT：可以根据颜色查找表（LUT）转换图层颜色。LUT 有时用于执行手动颜色校正或色彩管理任务。
- 颜色配置文件转换器：通过指定输入和输出配置文件，将图层从一个颜色空间转换到另一个颜色空间，如图 9-27 所示。

图 9-27　“颜色配置文件转换器”效果

任务四　颜色校正效果

任务引入

导演要求小白制作一个熔岩火花飞舞的动画效果，小白利用视频效果添加了粒子效果，可是做出来的效果不是火花的颜色，他还需要调整颜色才能做出火花效果。那么小白还需要掌握哪些知识才能将图像的色彩调整得更完美呢？

知识准备

合理地搭配和应用各种色彩是创作出成功作品的必要技巧，这要求用户除了具有一定的色彩鉴赏能力，还要有丰富的色彩编辑经验和技巧。

After Effects 为用户发挥色彩的创造力提供了强有力的支持，包括颜色校正的许多内置效果，例如“曲线”效果、“颜色深度”效果等。

选中素材，在菜单栏中选择“效果”→“颜色校正”子菜单中的命令，或者在“效果和预设”面板中选择“颜色校正”子菜单中的命令，添加颜色校正效果，如图 9-28 所示。在“颜色校正”子菜单中选择命令后会在“效果控件”面板中添加对应的属性，通过修改该属性的参数调整素材效果。

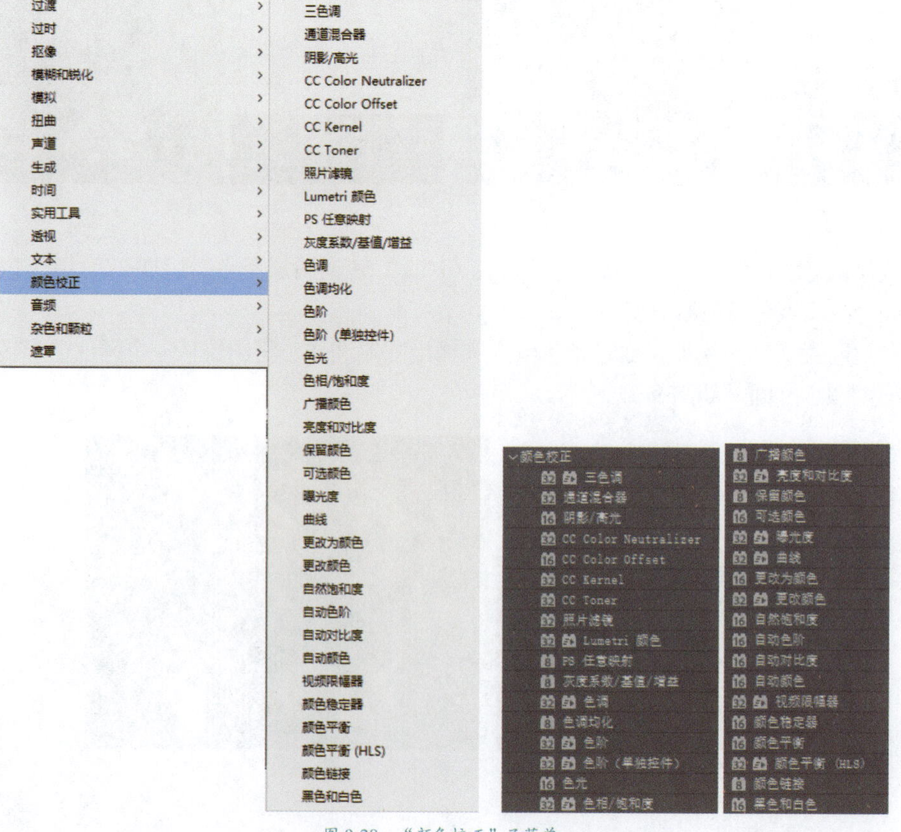

图 9-28　“颜色校正”子菜单

下面介绍“颜色校正”子菜单中的各种命令，原图如图 9-29 所示。

- 三色调：可以改变图层的颜色信息，具体方法是将高光、阴影和中间调像素映射到选择的颜色，效果如图 9-30 所示。

图 9-29　原图

图 9-30　“三色调”效果

- 通道混合器：可以通过混合当前的颜色通道修改颜色通道，效果如图 9-31 所示。
- 阴影 / 高光：可以使图像的阴影主体变亮，并且减少图像的高光，效果如图 9-32 所示。此效果不能使整个图像变暗或变亮，它可以根据周围的像素单独调整阴影和高光，还可以调整图像的整体对比度。

图 9-31　“通道混合器”效果

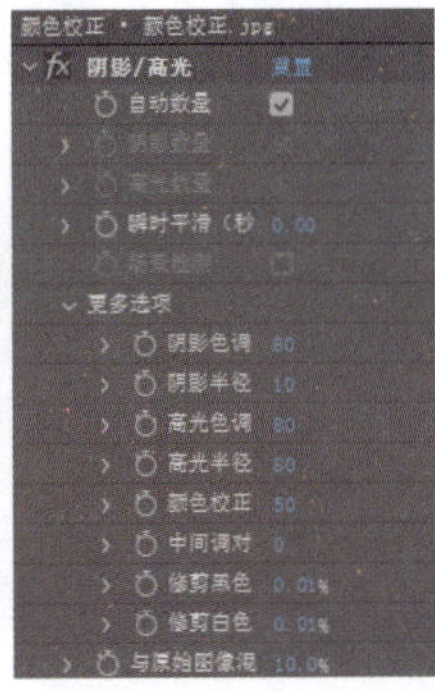

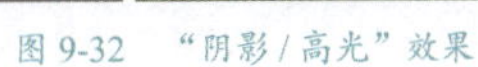

图 9-32　“阴影 / 高光”效果

- CC Color Neutralizer（CC 色彩中和）：可以对颜色进行中和校正，如图 9-33 所示。
- CC Color Offset（CC 色彩偏移）：可以通过调整红、绿、蓝 3 个通道来调整颜色，如图 9-34 所示。

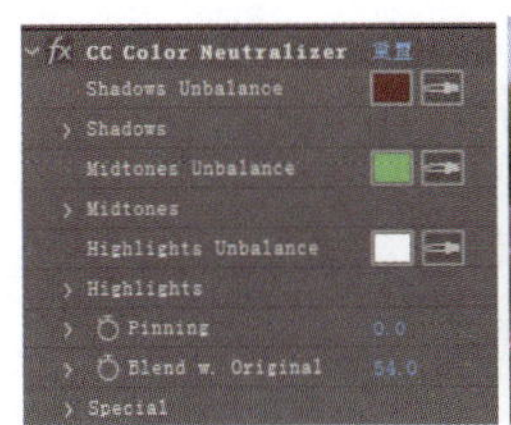

图 9-33　“CC Color Neutralizer”效果

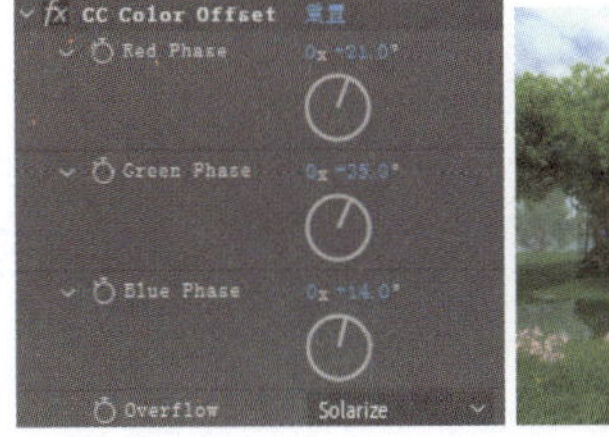

图 9-34　“CC Color Offset”效果

- CC Kernel（CC 内核）：可以制作 3×3 的卷积内核，如图 9-35 所示。
- CC Toner（CC 碳粉）：可以调整色彩的高光、中间调和阴影的色调，如图 9-36 所示。

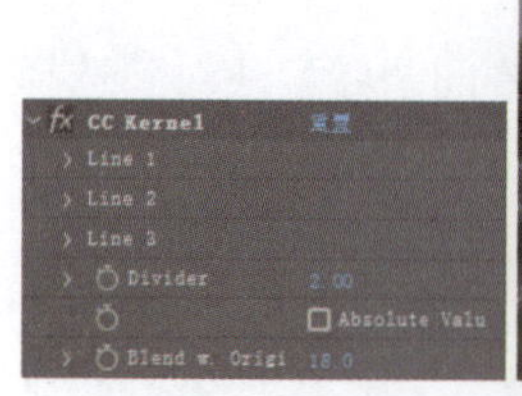

图 9-35 “CC Kernel”效果

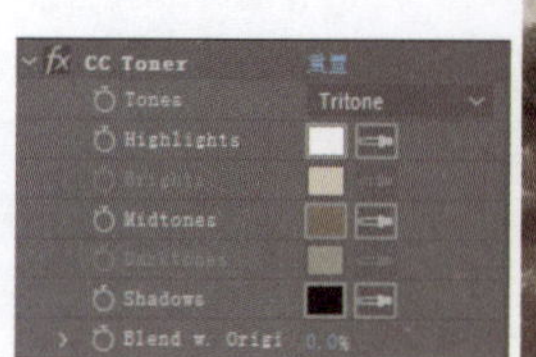

图 9-36 “CC Toner”效果

- 照片滤镜：可以模拟在摄像机镜头前面添加彩色滤镜，用于调整通过镜头传输的光的颜色平衡和色温，效果如图 9-37 所示。
- Lumetri 颜色：After Effects 提供了专业品质的 Lumetri 颜色分级和颜色校正工具，可以直接在时间轴上为素材分级，如图 9-38 所示。

图 9-37 “照片滤镜”效果

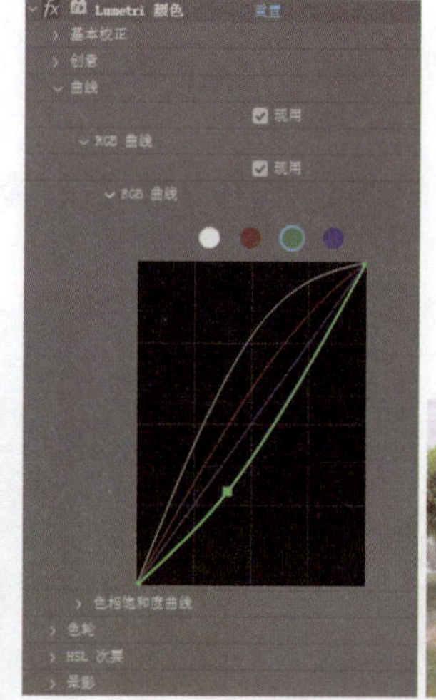
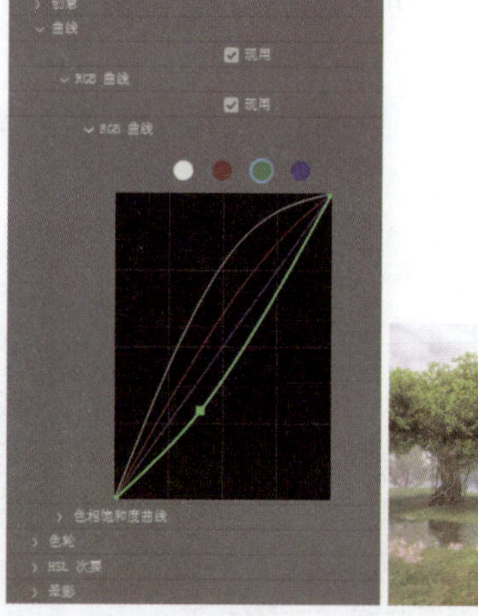

图 9-38 “Lumetri 颜色”效果

- PS 任意映射：可以将 Photoshop 任意映射文件应用到图层中，使用此效果可以调整图像的亮度水平，将指定的亮度范围重新映射到更暗或更亮的色调中，效果如图 9-39 所示。
- 灰度系数 / 基值 / 增益：可以为每个通道单独调整响应曲线，效果如图 9-40 所示。

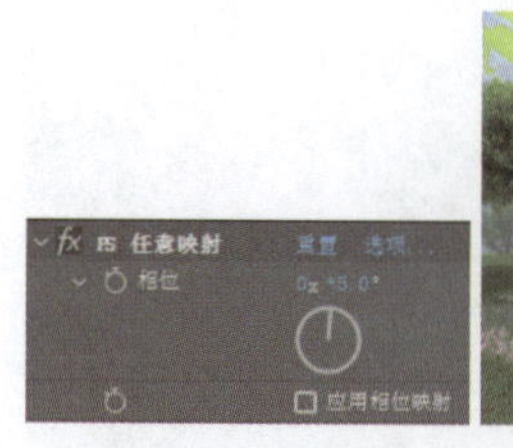

图 9-39 “PS 任意映射”效果

图 9-40 “灰度系数 / 基值 / 增益”效果

- 色调：可以为图层着色，具体方法是将每个像素的颜色值替换为“将黑色映射到”和“将白色映射到”指定的颜色之间的值，效果如图 9-41 所示。
- 色调均化：可以改变图像的像素值，使亮度或颜色分量的分布更一致，效果如图 9-42 所示。

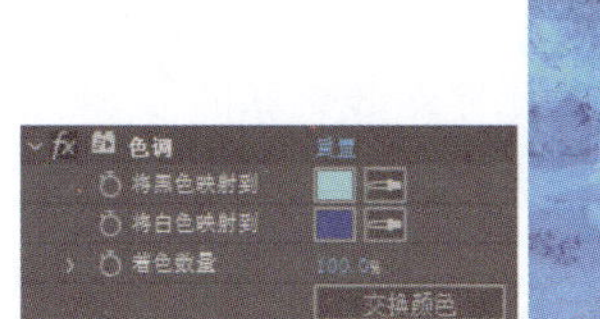

图 9-41 “色调”效果

图 9-42 “色调均化”效果

- 色阶：可以将输入颜色或 Alpha 通道色阶的范围重新映射到输出色阶的新范围，并且由灰度系数值确定值的分布，效果如图 9-43 所示。
- 色阶（单独控件）：此效果与“色阶”效果一样，但前者可以为每个通道调整单独的颜色值，效果如图 9-44 所示。

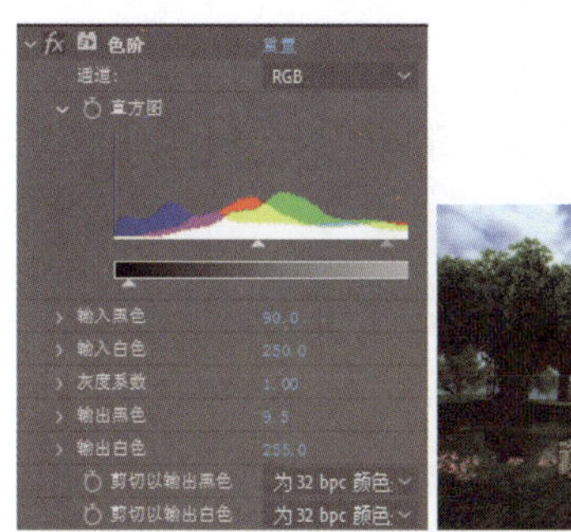

图 9-43 “色阶”效果

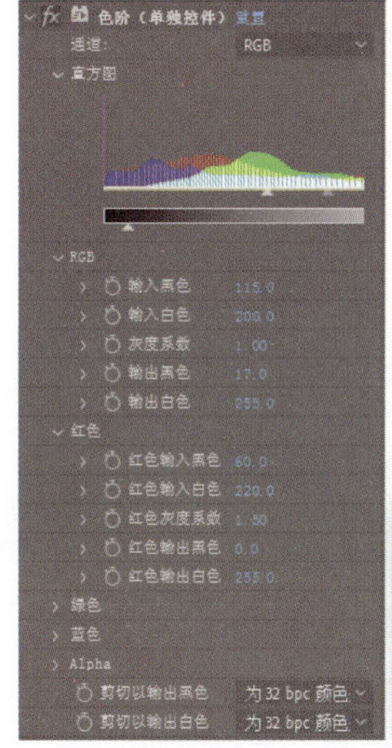

图 9-44 “色阶（单独控件）”效果

- 色光：一种功能强大的通用效果，可以在图像中转换颜色和为其设置动画。使用此效果可以为图像巧妙地着色，也可以彻底更改其调色板，效果如图 9-45 所示。
- 色相 / 饱和度：可以调整图像单个颜色分量的色相、饱和度和亮度，效果如图 9-46 所示。

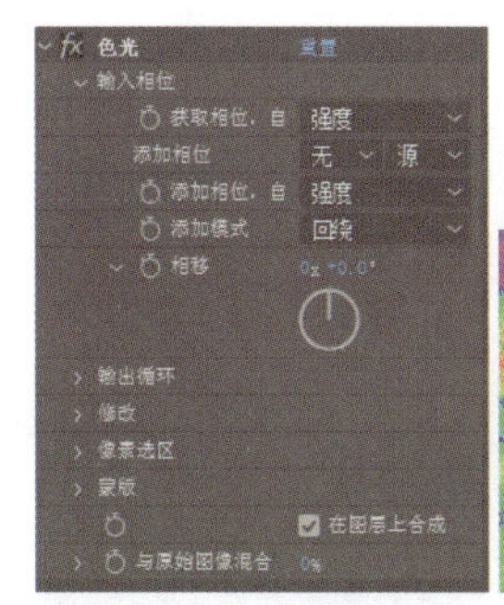

图 9-45 “色光”效果

图 9-46 “色相 / 饱和度”效果

- 广播颜色：可以改变像素颜色值，从而保留用于广播电视的范围中的信号振幅，效果如图 9-47 所示。
- 亮度和对比度：可以调整整个图层（不是单个通道）的亮度和对比度，效果如图 9-48 所示。使用“亮度和对比度”效果是调整图像色调范围的最简单的方式之一。

图 9-47 “广播颜色”效果

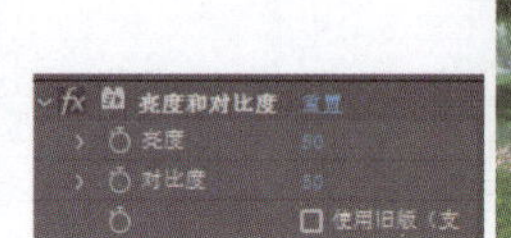

图 9-48 “亮度和对比度”效果

- 保留颜色：可以单独保留作品中的一个颜色，其他颜色都变为灰色，如图 9-49 所示。
- 可选颜色：在颜色分量中更改印刷色的数量，效果如图 9-50 所示。

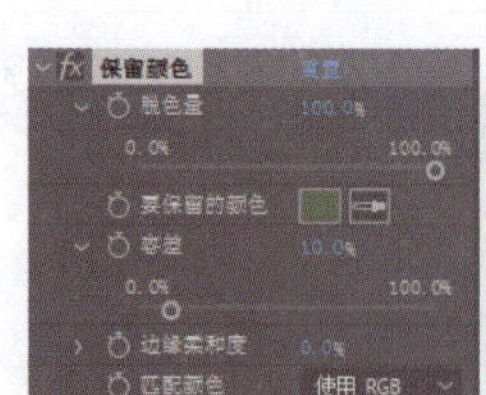

图 9-49 “保留颜色”效果

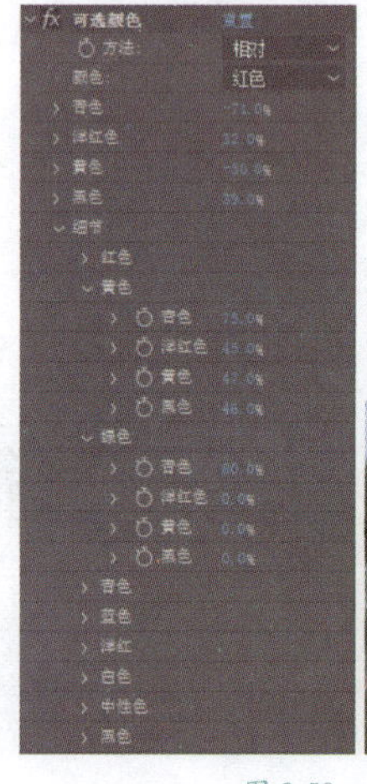

图 9-50 “可选颜色”效果

- 曝光度：可以对素材进行色调调整，一次可以调整一个通道，也可以调整所有通道。使用此效果可以模拟修改捕获图像的摄像机的曝光设置（以 f-stops 为单位）的结果，效果如图 9-51 所示。
- 曲线：可以调整图像的色调范围和色调响应曲线。“色阶”效果也可以调整色调响应，但“曲线”效果可以增强控制力，效果如图 9-52 所示。

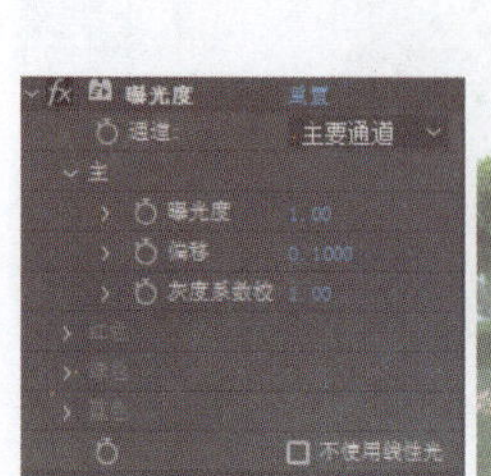

图 9-51 “曝光度”效果

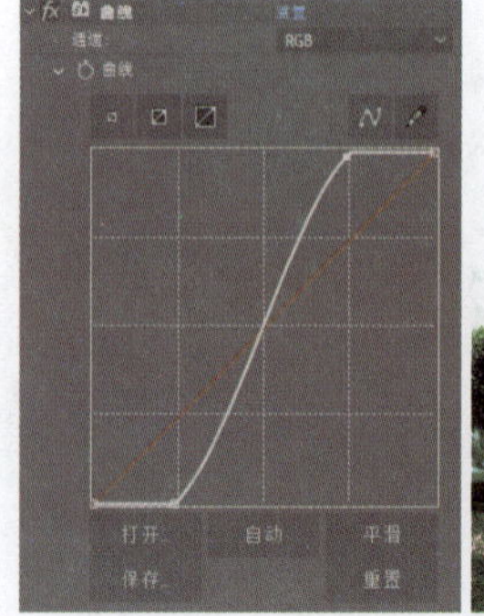

图 9-52 “曲线”效果

- 更改为颜色：可以将在图像中选择的颜色更改为使用色相、亮度和饱和度（HLS）值的其他颜色，同时使其他颜色不受影响，效果如图 9-53 所示。
- 更改颜色：可以调整各种颜色的色相、亮度和饱和度，效果如图 9-54 所示。

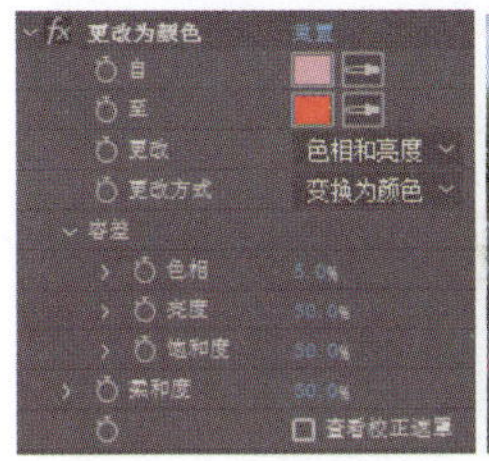

图 9-53　“更改为颜色”效果

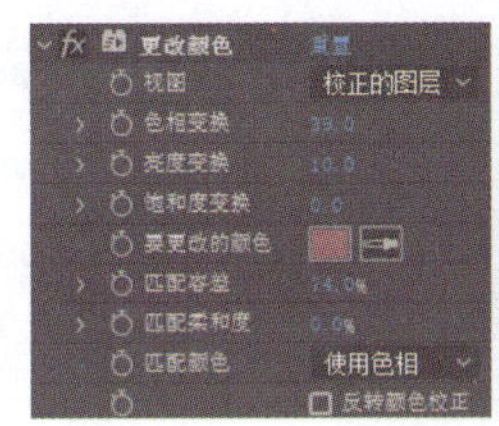

图 9-54　“更改颜色”效果

- 自然饱和度：可以调整饱和度，以便在颜色接近最大饱和度时最大限度地减少修剪。“自然饱和度”效果非常适合用于增加图像的饱和度，但不使颜色过于饱和，效果如图 9-55 所示。
- 自动色阶：可以先将图像各颜色通道中最亮和最暗的值映射为白色和黑色，然后重新分配中间的值，结果高光看起来更亮，阴影看起来更暗，效果如图 9-56 所示。

图 9-55　“自然饱和度”效果

图 9-56　“自动色阶”效果

- 自动对比度：可以调整整体对比度和颜色混合效果。此效果可以先将图像中最亮和最暗的像素映射为白色和黑色，然后重新分配中间的像素，结果高光看起来更亮，阴影看起来更暗，效果如图 9-57 所示。
- 自动颜色：在分析图像的阴影、中间调和高光后，此效果可以调整图像的对比度和颜色，效果如图 9-58 所示。

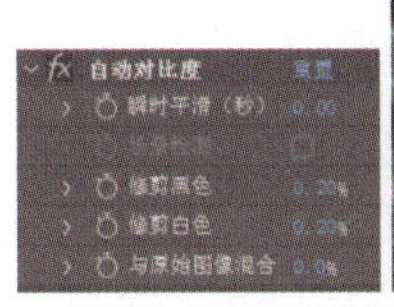

图 9-57　“自动对比度”效果

图 9-58　“自动颜色”效果

- 视频限幅器：在项目工作空间中将视频信号剪辑到合法范围内，如图 9-59 所示。
- 颜色稳定器：可以对单个参考帧的颜色值采样，也可以对一点、两点或三点基准帧的颜色值采样；可以调整其他帧的颜色，使其颜色值在图层持续时间内保持不变；可以移除素材中的闪烁，以及均衡素材的曝光和因改变照明情况引起的色移。

- 颜色平衡：可以更改图像阴影、中间调和高光中的红色、绿色和蓝色数值，效果如图 9-60 所示。

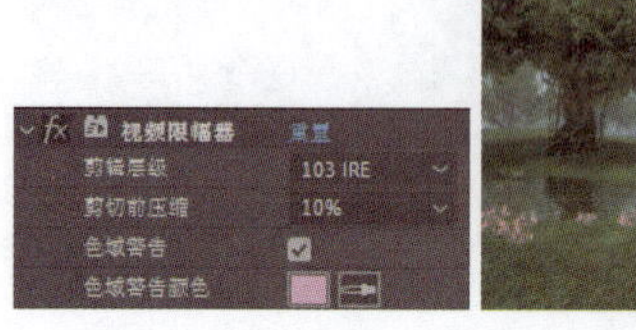

图 9-59 “视频限幅器”效果

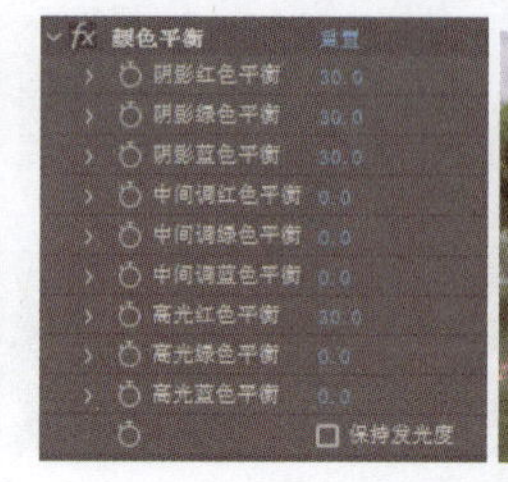

图 9-60 “颜色平衡”效果

- 颜色平衡（HLS）：可以改变图像的色相、亮度和饱和度，效果如图 9-61 所示。
- 颜色链接：可以使用一个图层的平均像素值为另一个图层着色，效果如图 9-62 所示。

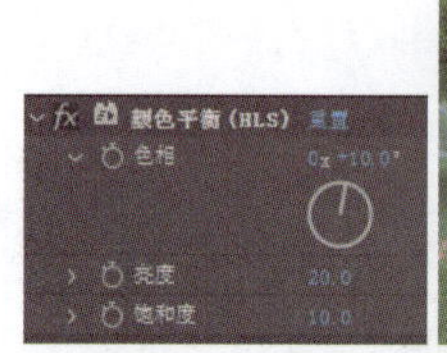

图 9-61 “颜色平衡（HLS）”效果

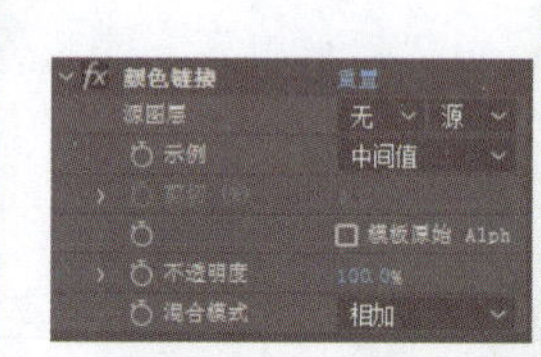

图 9-62 “颜色链接”效果

- 黑色和白色：可以将彩色转换为灰度，以便控制如何转换单独的颜色，效果如图 9-63 所示。

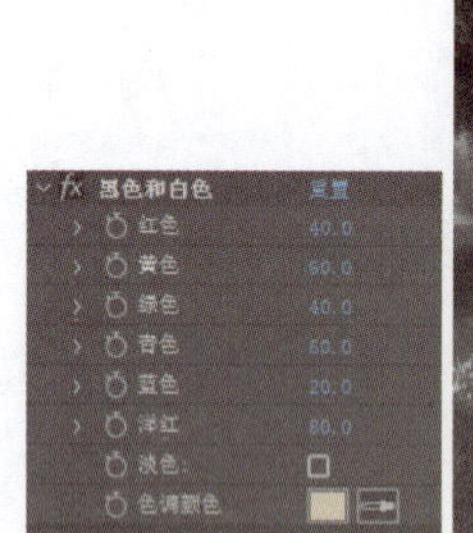

图 9-63 “黑色和白色”效果

案例——花朵变色

01 在菜单栏中选择“文件”→“导入”→“文件”命令（组合键：Ctrl+I），打开“导入文件”对话框，选择“花朵.jpg”文件，勾选“创建合成”复选框，单击“导入”按钮，导入素材并创建合成，如图 9-64 所示。

图 9-64 导入“花朵.jpg”文件

02 在菜单栏中选择“效果”→“颜色校正”→“颜色平衡”命令，在“效果控件”面板中添加“颜色平衡”属性，设置“阴影绿色平衡”为“33”、“阴影蓝色平衡”为“40”，效果如图 9-65 所示。

图 9-65 “颜色平衡”属性及其效果

03 在菜单栏中选择“效果”→“颜色校正”→“亮度和对比度”命令，在“效果控件”面板中添加“亮度和对比度”属性，设置“亮度”为“12”、“对比度”为“60”，其他参数采用默认设置，效果如图 9-66 所示。

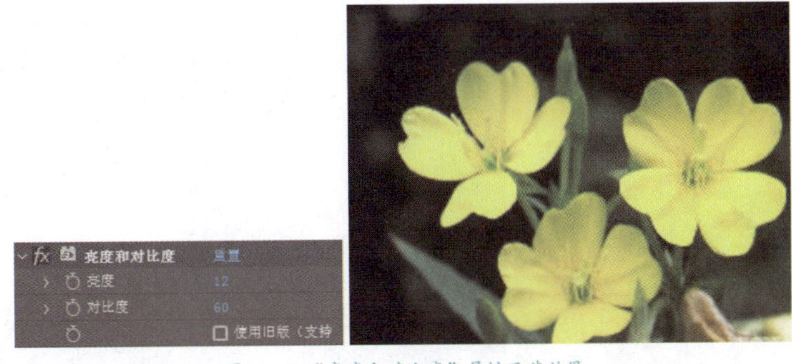

图 9-66 “亮度和对比度”属性及其效果

04 在菜单栏中选择“效果”→“颜色校正”→“Lumetri 颜色”命令，在“效果控件”面板中添加“Lumetri 颜色”属性，设置“黑色”为“-90”，调整“曲线”节点下“RGB 曲线”中的白色曲线，其他参数采用默认设置，效果如图 9-67 所示。

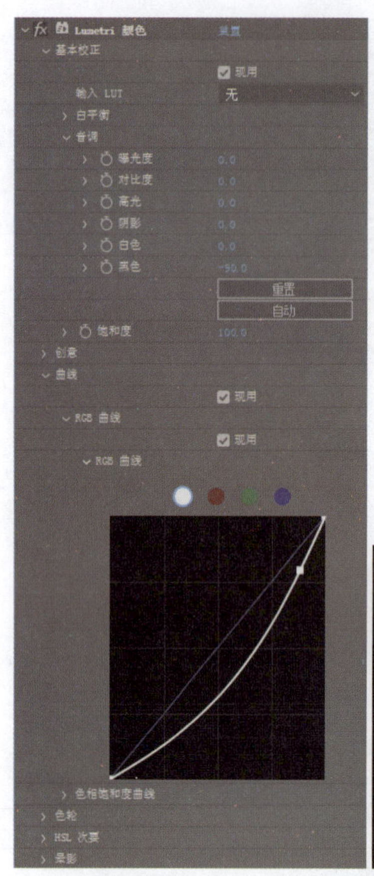

图 9-67 “Lumetri 颜色”属性及其效果

05 在菜单栏中选择“效果”→“颜色校正”→“更改颜色”命令，在“效果控件”面板中添加“更改颜色”属性，单击“要更改的颜色”右侧的 按钮，拾取图像中花瓣的颜色，设置“色相变换”为“-390”、“匹配容差”为“45%”、“匹配柔和度”为“100%”，其他参数采用默认设置，效果如图 9-68 所示。

图 9-68 “更改颜色”属性及其效果

06 在菜单栏中选择“文件”→“保存”命令（组合键：Ctrl+S），打开“另存为”对话框，设置保存路径，输入文件名“花朵变色”，单击“保存”按钮，保存项目。

案例——火花动画

01 选择“合成”→“新建合成”命令（组合键：Ctrl+N），或者单击“合成”面板中的“新建合成”按钮，或者在“项目”面板中单击“新建合成”按钮，打开“合成设置”对话框，输入合成名称为“火花动画”，设置“宽度”为“1920 像素”、“高度”为“1080 像素”，勾选“锁定长宽比为 16∶9”复选框，设置“像素长宽比”为“方形像素”、“帧速率”为“24”、“持续时间”为“15 秒”，其他采用默认设置，单击“确定”按钮，创建合成。

02 在菜单栏中单击“图层”→“新建”→“纯色”命令（组合键：Ctrl+Y），打开“纯色设置”对话框，输入名称为“背景”，设置“颜色”为白色，其他采用默认设置，单击“确定”按钮，创建纯色图层。

03 选中“背景”图层，在菜单栏中选择“效果”→“生成”→“四色渐变”命令，在“效果控件”面板中添加“四色渐变”效果，分别设置点的颜色和位置，效果如图 9-69 所示。

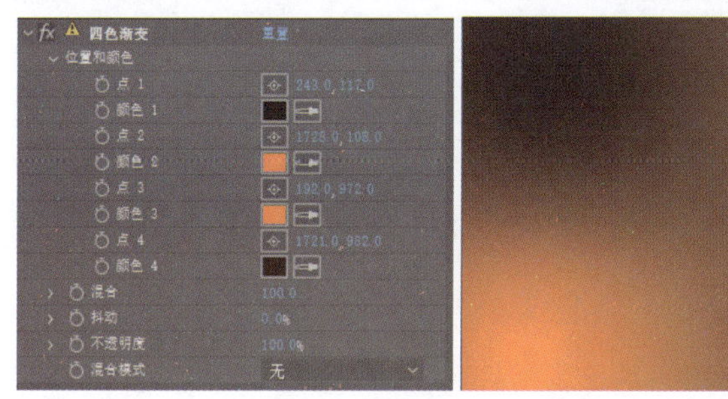

图 9-69　添加“四色渐变”效果

04 在菜单栏中选择“图层”→“新建”→“纯色”命令（组合键：Ctrl+Y），打开“纯色设置”对话框，输入名称为“杂色”，设置“颜色”为白色，其他采用默认设置，单击“确定”按钮，创建纯色图层。

05 选中“杂色”图层，在菜单栏中选择“效果”→“杂色和颗粒”→“分形杂色”命令，在“效果控件”面板中添加“分形杂色”效果，设置“分形类型”为“动态渐进”、“杂色类型”为“柔和线性”、“对比度”为“300”、“亮度”为“-40”、“溢出”为“柔和固定”、“缩放”为 550，将时间线放置在 0s 处，单击“演化”前的“时间变换秒表”图标，添加第一个关键帧，将时间线放置在 15s 处，更改“演化”为“1x+0.0°”，添加第二个关键帧，最后在图层中更改“不透明度”为“50%”，效果如图 9-70 所示。在“时间轴”面板中设置“模式”为“颜色减淡”。

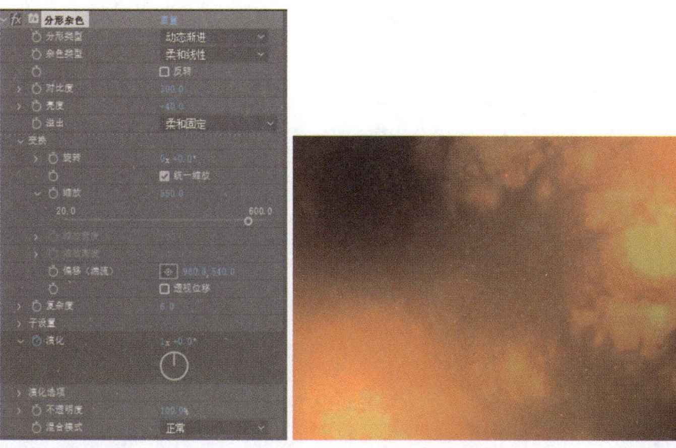

图 9-70　添加“分形杂色”效果

06 在菜单栏中选择“图层”→“新建”→“纯色”命令（组合键：Ctrl+Y），打开“纯色设置”对话框，输入名称为“粒子”，设置“颜色”为白色，其他采用默认设置，单击“确定”按钮，创建纯色图层。

07 选中“粒子”图层，在菜单栏中选择“效果”→“模拟”→“CC Particle World”命令，或者直接在“效果和预设”面板中搜索“CC Particle World”，将其拖曳到“粒子”图层上，此时在“效果控件”面板中添加了“CC Particle World”效果，在“Physics”栏中设置“Animation”为“Cone Axis”、“Velocity”为“1.5”、“Gravity”为“-0.8”、“Resistance”为“50”、“Extra”为“0.5”，在“Particle”栏中设置“Particle Type”为“Lens Fade”、“Birth Size”为“0”、“Death Size”为“0.09”、“Size Variation”为“100%”，在“Producer”栏中设置“Radius X”为“0.525”、“Radius Y”为“0.635”、“Radius Z”为“2.585”，其他采用默认设置，效果如图 9-71 所示。在“时间轴”面板中设置模式为“经典颜色减淡”。

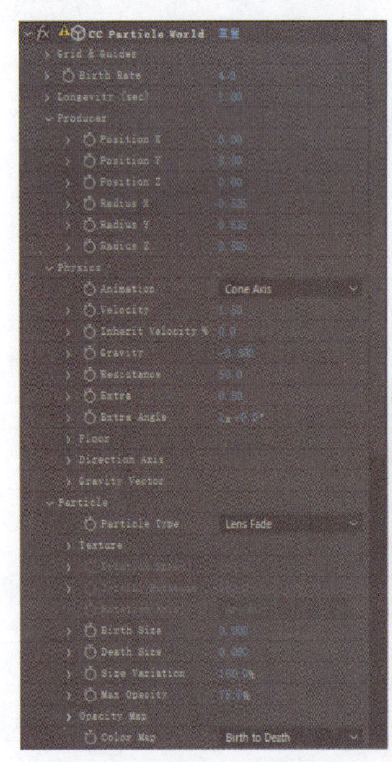

图 9-71 “粒子”效果

08 选中“粒子”图层，在菜单栏中选择“效果”→“风格化”→“发光”命令，在“效果控件”面板中添加“发光”效果，设置“发光阈值”为“49%”、“发光半径”为“64”、“发光强度”为“1.4”，其他采用默认设置，效果如图 9-72 所示。

图 9-72 “发光”效果

09 选中“粒子”图层，按组合键 Ctrl+C，再按组合键 Ctrl+V，复制得到一个新图层，并重命名为“粒子 2”，在“效果控件”面板的“CC Particle World”效果中更改“Position Z”以及其他参数，效果如图 9-73 所示。

图 9-73　调整“粒子 2”效果

10 选择“文件”→“导入”→“文件”命令（组合键：Ctrl+I），打开“导入文件”对话框，选择“背景.jpg”文件，取消勾选“创建合成”复选框，单击“导入”按钮，导入素材，将其拖入“时间轴”面板中，直接拖动图片的角点，使其布满整个画面，也可以更改“缩放”为“295%”，如图 9-74 所示。

图 9-74　导入背景

11 选择“背景.jpg”图层，在菜单栏中选择“效果”→“颜色校正”→“曲线”命令，在“效果控件”面板中添加“曲线”效果，在“通道”下拉列表中选择“RGB”，并调整曲线，如图 9-75 所示。

图 9-75　调整曲线

12 选中“背景.jpg”图层，在菜单栏中选择“效果”→“模糊和锐化”→“高斯模糊”命令，在“效果控件”面板中添加“高斯模糊”效果，设置“模糊度”为“5”，效果如图 9-76 所示。

图 9-76 “高斯模糊”效果

13 将“背景.jpg”图层拖动到最下方，关闭“背景.jpg”图层，效果如图 9-77 所示。

图 9-77 最终效果

项目总结

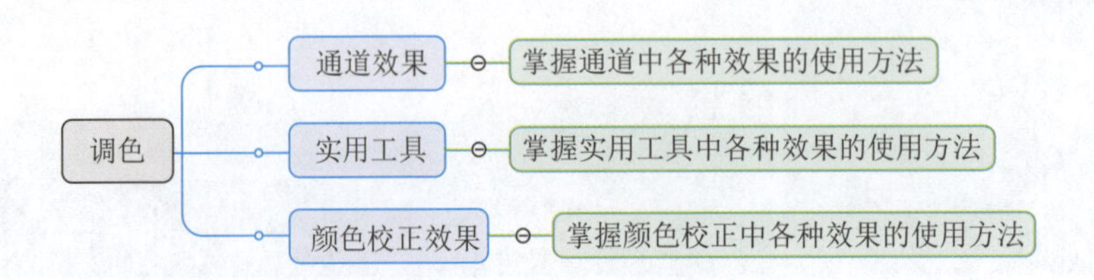

项目实战

实战一　冬日雪景

01 导入一幅夏日风景图片，如图 9-78 所示。

02 在菜单栏中选择“效果”→“颜色校正”→“更改为颜色”命令，在“效果控件”面板中添加“更改为颜色”属性，单击“自”选项右侧的吸管工具，拾取素材中的绿色，设置“至”为白色、“更改”为“色相、亮度和饱和度”、“更改方式”为“变换为颜色”、“色相”为“36.0%”，其他参数采用默认设置，效果如图 9-79 所示。

图 9-78　导入素材

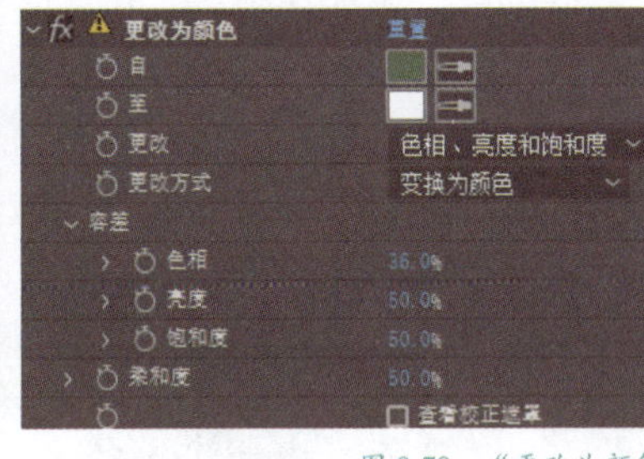

图 9-79　“更改为颜色”属性及其效果

03 继续添加“更改为颜色”效果，拾取素材中的颜色，并且设置“至”为白色，调整参数，最终效果如图 9-80 所示。

图 9-80　雪景最终效果

实战二　季节变换

01 导入一幅风景图片，如图 9-81 所示。

02 在菜单栏中选择“效果”→“颜色校正”→“曲线”命令，在“效果控件”面板中添加“曲线”属性，在曲线上直接单击，拖动控制点调整色调区域，向上或向下拖动控制点，可以使要调整的色调区域变亮或变暗；向左或向右拖动控制点，可以增大或减小对比度，效果如图 9-82 所示。

图 9-81 导入素材

图 9-82 “曲线”属性及其效果

03 设置“通道”为“红色”，在曲线上添加控制点，并且拖动鼠标调整曲线的形状，如图 9-83 所示。

图 9-83 添加“红色”通道曲线

04 设置“通道”为“绿色”，在曲线上添加控制点，并且拖动鼠标调整曲线的形状，如图 9-84 所示。

图 9-84 添加“绿色”通道曲线

05 设置“通道”为“蓝色”，在曲线上添加控制点，并且拖动鼠标调整曲线的形状，如图 9-85 所示。

图 9-85　添加“蓝色”通道曲线

06 在菜单栏中选择“效果”→“颜色校正”→“可选颜色”命令，在“效果控件”面板中添加“可选颜色”属性，设置“方法”为“相对”、“颜色”为“红色”、“青色”为“-50.0%”、“洋红色”和“黄色”为“20.0%”，效果如图 9-86 所示。

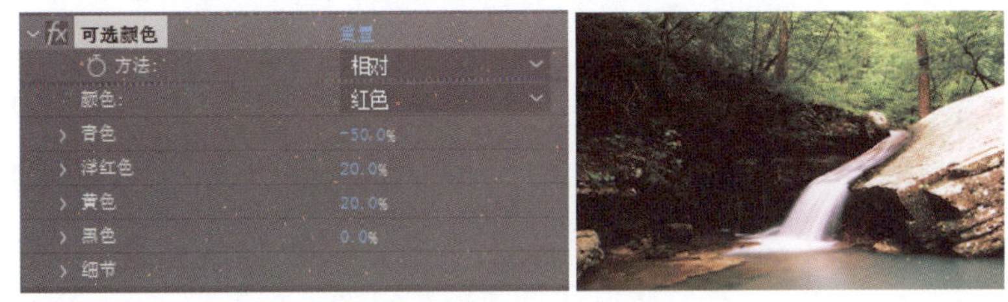

图 9-86　“可选颜色”属性及其效果（一）

07 设置“颜色”为“黄色”、“青色”为“-70.0%”、“洋红色”为“30.0%”、“黄色”为“-20.0%”、“黑色”为“10.0%”，效果如图 9-87 所示。

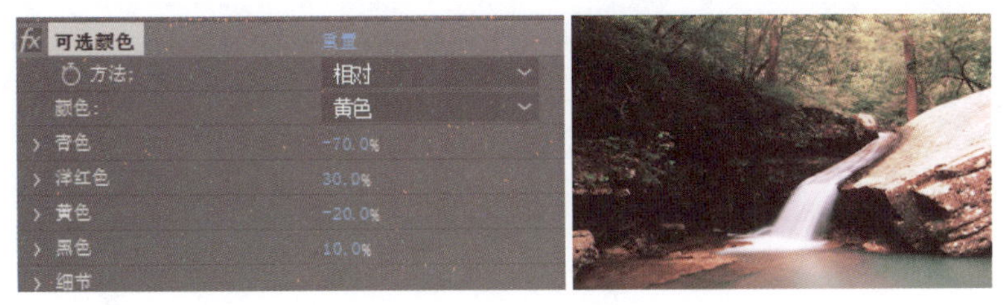

图 9-87　“可选颜色”属性及其效果（二）

08 设置“颜色”为“绿色”、“青色”为“-50.0%”、“洋红色”为“50.0%”、“黄色”为“-60.0%”、“黑色”为“20.0%”，效果如图 9-88 所示。

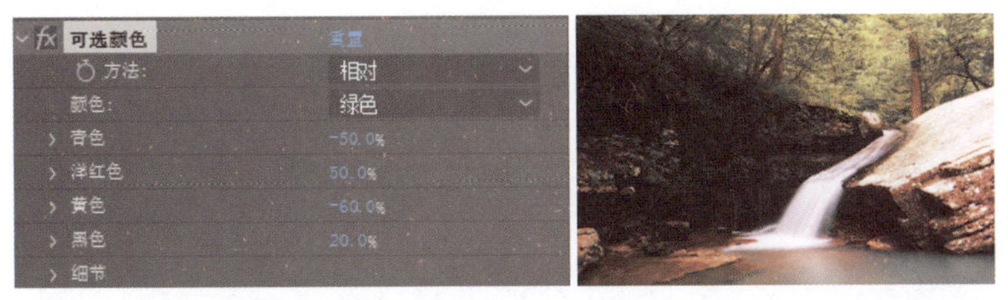

图 9-88　“可选颜色”属性及其效果（三）

09 在菜单栏中选择“效果”→“颜色校正”→“色阶”命令，在“效果控件”面板中添加“色阶”属性，设置“通道”为“RGB”，调整直方图，设置“输入黑色”为“-60.0”、“输入白色”为“200.0”，效果如图 9-89 所示。

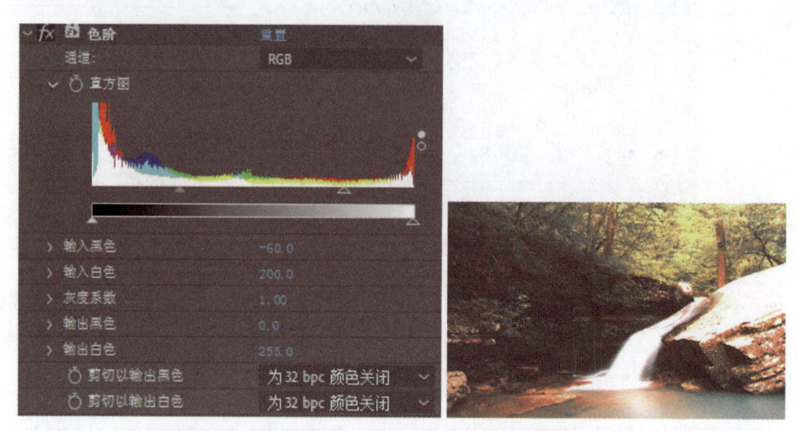

图 9-89 “色阶”属性及其效果

提示

直方图是图像中每个明亮度值的像素数量表示形式。每个明亮度值都不为零的直方图表示利用完整色调范围的图像。没有使用完整色调范围的直方图对应的是缺少对比度的昏暗图像。

10 在菜单栏中选择“文件”→“保存”命令（组合键：Ctrl+S），打开“另存为”对话框，设置保存路径，输入文件名“季节变换”，单击“保存”按钮，保存项目。

项目十 跟踪与稳定

思政目标

- 培养读者对After Effects创作的热情，坚守道德底线，树立和增强思想修养意识。
- 了解任何时候After Effects创作都是一把“双刃剑”，关键在于其应用在哪个领域和掌握在什么人的手里。

技能目标

- 能够使用动态跟踪器工具进行运动跟踪。
- 能够使用变形稳定器工具改善视频画面抖动问题。

项目导读

使用变形稳定器稳定画面。通过运动跟踪可以跟踪对象的运动，将该运动的跟踪数据应用于另一个对象（例如，另一个图层或效果控制点），从而创建图像和效果跟随运动的合成。

任务一　跟踪

任务引入

小白带着爸爸、妈妈去旅游，拍了很多有趣的视频。小白想把这些视频上传到网上，遭到爸爸、妈妈的拒绝，他们认为不安全，要求小白把他们的脸部和贵重物品进行遮挡。那么在After Effects中如何运用跟踪运动对物品进行遮挡或替换呢？

知识准备

一、蒙版跟踪

蒙版跟踪器可变换蒙版，使其跟随影片中对象的动作。一般先创建和使用蒙版，从最终输出中隐藏剪辑、选择图像或视频中的一部分来应用效果，或者组合来自不同序列的剪辑。

（1）选取蒙版，在菜单栏中选择“动画”→“跟踪蒙版”命令，打开如图10-1所示的“跟踪器”面板，在“方法”下拉列表中可以设置跟踪蒙版的方法。

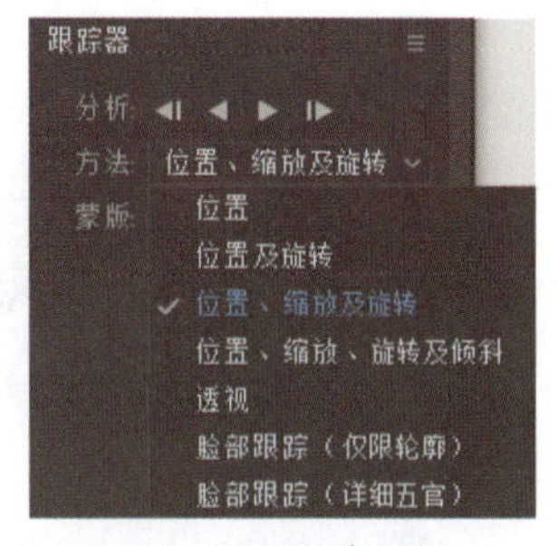

图10-1　设置跟踪蒙版的方法

- 位置：选择此方法，跟踪目标并生成位置对应的关键帧。
- 位置及旋转：选择此方法，跟踪目标并生成位置及旋转对应的关键帧。
- 位置、缩放及旋转：选择此方法，跟踪目标并生成位置、缩放及旋转对应的关键帧。
- 位置、缩放、旋转及倾斜：选择此方法，跟踪目标并生成位置、缩放、旋转及倾斜对应的关键帧。
- 透视：选择此方法进行跟踪时，After Effects 会对图层应用可实现边角定位效果的关键帧，以便根据需要缩放和倾斜目标图层，从而适合由特性区域定义的四边区域。
- 脸部跟踪（仅限轮廓）：选择此方法，跟踪的只是脸部轮廓。
- 脸部跟踪（详细五官）：选择此方法，可以检测到眼睛（包括眉毛和瞳孔）、鼻子和嘴巴的位置，并选择提取各种特征的测量值。

在使用蒙版跟踪时要注意以下事项：

- 为了进行有效跟踪，跟踪对象必须在整个影片中保持同样的形状，而跟踪对象的位置、比例和视角都可更改。
- 在开始跟踪操作之前可先选择多个蒙版，然后将关键帧添加到每个选定蒙版的“蒙版路径”属性中。
- 所跟踪的图层必须是跟踪遮罩、调整图层或其源可包含运动的图层，包括基于视频素材和预合成的图层，但不是纯色图层或静止图像。

（2）选择方法后，单击“向前跟踪所选蒙版”按钮▶，开始分析所有帧。

（3）完成分析后，跟踪数据将在“人脸跟踪点”效果中显示。

案例——对人脸打马赛克

利用脸部跟踪技术可以跟踪人脸上的特定点，例如瞳孔、嘴和鼻子，从而更精细地隔离和处理这些脸部特征。

01 在菜单栏中选择“文件”→“导入”→“文件”命令（组合键：Ctrl+I），打开“导入文件”对话框，选择“人脸跟踪.avi”文件，勾选“创建合成”复选框，单击“导入”按钮，导入素材并创建合成，如图 10-2 所示。

02 选中“人脸跟踪.avi”图层，单击工具栏的形状工具组中的“钢笔工具”按钮，沿着人物脸部绘制蒙版路径，系统默认“蒙版模式”为“相加”，如图 10-3 所示。

图 10-2　导入素材

图 10-3　绘制蒙版路径

03 右击蒙版图层，在弹出的快捷菜单中选择“跟踪蒙版”命令，如图 10-4 所示。

04 在“跟踪器”面板的“方法”下拉列表中选择“脸部跟踪（详细五官）”选项，如图10-5所示。

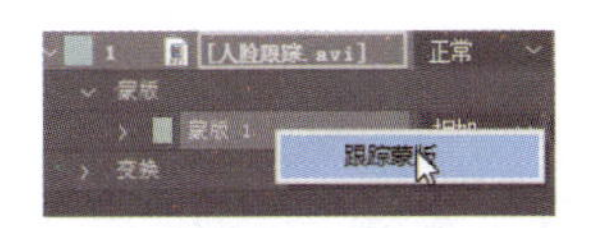

图 10-4　选择“跟踪蒙版”命令

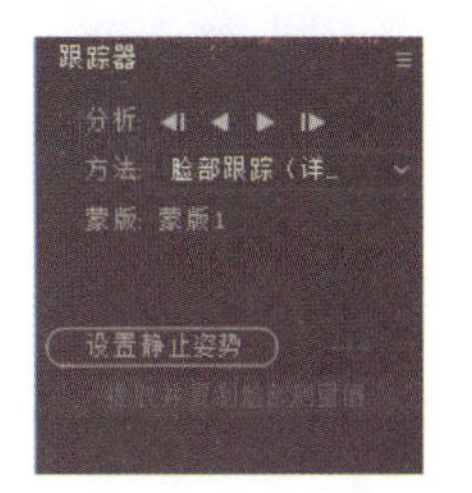

图 10-5　“跟踪器”面板

提示

在菜单栏中选择“窗口”→“跟踪器”命令，打开“跟踪器”面板，并且将其拖动到适当位置。

05 单击“向前跟踪所选蒙版”按钮▶，开始分析所有帧。在完成分析后，即可在合成中使用人脸跟踪数据，并在“时间轴”面板中创建对应的关键帧，如图10-6所示。

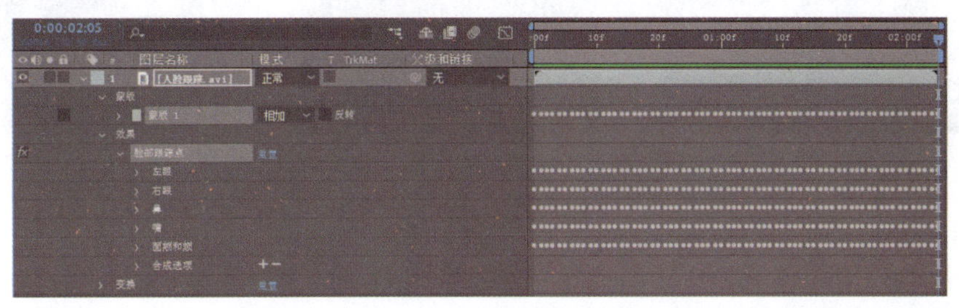

图 10-6　创建关键帧

06 分析完成后，会在“效果控件”面板中增加“脸部跟踪点”控件，可以根据需要调整脸部各跟踪点的位置。

07 选中“人脸跟踪.avi”图层，按组合键Ctrl+C，再按组合键Ctrl+V，将其复制到图层的下方，创建“人脸跟踪.avi”图层2，删除蒙版及其效果，如图10-7所示。

图层名称	模式	TrkMat
1 [人脸跟踪.avi]	正常	
蒙版		
效果		
变换	重置	
2 [人脸跟踪.avi]	正常	无
变换	重置	

图 10-7　复制图层

08 选中“人脸跟踪.avi”图层 1，在菜单栏中选择“效果”→“风格化”→“马赛克”命令，在“效果控件”面板中添加“马赛克”属性，设置“水平块”和“垂直块”为“40”，其他参数采用默认设置，效果如图 10-8 所示。

09 将时间线拖曳到起始帧处，单击“预览”面板中的“播放”按钮▶，查看动画效果，如图 10-9 所示。

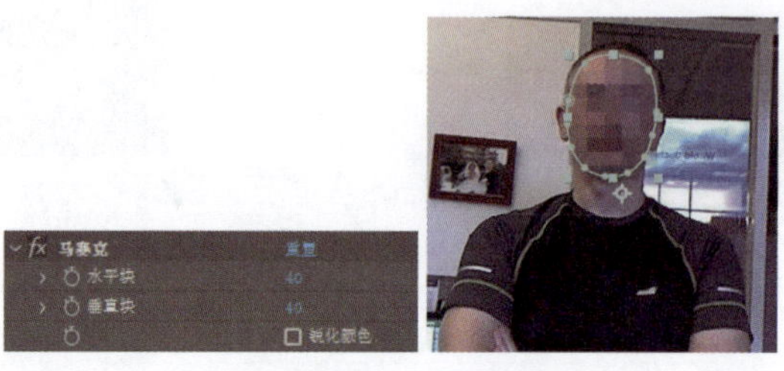

图 10-8　“马赛克”属性及其效果

10f

1s

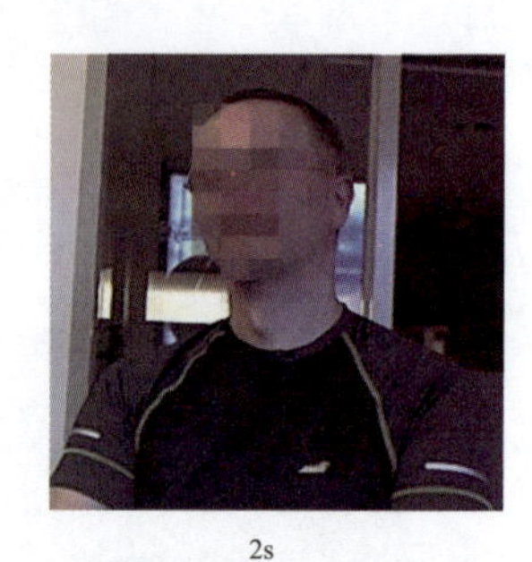

2s

图 10-9　动画效果

10 在菜单栏中选择“文件”→“保存”命令（组合键：Ctrl+S），打开“另存为”对话框，设置保存路径，输入文件名“对人脸打马赛克”，单击“保存”按钮，保存项目。

二、跟踪运动

选中图层，在菜单栏中选择“动画”→“跟踪运动”命令，或者在“跟踪器”面板中单击“跟踪运动”按钮，设置跟踪参数，如图 10-10 所示。

- 运动源：包含要跟踪的运动图层。
- 当前跟踪：活动跟踪器。
- 跟踪类型：要使用的跟踪模式。变换跟踪位置、旋转、缩放以应用于另一个图层。当跟踪位置时，此模式会在被跟踪图层上创建一个跟踪点并为目标设置“位置”关键帧；当跟踪旋转时，此模式会在被跟踪图层上创建两个跟踪点并为目标设置“旋转”关键帧；当跟踪缩放时，此模式会在被跟踪图层上创建两个跟踪点并为目标生成“缩放”关键帧。
- 运动目标：应用跟踪数据的图层或效果控制点。After Effects 会向目标添加属性和关键帧，用于移动或稳定目标。
- 选项：单击“选项”按钮，打开“动态跟踪器选项”对话框，对跟踪器进行设置，如图 10-11 所示。

  ➢ 轨道名称：跟踪器的名称。

➢ 跟踪器增效工具：用于对该跟踪器执行跟踪运动的增效工具。
➢ 通道：在搜索特性区域的匹配项时，比较图像数据的组件。如果被跟踪的特性是一种与众不同的颜色，则选择“RGB”选项；如果被跟踪的特性具有与周围的图像不同的亮度（例如，在房间内燃烧的蜡烛），则选择“明亮度”选项；如果被跟踪的特性具有一种高浓度的颜色且周围是同一种颜色的各种变体（例如，与砖墙相对的亮红色围巾），则选择“饱和度”选项。

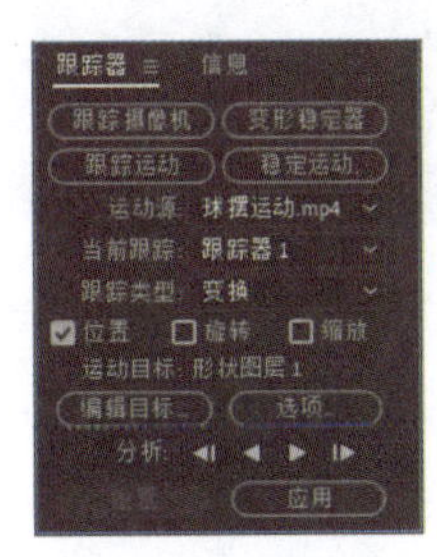

图 10-10　设置跟踪参数

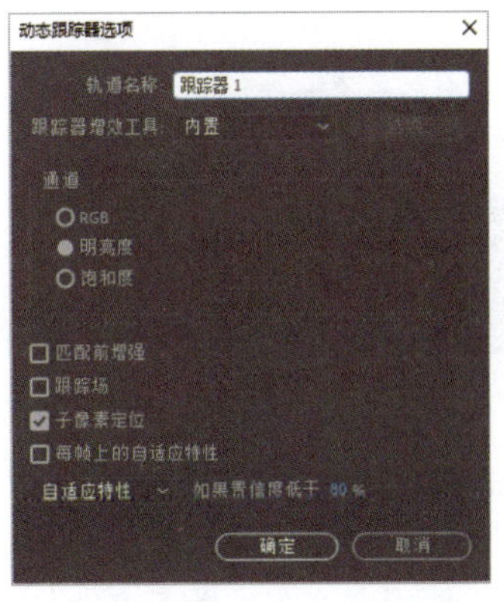

图 10-11　“动态跟踪器选项”对话框

➢ 匹配前增强：暂时模糊或锐化图像以改善跟踪效果。
➢ 跟踪场：临时使合成的帧速率加倍并将每个场插入完整的帧中，用于跟踪隔行视频的两个场中的运动。
➢ 子像素定位：在选择该选项后，会根据一小部分像素的精确度生成关键帧。
➢ 每帧上的自适应特性：使 After Effects 适应每个帧的跟踪特性。在每个搜索区域内搜索的图像数据是前一个帧中的特性区域内的图像数据，而不是在分析开始时特性区域内的图像数据。

- 分析：开始对源素材中的跟踪点进行帧到帧的分析。
  ➢ 向后分析一个帧：通过返回到上一帧分析当前帧。
  ➢ 向后分析：从当前时间指示器向后分析到已修剪图层持续时间的始端。
  ➢ 向前分析：从当前时间指示器分析到已修剪图层持续时间的末端。
  ➢ 向前分析一个帧：通过前进到下一帧分析当前帧。
- 重置：恢复特性区域、搜索区域，将点附加在其默认位置，并且删除当前所选跟踪中的跟踪数据。
- 应用：将跟踪数据（以关键帧的形式）发送到目标图层或效果控制点。

案例——行驶的汽车

通过在“图层”面板中设置跟踪点指定要跟踪的区域。After Effects 通过将来自某个帧中的选定区域内的图像数据与每个后续帧中的图像数据进行匹配跟踪运动，所以指定好这个区域（After Effects 称之为跟踪点）是实现精准跟踪的良好开端。

01 在菜单栏中选择“文件”→“导入”→“文件”命令（组合键：Ctrl+I），打开“导入文件”

对话框，选择“行驶的汽车.mp4”文件，勾选“创建合成”复选框，单击“导入”按钮，导入素材并创建合成，如图 10-12 所示。

02 双击“行驶的汽车.mp4”图层，在“图层”面板中打开视频，进行视频剪辑，如图 10-13 所示。在“放大率弹出式菜单”列表中选择“适合”选项，使影像画面放大。

图 10-12 导入素材

图 10-13 “图层”面板

03 在菜单栏中选择“图层”→“新建”→“形状图层”命令，创建“形状图层 1”图层。单击工具栏中的“星形工具”按钮，设置“填充”为“纯色”、“填充颜色”为红色、“描边”为“无”，在“合成”面板中汽车的后车窗处绘制一个五角星，如图 10-14 所示。

04 在菜单栏中选择“图层”→“变换”→“在图层内容中居中放置锚点”命令（组合键：Ctrl+Alt+Home），将图层的锚点设置在图层的中心，如图 10-15 所示。

图 10-14 绘制一个五角星

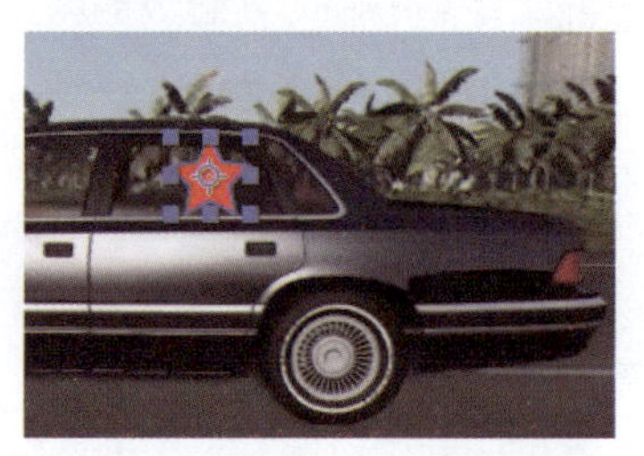

图 10-15 将图层的锚点设置在图层的中心

05 选中“行驶的汽车.mp4”图层，在菜单栏中选择“动画”→“跟踪运动”命令，或者在“跟踪器”面板中单击“跟踪运动”按钮，设置“运动源”为“行驶的汽车.mp4”、“当前跟踪”为“跟踪器 1”、“跟踪类型”为“变换”，勾选“位置”复选框，设置“运动目标”为“形状图层 1”，效果如图 10-16 所示。

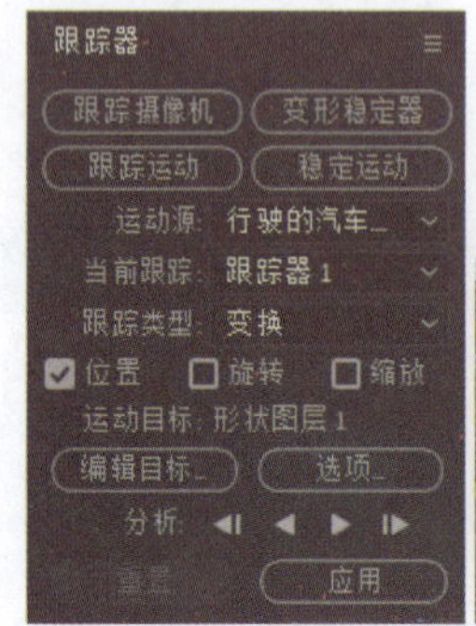

图 10-16 设置跟踪参数及其效果

06 在“图层”面板中将跟踪点 1 拖曳到后车窗上，如图 10-17 所示。

07 拖动搜索区域的角点放大搜索区域，使其完全框住汽车的后窗，拖动特性区域的角点，使其位于车窗内，如图 10-18 所示。

图 10-17　移动跟踪点

图 10-18　调整跟踪点

每个跟踪点都包含一个特性区域、一个搜索区域和一个附加点。一个跟踪点集就是一个跟踪器。

- 特性区域：主要用于定义图层中要跟踪的元素。特性区域应当围绕一个与众不同的可视元素，最好是现实世界中的一个对象。无论光照、背景和角度如何变化，After Effects 在整个跟踪持续期间都必须能够清晰地识别被跟踪特性。
- 搜索区域：主要用于定义 After Effects 为查找被跟踪特性而要搜索的区域。被跟踪特性只需要在搜索区域内与众不同，不需要在整个帧内与众不同。将搜索限制到较小的搜索区域，可以节省搜索时间，并且使搜索过程更轻松，但存在的风险是所跟踪的特性可能完全不在帧之间的搜索区域内。
- 附加点：主要用于指定目标的附加位置（图层或效果控制点），以便与跟踪图层中的运动特性进行同步。

08 单击“向前分析”按钮▶，开始分析所有帧，确保跟踪点始终位于汽车的后窗上，如果不在，那么按空格键停止分析，重新调整特性区域。

09 在分析完毕后，单击“应用”按钮，打开“动态跟踪器应用选项”对话框，设置“应用维度”为“X 和 Y”，如图 10-19 所示，单击“确定”按钮，即可将跟踪数据应用到 X 轴和 Y 轴。此时跟踪数据已被添加到“时间轴”面板中，如图 10-20 所示。

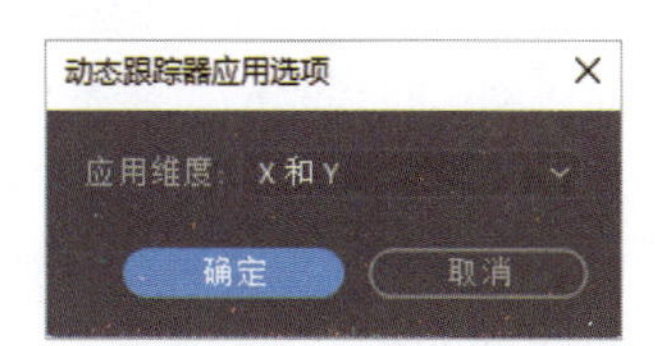

图 10-19　“动态跟踪器应用选项”对话框

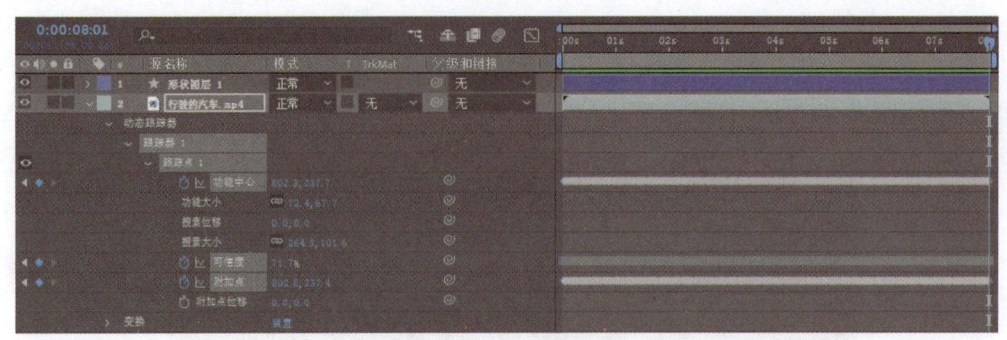

图 10-20 “时间轴”面板

10 将时间线拖曳到起始帧处，单击“预览”面板中的“播放”按钮▶，查看动画效果，如图 10-21 所示。

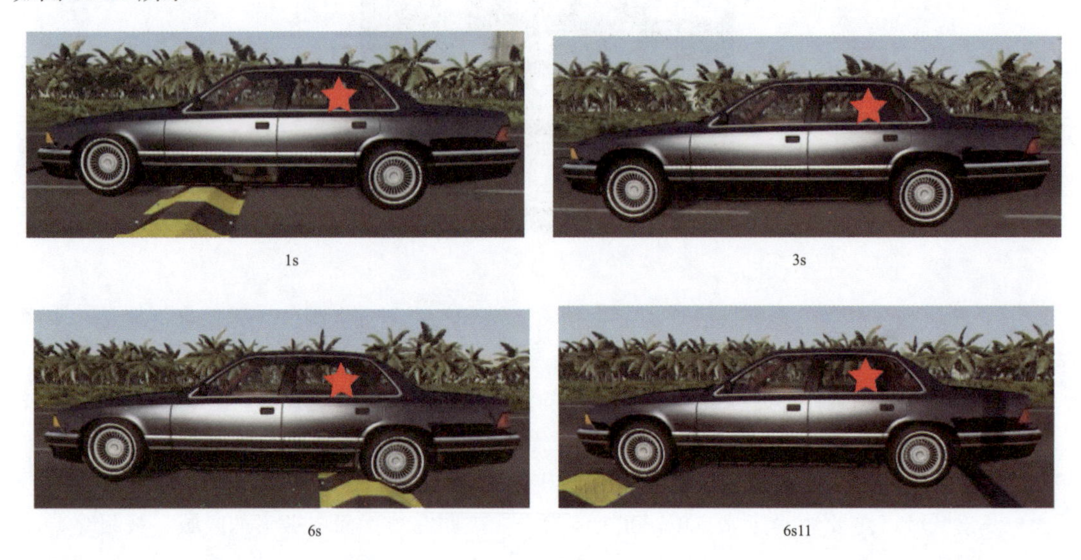

图 10-21 动画效果

11 在菜单栏中选择“文件”→“保存”命令（组合键：Ctrl+S），打开“另存为”对话框，设置保存路径，输入文件名“行驶的汽车”，单击“保存”按钮，保存项目。

任务二 变形稳定器

任务引入

小白已经对视频中人物的脸部进行了遮挡，但是在视频拍摄的过程中摄像机移动会造成视频画面抖动。那么应该如何消除画面抖动，将摇晃的手持素材转变为稳定、流畅的拍摄内容？

知识准备

选中图层，在菜单栏中选择“动画”→“变形稳定器 VFX”命令，或者在“跟踪器”面板中单击“变形稳定器”按钮，在“效果控件”面板中添加“变形稳定器”属性，如图 10-22 所示。

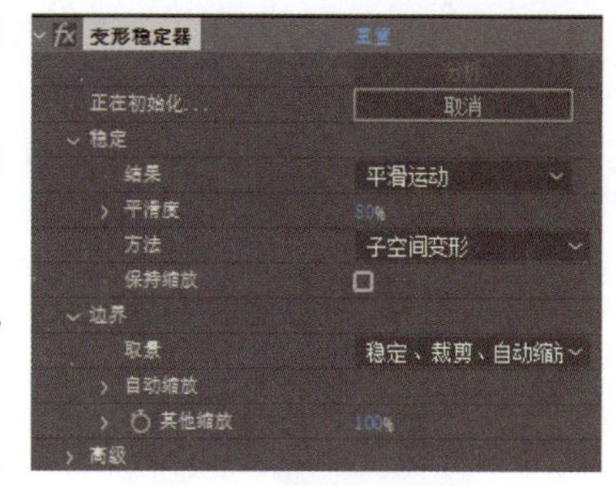

图 10-22　“变形稳定器”属性

- 结果：控制素材的预期结果，包括“平滑运动”选项和“无运动”选项。
  - ➢ 平滑运动（默认设置）：保留摄像机的原始运动，但使其更平滑。当选择该选项时会启用“平滑度”属性，使摄像机移动得更平滑。
  - ➢ 无运动：尝试从拍摄中消除所有摄像机运动。当素材中至少有主体的一个部分保留在要分析的整个范围的帧内时，可将此设置应用于素材中。
- 平滑度：选择对摄像机最初运动的稳定程度。如果该值较小，那么更接近于摄像机的原始运动；如果该值较大，那么摄像机的移动更加平滑。如果该值大于 100，则需要对图像进行裁剪。
- 方法：指定变形稳定器对素材执行的最复杂的稳定操作。
  - ➢ 位置：跟踪仅基于位置数据，这是稳定素材的基本方法。
  - ➢ 位置、缩放及旋转：稳定基于位置、缩放和旋转数据。
  - ➢ 透视：可以有效地对整个帧进行边角定位的一种稳定类型。
  - ➢ 子空间变形（默认设置）：尝试以不同的方式稳定帧的各个部分，从而稳定整个帧。
- 保持缩放：可以阻止变形稳定器通过缩放调整来调整向前和向后的摄像机运动。
- 取景：控制如何在稳定的结果中显示边缘。
  - ➢ 仅稳定：显示整个帧，包括移动的边缘。如果选择该选项，则会显示稳定图像需要完成的工作量。
  - ➢ 稳定、裁剪：裁剪移动的边缘且不缩放。使用“稳定、裁剪”效果等同于使用“稳定、裁剪、自动缩放”效果且将“最大缩放”设置为“100%”。
  - ➢ 稳定、裁剪、自动缩放（默认设置）：裁剪移动的边缘并放大图像，从而重新填充帧。
  - ➢ 稳定、人工合成边缘：使用在时间上靠前或靠后的帧中的内容填充由移动的边缘创建的空白空间。
- 自动缩放：显示当前的自动缩放量，并且允许对自动缩放量设置限制。
  - ➢ 最大缩放：限制为进行稳定而将剪辑放大的最大量。
  - ➢ 动作安全边距：当为非零值时，指定围绕在图像边缘的不希望其可见的边框。
- 其他缩放：其效果与在“变换”节点下使用“缩放”属性的效果相同，可以避免对图像进行额外的重新取样。

案例——稳定视频

01 在菜单栏中选择“文件”→“导入”→“文件”命令（组合键：Ctrl+I），打开“导入文件”对话框，选择“蝴蝶飞舞.mp4”文件，勾选“创建合成”复选框，单击“导入”按钮，导入素材并创建合成，如图 10-23 所示。

02 选中“蝴蝶飞舞.mp4”图层，在菜单栏中选择“动画”→“变形稳定器 VFX”命令，或者在“跟踪器”面板中单击“变形稳定器”按钮，在“效果控件”面板中添加“变形稳定器”属性，设置“结果”为“平滑运动”、“平滑度”为“50%”，其他参数采用默认设置，此时会在视频画面中显示一个蓝色条，并且提示在后台分析，如图 10-24 所示。

图 10-23　导入素材

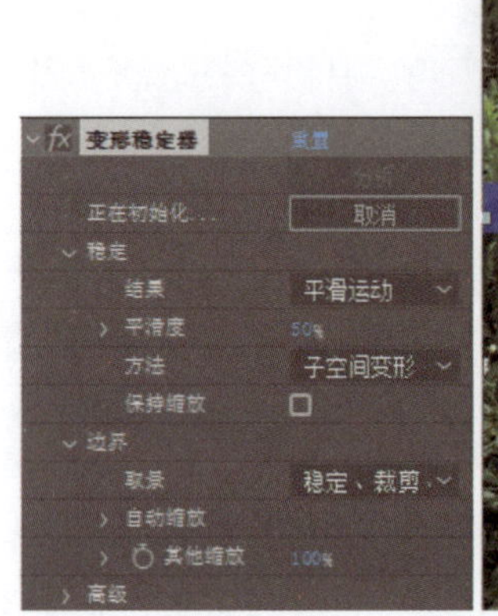

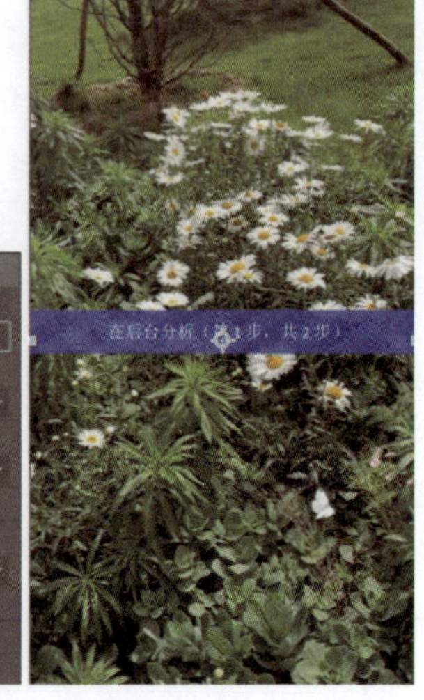

图 10-24　“变形稳定器”属性及其效果

03 在进行稳定处理时会显示一个橙色条，并且提示稳定，如图 10-25 所示。

04 在“变形稳定器”完成稳定处理后，橙色条从画面上消失。将时间线拖曳到起始帧处，单击“预览”面板中的“播放”按钮▶，查看视频效果。发现稳定后的视频画面仍然有晃动，但是要比之前平滑很多，而且视频尺寸变小，如图 10-26 所示。

图 10-25　稳定

图 10-26　变形稳定后

05 在“效果控件”面板中的“变形稳定器”节点下设置“方法”为“透视”、“取景”为“仅稳定”、“其他缩放”为“115%”，其他参数采用默认设置，“变形稳定器”重新进行稳定处理。单击“预览”面板中的“播放”按钮▶，查看视频效果。

06 在菜单栏中选择“文件”→“保存”命令（组合键：Ctrl+S），打开“另存为”对话框，设置保存路径，输入文件名“稳定视频”，单击“保存”按钮，保存项目。

项目总结

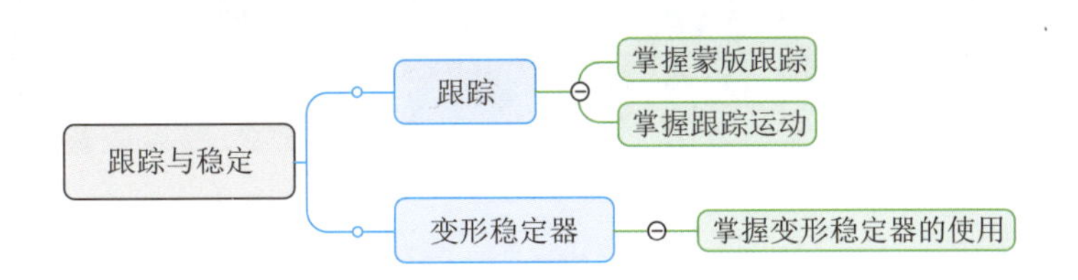

项目实战

实战一　人脸遮挡

01 导入“脸部跟踪.avi”文件，如图 10-27 所示。

02 选中“脸部跟踪.avi”图层，单击工具栏的形状工具组中的“钢笔工具”按钮，沿着人物脸部绘制蒙版路径，系统默认“蒙版模式”为“相加”，如图 10-28 所示。

图 10-27　导入素材

图 10-28　绘制蒙版路径

03 右击蒙版图层，在弹出的快捷菜单中选择“跟踪蒙版”命令，在“跟踪器”面板中“方法”下拉列表中选择“脸部跟踪（详细五官）”选项。

04 单击“向前跟踪所选蒙版”按钮，开始分析所有帧。

05 在完成分析后，即可在合成中使用人脸跟踪数据，如图 10-29 所示。

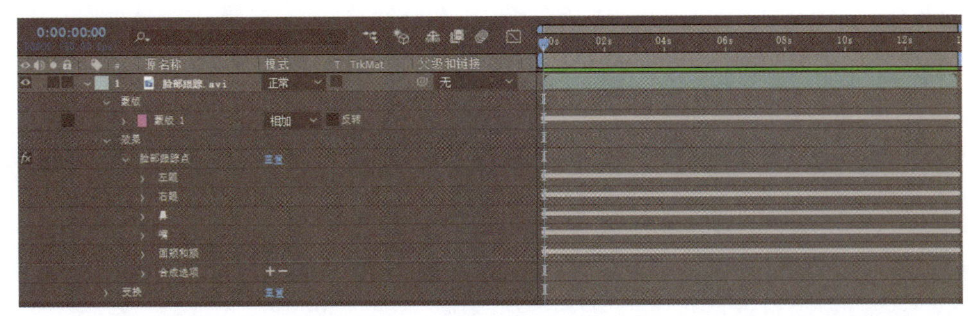
图 10-29　将人脸跟踪数据应用到合成中

06 选中“脸部跟踪.avi”图层，按组合键 Ctrl+C，再按组合键 Ctrl+V，将其复制到图层的下方，创建“脸部跟踪.avi”图层 2，删除蒙版及其效果，如图 10-30 所示。

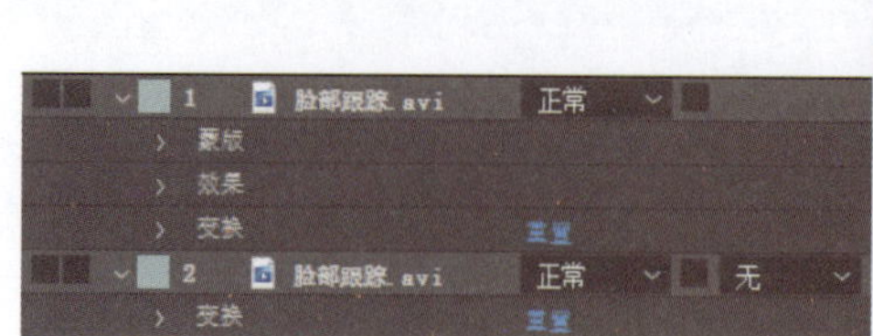

图 10-30　删除蒙版及其效果

07 选中“脸部跟踪.avi”图层 1，在菜单栏中选择“效果”→“风格化”→“马赛克”命令，在“效果控件”面板中添加“马赛克”属性，设置“水平块”和“垂直块”为“30”，其他参数采用默认设置，效果如图 10-31 所示。

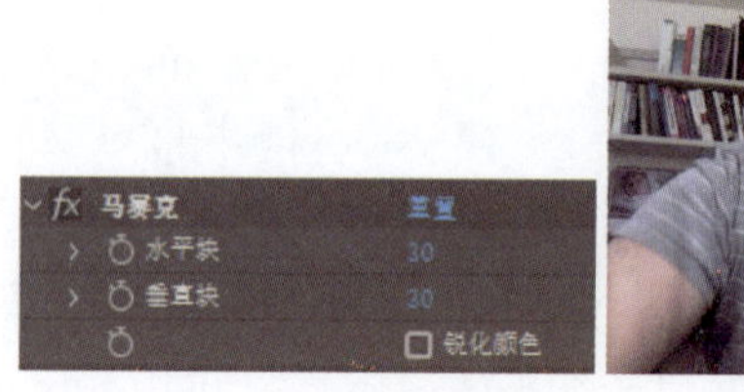

图 10-31　“马赛克”属性及其效果

08 将时间线拖曳到起始帧处，单击“预览”面板中的“播放”按钮▶，查看动画效果，如图 10-32 所示。

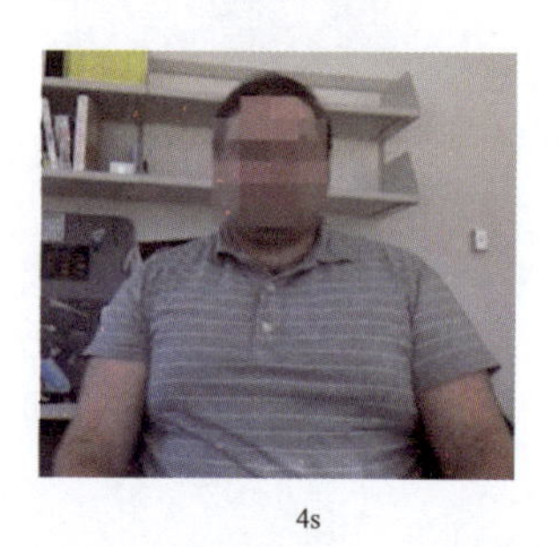

4s

8s

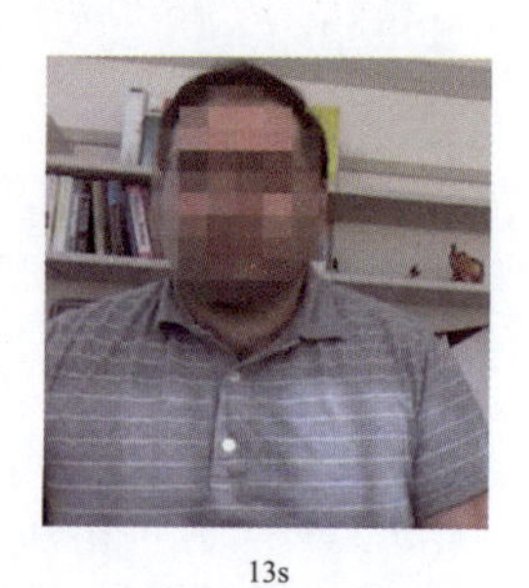

13s

图 10-32　动画效果

09 在菜单栏中选择“文件”→“保存”命令（组合键：Ctrl+S），打开“另存为”对话框，设置保存路径，输入文件名“人脸遮挡”，单击“保存”按钮，保存项目。

实战二　稳定画面

01 导入“花.mp4”文件，如图 10-33 所示。

02 选中“花.mp4”图层，在菜单栏中选择“动画”→“变形稳定器 VFX”命令，在“效果控件”面板中添加“变形稳定器”属性，设置“结果”为“平滑运动”、“平滑度”为“80%”，其他参数采用默认设置，此时会在视频画面中显示一个蓝色条，并且提示在后台分析，如图 10-34 所示。

图 10-33　导入素材

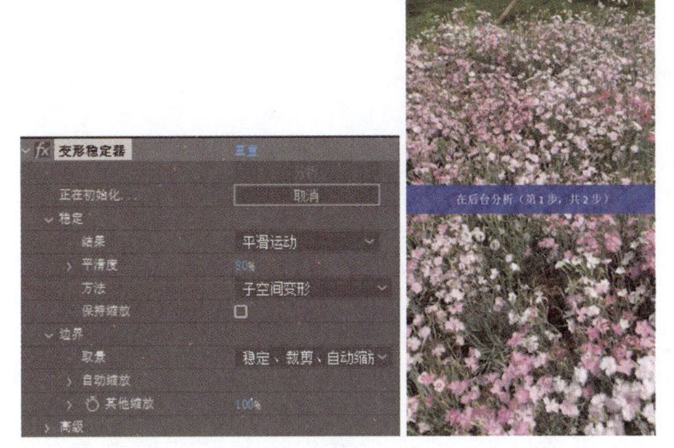

图 10-34　“变形稳定器”属性及其效果

03 在进行稳定处理时会显示一个橙色条，并且提示稳定，如图 10-35 所示。单击“预览”面板中的“播放”按钮▶，查看视频效果。

04 在菜单栏中选择“文件”→“保存”命令（组合键：Ctrl+S），打开“另存为”对话框，设置保存路径，输入文件名“稳定画面”，单击“保存”按钮，保存项目。

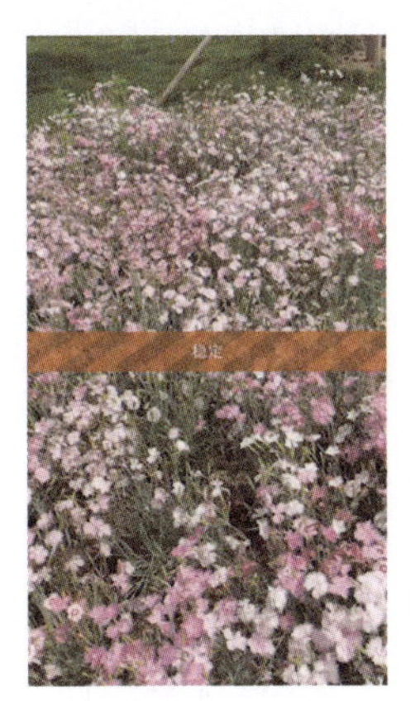

图 10-35　稳定

项目十一 渲染输出

思政目标

- 培养较强的职业道德和爱岗敬业的精神。
- 培养精益求精的工匠精神以及诚信、公正、客观的观念。

技能目标

- 能够将文件添加到队列。
- 能够使用渲染设置和输出模块设置的相关功能。
- 能够将文件输出为图片以及 AVI、MOV 等格式视频。

项目导读

在 After Effects 中创作好作品后，如果要预览画面，或者将创建的作品与他人分享，那么需要将合成的画面渲染出来，输出为影片。本项目介绍将 After Effects 项目渲染为不同格式的图片或视频并输出的操作方法。

任务一 渲染队列

任务引入

经过不懈的学习和努力，小白终于完成了视频作品的制作。他将做好的成品项目文件发给导演，看是否满足导演的要求，但是导演的计算机中没有安装 After Effects 软件，无法打开项目文件进行观看。那么怎样将项目文件输出为视频文件，以便在不同平台发布、观看呢？

知识准备

After Effects 主要使用“渲染队列”面板渲染和导出影片。

在将合成放入“渲染队列”面板后，它会变成渲染项。可以将多个渲染项添加到“渲染队列”面板中，After Effects 可以在无人参与的情况下成批渲染多个项目。

打开要渲染的项目文件，选中合成文件，在菜单栏中选择“合成”→“添加到渲染队列”命令（组合键：Ctrl+M），或者在菜单栏中选择“文件”→“导出”→“添加到渲染队列”命令，或者直接将合成文件拖入“渲染队列”面板，如图 11-1 所示。

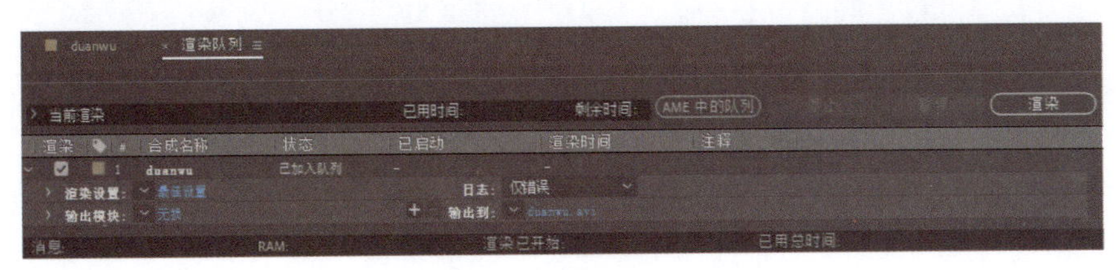

图 11-1　“渲染队列”面板

- 当前渲染：显示当前渲染的相关信息。
- 已用时间：显示当前渲染已经花费的时间。
- 剩余时间：显示当前渲染还需要花费的时间。
- AME 中的队列：将已添加到“渲染队列”面板中的项目添加到 Adobe Media Encoder 队列中。
- 停止：在渲染时单击此按钮，可以停止渲染。
- 暂停：在渲染时单击此按钮，可以暂停渲染，单击“继续”按钮可以继续渲染。
- 渲染：单击此按钮，开始进行渲染，面板中会显示渲染进度及时间，如图 11-2 所示。

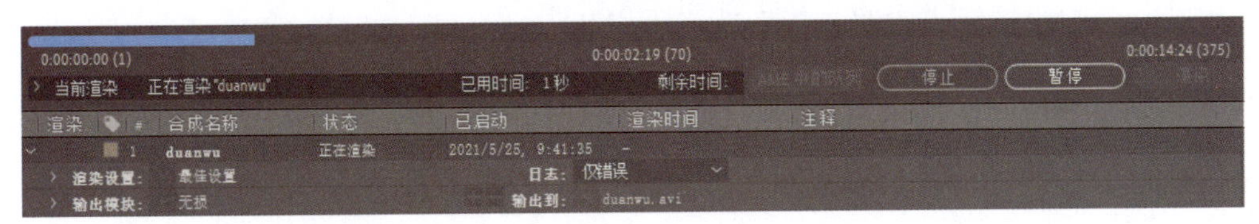

图 11-2　渲染中

- 状态：每个渲染项都有状态，它出现在“渲染队列”面板的“状态”列中。
  - ➢ 未加入队列：渲染项在“渲染队列”面板中列出，但没有准备好渲染。确认已完成渲染设置和输出模块设置，单击“渲染”按钮，将渲染项加入队列。
  - ➢ 已加入队列：渲染项已准备好渲染。
  - ➢ 需要输出：尚未指定输出文件名。在“输出到”菜单中选择值，或者单击“输出到”标题旁边带下画线的“尚未指定”文本，用于指定文件名和路径。
  - ➢ 失败：After Effects 在渲染渲染项时失败。使用文本编辑器查看日志文件，可以了解渲染失败的原因。在写入日志文件时，日志文件的路径出现在“渲染设置”标题和“日志”菜单中。
  - ➢ 用户已停止：用户已停止渲染进程。
  - ➢ 完成：项目的渲染进程已完成。
- 渲染设置：单击“渲染设置”标题右侧的三角形下拉按钮，选择渲染设置模板，或者单击“渲染设置”标题右侧的字样，打开“渲染设置”对话框，进行自定义设置。
- 日志：在“日志”下拉列表中选择日志类型，其中包括“仅错误”“增加设置”和“增加每帧信息”3 个选项。
  - ➢ 仅错误：选择此选项，After Effects 仅在渲染期间遇到错误时创建文件。
  - ➢ 增加设置：选择此选项会创建日志文件，并且列出当前渲染设置信息。
  - ➢ 增加每帧信息：选择此选项会创建日志文件，并且列出当前渲染设置信息和每个帧的渲染信息。

- 输出模块：单击“输出模块”标题右侧的三角形下拉按钮，在弹出的菜单中选择输出模块设置，或者单击“输出模块”标题右侧的字样，打开“输出模块设置”对话框，进行自定义设置。用户可以通过输出模块设置指定输出影片的文件格式。
- 输出到：单击“输出到”标题旁边的三角形下拉按钮，在弹出的菜单中选择文件命名模板，如图 11-3 所示；或者单击“输出到”标题右侧的字样，打开“将影片输出到”对话框，指定输出位置和名称。

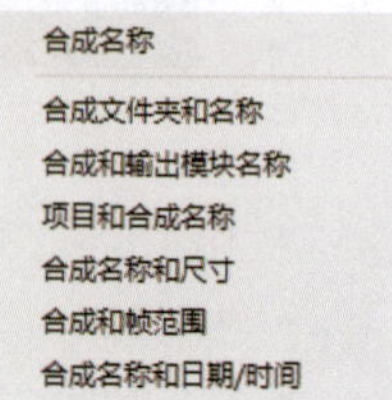

图 11-3 “输出到”菜单

- 消息：状态消息，例如“渲染进度为 1/4”。
- RAM：可供渲染进程使用的内存。
- 渲染已开始：当前批渲染开始的日期和时间。
- 已用总时间：自当前批渲染开始经过的渲染时间（不计算暂停）。
- 最近错误：日志文件所在的路径。注意，仅在渲染出现问题时显示此项。

在对渲染项的渲染处理完成后，它仍然位于“渲染队列”面板中，状态更改为“完成”，直到从“渲染队列”面板中将其移除。另外，不能再次渲染已完成的渲染项，但是可以复制它，从而使用相同的设置或使用新设置在队列中创建新的渲染项。

 **注意**

不需要多次渲染某个影片，即可使用相同的渲染设置将其导出为多种格式的文件；可以通过将输出模块添加到“渲染队列”面板中的渲染项，导出同一个渲染影片的多个版本。

任务二 渲染设置

任务引入

小白将做好的视频文件提交给了导演，但是导演不想从头到尾看一遍视频，他只想看视频文件中的某个时间范围内的效果。那么在 After Effects 中能不能只渲染指定范围内的项目文件呢？

知识准备

渲染设置应用于每个渲染项，主要用于确定如何渲染特定渲染项的合成。在默认情况下，渲染项基于当前项目设置、合成设置及该渲染项所基于的合成的切换设置进行渲染。用户可以修改每个渲染项的渲染设置，用于覆盖这些设置中的部分设置。“渲染设置”菜单如图 11-4 所示。渲染设置可以应用于渲染项的根合成及所有嵌套合成。

 **注意**

渲染设置仅影响与其相关联的渲染项的输出，不影响合成本身。

- 最佳设置：通常用于渲染到最终输出。
- DV 设置：与“最佳设置”类似，但是多了“场渲染”参数，并且设置为“低场优先”。

- 多机设置：与“最佳设置”类似，勾选“跳过现有文件”复选框可以启用多机渲染。
- 草图设置：通常适用于审阅或测试运动。

在选择好渲染设置模板后，单击“渲染设置”选项右侧的字样，例如“最佳设置”，打开“渲染设置”对话框，如图 11-5 所示。

最佳设置
DV 设置
多机设置
当前设置
草图设置
自定义...
创建模板...

图 11-4　“渲染设置”菜单

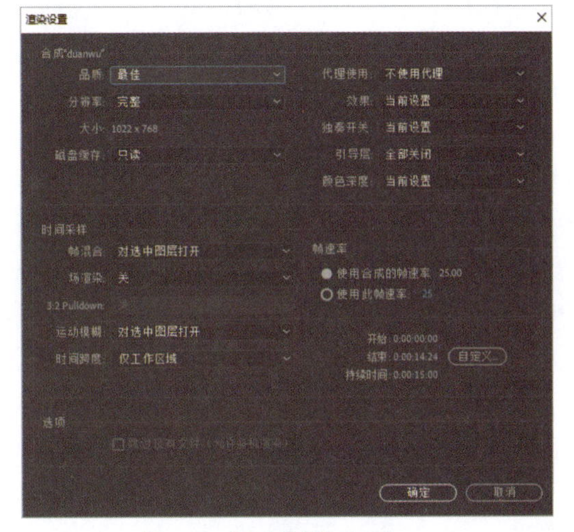

图 11-5　“渲染设置”对话框

- 品质：图层的品质设置决定它的渲染精度，并且影响涉及该图层的其他计算的精度。在该下拉列表中包括“最佳”“草图”和“线框”3 个选项。
  - 最佳：使用子像素定位、消除锯齿、3D 阴影及任何应用效果的完整计算显示和渲染图层。为进行预览和最终输出，“最佳”品质需要的渲染时间最长。
  - 草图：显示图层，以便可以查看它，但仅是粗糙品质。此品质可以在没有使用消除锯齿和子像素定位的情况下显示并渲染图层，并且一些效果的计算不精确。
  - 线框：将图层显示为框，不包含图层内容。使用“线框”品质渲染图层的速度比使用“最佳”或“草图”品质渲染图层的速度快。
- 分辨率：渲染合成的分辨率，相对于原始合成大小，包括“完整”“二分之一”“三分之一”“四分之一”和“自定义”5 个选项。
  - 完整：渲染合成中的每个像素。此设置可提供最佳图像质量，但是渲染所需的时间最长。
  - 二分之一：渲染全分辨率图像中包含的四分之一像素，即列的一半和行的一半。
  - 三分之一：渲染全分辨率图像中包含的九分之一的像素。
  - 四分之一：渲染全分辨率图像中包含的十六分之一的像素。
  - 自定义：以指定的水平和垂直分辨率渲染图像。
- 磁盘缓存：确定渲染期间是否使用“磁盘缓存”首选项。
  - 只读：不会在 After Effects 渲染期间向磁盘缓存写入任何新帧。
  - 当前设置：默认设置，使用在“媒体和磁盘缓存”首选项中定义的磁盘缓存设置。
- 代理使用：确定在渲染时是否使用代理。如果将其设置为“当前设置”，则使用每个素材项目的设置。
- 效果：如果将其设置为“当前设置”（默认），那么使用“效果”开关的当前设置；如果将其设置为“全部开启”，那么渲染所有应用的效果；如果将其设置为“全部关闭”，那么不渲染任何效果。

- 独奏开关：如果将其设置为“当前设置”（默认），那么使用每个图层的独奏开关的当前设置；如果将其设置为“全部关闭”，那么按所有独奏开关均关闭时的情形进行渲染。
- 引导层：如果将其设置为“当前设置”，那么渲染顶层合成中的引导层；如果将其设置为“全部关闭”（默认设置），那么不渲染引导层。注意，永远不渲染嵌套合成中的引导层。
- 颜色深度：如果将其设置为“当前设置”（默认），那么使用项目位深度。
- 帧混合：无论“合成”面板中的“启用帧混合”参数如何设置，只要对选中的图层打开并设置“帧混合”开关，就可以进行渲染帧混合。使用“帧混合”可以提高包含实景素材（例如视频）的图层中随时间变化的运动品质。
- 场渲染：用于确定渲染合成的场渲染技术。
- 3:2 Pulldown：如果正在为已经转换为视频的电影创建输出，或者需要模拟电影的动画效果，则启用“3:2 Pulldown”功能。曾转换为视频并移除了 3:2 Pulldown 的素材项目在导入 After Effects 时，可以通过重新引入 3:2 Pulldown 而重新渲染到视频中。
- 运动模糊：无论“合成”面板中的“启用运动模糊”参数如何设置，只要对选中的图层打开并设置“运动模糊”开关，就可以对图层渲染运动模糊。
- 时间跨度：主要用于确定要渲染合成中的多少内容。如果要渲染整个合成，则将其设置为“合成长度”；如果仅渲染由工作区域标记指示的合成部分，则将其设置为“仅工作区域”；如果要渲染自定义时间范围，则将其设置为“自定义”。
- 帧速率：在渲染影片时使用的采样帧速率。如果将其设置为“使用合成的帧速率”，则可以使用在“合成设置”对话框中指定的帧速率；如果将其设置为“使用此帧速率”，则可以使用不同的帧速率。合成的实际帧速率保持不变。
- 跳过现有文件：允许渲染一系列文件中的一部分，而不在先前已渲染的帧上浪费时间。在渲染一系列文件时，After Effects 会找到属于当前序列的一部分文件，先识别缺失的帧，然后仅渲染那些帧，使它们插入在序列中所处的位置。

案例——输出小尺寸视频

在 After Effects 中，可以将视频按比例缩小尺寸导出，也可以自定义分辨率调整视频尺寸。

01 在菜单栏中选择“文件”→“打开项目”命令（组合键：Ctrl+O），打开“打开”对话框，选择“地球转动.aep”文件，单击“打开”按钮，打开项目文件。

02 选中“背景”合成文件，在菜单栏中选择“合成”→“添加到渲染队列”命令（组合键：Ctrl+M），或者在菜单栏中选择“文件”→“导出”→“添加到渲染队列”命令，或者直接将“背景”合成文件拖入“渲染队列”面板，如图 11-6 所示。

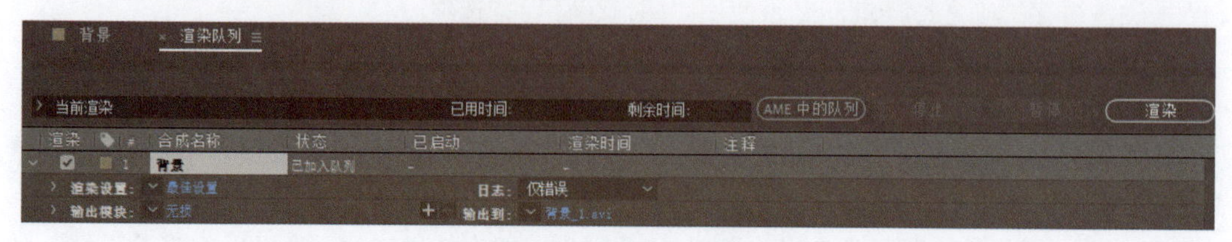

图 11-6 “渲染队列”面板

03 在“渲染队列”面板中单击“渲染设置”右侧的“最佳设置”字样，打开“渲染设置”对话框，设置“分辨率”为“四分之一”，其他参数采用默认设置，单击“确定”按钮。

04 在“渲染队列”面板中单击“输出到”右侧的“背景_1.avi”字样，打开“将影片输出到”对话框，设置保存路径，输入文件名“地球转动.avi”，单击“保存”按钮。

05 单击“渲染队列”面板中的“渲染”按钮，渲染生成视频，在显示渲染完成后，可以在保存路径中看到渲染的视频，此时视频尺寸变得非常小，如图 11-7 所示。

图 11-7　渲染的视频

案例——输出自定义时间范围视频

本案例根据需要将项目文件在某个时间范围内的动画导出。

01 在菜单栏中选择“文件”→“打开项目”命令（组合键：Ctrl+O），打开“打开”对话框，选择“火花动画.aep”文件，单击“打开”按钮，打开项目文件。

02 选中“火花动画”合成文件，在菜单栏中选择“合成”→“添加到渲染队列”命令（组合键：Ctrl+M），或者在菜单栏中选择“文件”→“导出”→“添加到渲染队列”命令，或者直接将“火花动画”合成文件拖入“渲染队列”面板。

03 在“渲染队列”面板中单击“渲染设置”右侧的“最佳设置”字样，打开“渲染设置”对话框，单击“自定义”按钮，打开“自定义时间范围”对话框，设置“起始”为“0:00:02:00”、“结束”为“0:00:08:00”，如图 11-8 所示，单击“确定”按钮，返回“渲染设置”对话框，其他参数采用默认设置，单击“确定”按钮。

04 在“渲染队列”面板中单击“输出到”右侧的“火花动画.avi”字样，打开“将影片输出到”对话框，设置保存路径，输入文件名“火花动画.avi”，单击“保存”按钮。

05 单击“渲染队列”面板中的“渲染”按钮，渲染生成视频，在显示渲染完成后，可以在保存路径中看到渲染的视频，如图 11-9 所示。

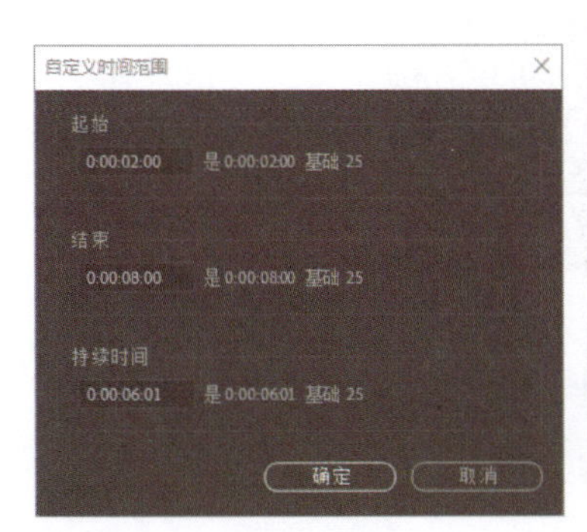

图 11-8　“自定义时间范围”对话框

图 11-9　渲染的视频

任务三　输出模块设置

任务引入

小白按照客户的要求做了一个化妆品视频广告，客户很满意，但是客户想将视频广告中的某个画面做成广告牌。那么应该如何将做好的项目文件输出为单帧图片或序列图片呢？

知识准备

输出模块设置可以应用于每个渲染项，主要用于确定如何针对最终输出处理渲染的影片。用户可以使用输出模块设置指定最终输出的文件格式、输出颜色配置文件、压缩选项及其他编码选项，也可以使用输出模块设置裁剪、拉伸或收缩渲染的影片。在使用单个合成生成多种类型的输出时，在渲染之后执行此操作非常有用。

输出模块设置可以应用于根据渲染设置生成的渲染输出。

在“渲染队列”面板中单击“输出模块”选项右侧的三角形下拉按钮，在弹出的菜单中选择输出模块设置模板，单击“输出模块”选项右侧的字样，打开“输出模块设置”对话框，如图 11-10 所示。

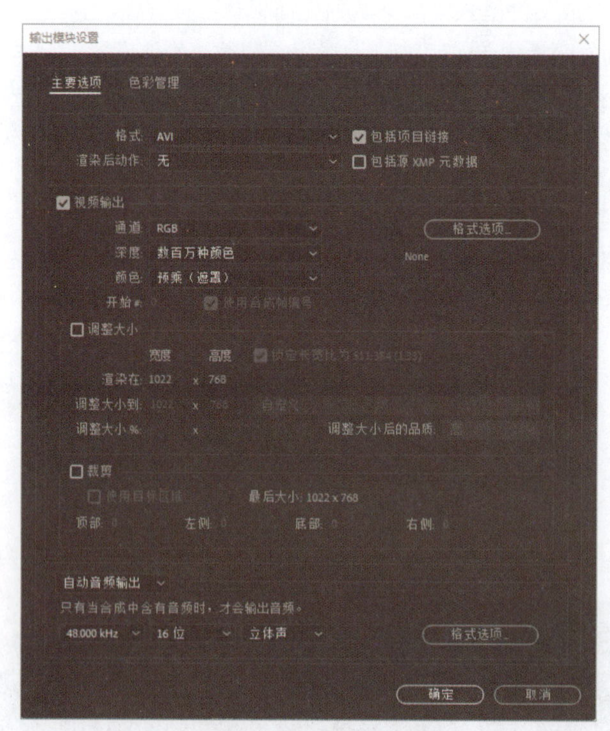

图 11-10　“输出模块设置”对话框

- 格式：为输出文件或文件序列指定格式。
- 包括项目链接：指定是否在输出文件中包括链接到 After Effects 源项目的信息。
- 渲染后动作：指定 After Effects 在渲染合成后要执行的动作。

- 包括源 XMP 元数据：指定是否在输出文件中包括用作渲染合成的源文件中的 XMP 元数据。XMP 元数据可以通过 After Effects 从源文件传递到素材项、合成，再传递到渲染和导出的文件。
- 格式选项：单击此按钮，可以打开对应的对话框指定输出格式。
- 通道：指定输出影片中包含的通道。
- 深度：指定输出影片的颜色深度。
- 颜色：指定使用 Alpha 通道创建颜色的方式。
- 开始 #：指定序列起始帧的编号。如果将其设置为“使用合成帧编号”，则可以将工作区域的起始帧编号添加到序列的起始帧中。
- 调整大小：指定输出影片的大小。
- 裁剪：用于在输出影片的边缘增加或删除像素行或列。可以指定要在影片的顶部、左侧、底部和右侧增加或删除的像素行数或列数。
- 音频输出：指定采样率、采样深度（8 位或 16 位）和播放格式（单通道或立体声）。选择与输出格式的功能对应的采样率。8 位采样深度主要用于计算机播放，16 位采样深度主要用于 CD 和数字音频播放或用于支持 16 位播放的硬件。

案例——将帧输出为图片

01 在菜单栏中选择“文件”→“打开项目”命令（组合键：Ctrl+O），打开“打开”对话框，选择“闪烁的文字.aep”文件，单击“打开”按钮，打开项目文件，并将时间线拖曳到 11s 处，如图 11-11 所示。

图 11-11　指定输出时间

02 在菜单栏中选择“合成”→“帧另存为”→“文件”命令（组合键：Ctrl+Alt+S），打开“将帧输出到：”对话框，设置输出路径和文件名称，单击“保存”按钮，系统会自动跳转到“渲染队列”面板并将合成添加到“渲染队列”面板中，同时将“输出模块”设置为“Photoshop”，如图 11-12 所示。

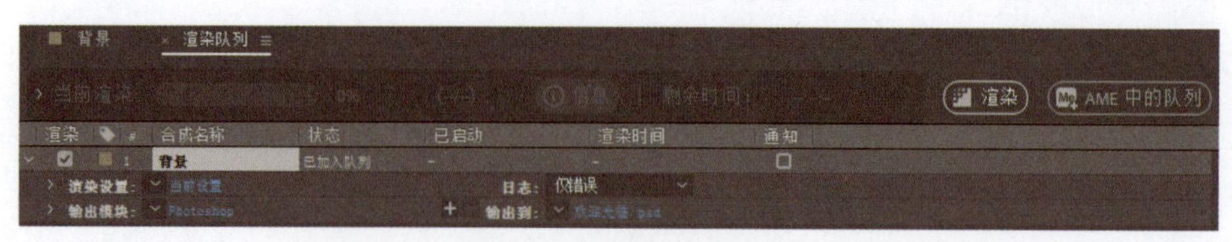

图 11-12 “渲染队列”面板

03 在“渲染队列”面板中单击“输出模块”右侧的“Photoshop”字样，打开“输出模块设置”对话框，设置“格式”为“JPEG 序列”，取消勾选“使用合成帧编号”复选框，其他参数采用默认设置，单击“确定”按钮。

04 在“渲染队列”面板中单击“渲染”按钮，渲染生成图片，在显示渲染完成后，在保存路径中可以看到渲染的图片，如图 11-13 所示。

图 11-13 渲染的图片

案例——输出为 MOV 视频

MOV 是 QuickTime 封装格式（又称为影片格式），它是 Apple 公司开发的一种音频、视频文件封装，用于存储常用数字媒体类型。

01 在菜单栏中选择“文件”→“打开项目”命令（组合键：Ctrl+O），打开“打开”对话框，选择“屏保动画.aep”文件，单击“打开”按钮，打开项目文件。

02 选中“合成 1”合成文件，在菜单栏中选择“合成”→“添加到渲染队列”命令（组合键：Ctrl+M），或者在菜单栏中选择“文件”→“导出”→“添加到渲染队列”命令，或者直接将“合成 1”合成文件拖入“渲染队列”面板，如图 11-14 所示。

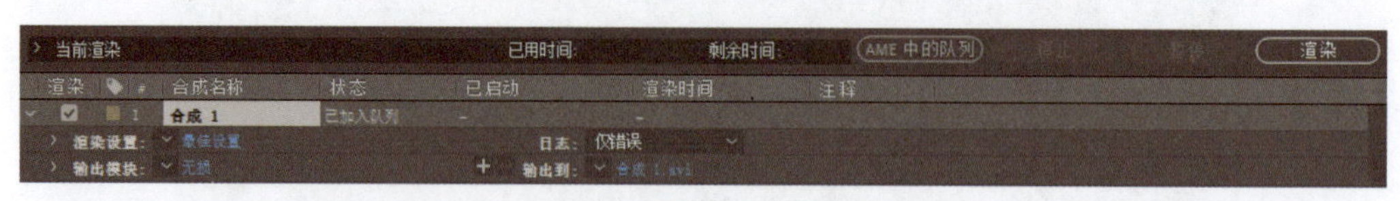

图 11-14 “渲染队列”面板

03 在“渲染队列”面板中单击“输出模块”右侧的“高品质”字样，打开“输出模块设置”对话框，设置“格式”为“QuickTime”，其他参数采用默认设置，单击“确定”按钮。

04 在“渲染队列”面板中单击“输出到”右侧的“合成 1.mov”字样，打开“将影片输出到：”对话框，设置保存路径，输入文件名“屏保动画”，单击“保存”按钮。

05 单击“渲染队列”面板中的“渲染”按钮，渲染生成视频，在显示渲染完成后，可以在保存路径中看到渲染的视频，如图 11-15 所示。

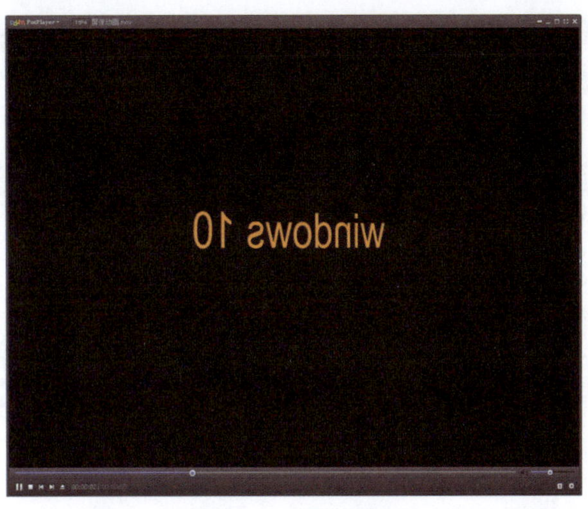

图 11-15　渲染的视频

项目总结

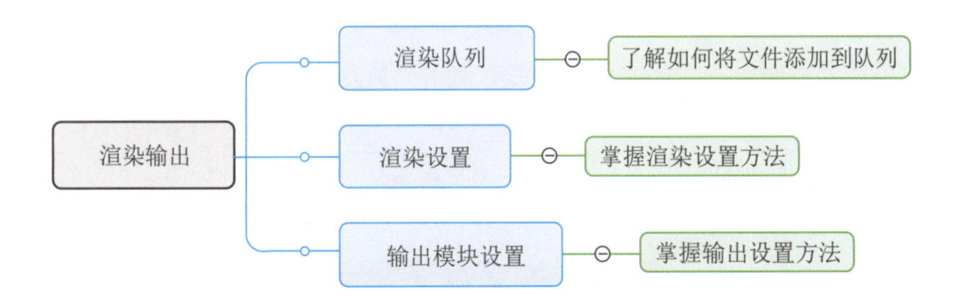

项目实战

实战一　输出为序列图片

01 打开“文本路径动画.aep”文件。

02 选中合成文件，在菜单栏中选择“合成”→“添加到渲染队列”命令（组合键：Ctrl+M），将合成文件添加到“渲染队列”面板中。

03 在“渲染队列”面板中单击“输出模块”右侧的“高品质”字样，打开“输出模块设置”对话框，设置“格式”为“JPEG 序列”，其他参数采用默认设置，单击“确定”按钮。

04 在“渲染队列”面板中单击“输出到”右侧的字样，打开“将帧输出到：”对话框，设置保存路径，输入文件名，单击“保存”按钮。

05 单击“渲染队列”面板中的“渲染”按钮 渲染 ，渲染生成图片，在显示渲染完成后，可以在保存路径中看到渲染的序列图片，如图 11-16 所示。

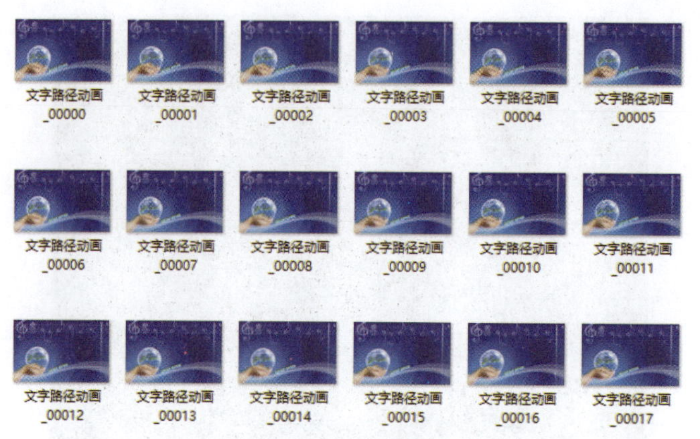

图 11-16 渲染的序列图片

实战二 输出为手机视频格式

01 打开“蜻蜓展翅飞舞.aep”文件。

02 选中“荷花”合成文件，在菜单栏中选择“合成”→“添加到渲染队列”命令（组合键：Ctrl+M），在“渲染队列”面板中单击“输出模块”右侧的“高品质”字样，打开“输出模块设置”对话框，设置“格式”为“AVI”，勾选“裁剪”复选框，设置“顶部”为“0”、“左侧”为“200”、“底部”为“0”、“右侧”为“490”，其他参数采用默认设置，单击“确定”按钮。

03 在“渲染队列”面板中单击“输出到”右侧的“荷花.avi”字样，打开“将影片输出到：”对话框，设置保存路径，输入文件名“手机视频.avi”，单击“保存”按钮。

04 单击“渲染队列”面板中的“渲染”按钮（渲染），渲染生成视频，在显示渲染完成后，可以在保存路径中看到渲染的视频，如图 11-17 所示。

图 11-17 渲染的视频